C. Niemitz, S. Niemitz (Hrsg.)

Genforschung und Gentechnik

Springer
*Berlin
Heidelberg
New York
Barcelona
Hongkong
London
Mailand
Paris
Singapur
Tokio*

C. Niemitz  S. Niemitz  (Hrsg.)

# Genforschung und Gentechnik

## Ängste und Hoffnungen

Mit 32 Abbildungen
und 6 Tabellen

Herausgeber

Professor Dr. Carsten Niemitz
Institut für Anthropologie und Humanbiologie
Freie Universität Berlin, Fabeckstr. 15
14195 Berlin

Dr. Sigrun Niemitz
Schillerstr. 10a
14163 Berlin

ISBN-13: 978-3-642-64315-6     e-ISBN-13: 978-3-642-60231-3
DOI: 10.1007/978-3-642-60231-3

Die Deutsche Bibliothek - CIP-Einheitsaufnahme
Genforschung und Gentechnik: Ängste und Hoffnungen / Hrsg.: Carsten Niemitz; Sigrun Niemitz. - Berlin; Heidelberg; New York; Barcelona; Hongkong; London; Mailand; Paris; Singapur; Tokio: Springer, 1999
  ISBN-13: 978-3-642-64315-6

Dieses Werk ist urheberrechtlich geschützt. Die dadurch begründeten Rechte, insbesondere die der Übersetzung, des Nachdrucks, des Vortrags, der Entnahme von Abbildungen und Tabellen, der Funksendung, der Mikroverfilmung oder der Vervielfältigung auf anderen Wegen und der Speicherung in Datenverarbeitungsanlagen, bleiben, auch bei nur auszugsweiser Verwertung, vorbehalten. Eine Vervielfältigung dieses Werkes oder von Teilen dieses Werkes ist auch im Einzelfall nur in den Grenzen der gesetzlichen Bestimmungen des Urheberrechtsgesetzes der Bundesrepublik Deutschland vom 9. September 1965 in der jeweils geltenden Fassung zulässig. Sie ist grundsätzlich vergütungspflichtig. Zuwiderhandlungen unterliegen den Strafbestimmungen des Urheberrechtsgesetzes.

© Springer-Verlag Berlin Heidelberg 1999
Softcover reprint of the hardcover 1st edition 1999

Die Wiedergabe von Gebrauchsnamen, Handelsnamen, Warenbezeichnungen usw. in diesem Werk berechtigt auch ohne besondere Kennzeichnung nicht zu der Annahme, daß solche Namen im Sinne der Warenzeichen- und Markenschutz-Gesetzgebung als frei zu betrachten wären und daher von jedermann benutzt werden dürften.

Umschlaggestaltung: E. Kirchner, Heidelberg
Zeichnungen: P. Lübke, Wachenheim und die Autoren
Satz: K+V Fotosatz GmbH, Beerfelden

SPIN 10726925     22/3133-5 4 3 2 1 0

## Vorwort

In diesen Jahren schickt sich der Mensch an, auf zweierlei Weise die Fundamente des Lebens anzurühren. Die eine ist scheinbar passiv. Wie von selbst, und als könnten wir nichts dafür, werden wir derart viele Menschen, daß wir nicht nur viele andere Organismenarten töten, sondern auch unsere eigene Existenz zunehmend gefährden. Wir übernutzen unsere Welt in einem Maße, daß die drei Elemente unseres Lebens Erde, Wasser und Luft zunehmend in Mitleidenschaft gezogen werden. Die andere Weise des Menschen, an die Fundamente des Lebens zu rühren, betrifft wissenschaftliche und technologische Errungenschaften, mit denen der Mensch auch seine eigene Lebensbasis, nämlich seine Gene, zu manipulieren lernt.

Dabei ist der Umgang mit Genen und die Einflußnahme auf sie nicht neu. Seit den ersten Stufen zur Domestikation der Pflanzen- und Tierarten vor mehr als 10 000 Jahren greift der Mensch in die Zusammensetzung und Qualität genetischer Ausstattungen von Lebewesen ein. Während die Genforschung von den meisten Menschen als relativ wertfreier Zweig der Biologie angesehen wird, stehen, besonders in Deutschland, viele Menschen der Gentechnik kritisch gegenüber.

Andererseits läßt die Manipulation von Genen heute nicht wenige Menschen hoffen, daß wir in der Lage sein werden, auch in Zukunft genügend Nahrungsmittel zur Ernährung der wachsenden Menschheit zu produzieren. Diabetiker sind dankbar, daß die Gentechnik ihnen humanes Insulin beschert, indem menschliche Gene in anderen Organismen es für sie produzieren und bereitstellen. Bei einer Reihe von ernsten Erkrankungen bestehen Hoffnungen auf baldige gentechnische Therapien.

Wenn man sich beide Gebiete, jenes der Pflanzenzüchtung und das der medizinischen Anwendungsbereiche, vor Augen führt, erscheint es um so unverständlicher, daß bei genetisch manipulierten Nutzpflanzen in den Redaktionen sogar angesehener Zeitungen und jenen der Fernsehnachrichten Begriffe wie „Gen-Tomaten" oder „Gen-Mais" sich bereits etabliert haben. Sie sind Ausdruck der Paarung von erschreckendem Unwissen mit gleichzeitiger Skepsis, wobei diese – wegen des Unwissens – natürlich vorwiegend emotional begründet ist. Das Unwissen manifestiert sich in der Suggestion des Begriffs, der genfreie reine Organismus sei nun mit einem Gen ausgestattet und damit – möglicherweise gefährlich – verschmutzt worden. Welch blanker Unsinn! Aber Tatsache bleibt, daß *Homo sapiens* neu definiert werden kann, nämlich als das einzige Wesen, das in der Lage ist, sogar seine eigene genetische Lebensbasis technologisch zu manipulieren. Ob mit diesem neuesten Kriterium des menschlichen Wesens zugleich auch ein neuer Gipfel des Menschseins oder andererseits des Inhumanen erklommen wird, dazu sollen die folgenden Kapitel einen wesentlichen, sachlichen Beitrag leisten.

Dieses Buch will informieren und versachlichen. Es soll ein roter Faden gesponnen werden, ausgehend von den Grundlagen der Evolution, gewissermaßen der „Genetik der Natur". Über ökologische Themen und das der Pflanzenzüchtung führt der Faden zur modernen Forschung, die derzeit gigantische Ausmaße erreicht, weiterhin zur genetischen pränatalen Diagnostik und zu gentechnologischen Methoden, schließlich bis zu Anwendungsbereichen der modernen Medizin.

Hierbei sollen sehr unterschiedliche Stimmen zu Wort kommen, so daß zwei differenzierte Kapitel zur Ethik und zu theologischen Aspekten diesen Band beschließen.

Das Buch ist das Ergebnis eines festlichen Zyklus im Rahmen der Feier zum 50jährigen Bestehen der Freien

Universität Berlin. Für die freundliche Anregung sei dem Präsidenten der Universität, Herrn Prof. Dr. Peter Gaehtgens, herzlich gedankt, wie auch der vormaligen Vizepräsidentin für Naturwissenschaften, Frau Prof. Dr. Monika Schäfer-Korting, für ihre Unterstützung. Im Namen der Universitätsvorlesungskommission bedanke ich mich auch bei der Firma Schering für eine Förderung unserer Vortragsreihe. Nicht zuletzt wollen wir uns mit diesem Band auch an unseren Kollegen Prof. Dr. Otto Schieder erinnern, dessen früher Tod eine Teilnahme an diesem Werk durchkreuzte. Der Band möge eine breite Öffentlichkeit von Fachleuten und Laien finden und ihnen die Weite und Komplexität dieses großen Themenbereiches leicht lesbar näher bringen, um zu dem Austausch „Wissen gegen Emotionen" möglichst wirkungsvoll beizutragen.

Um den Lesenfluß nicht unnötig zu stören, sind Literaturverweise als hochgestellte Zahlen angegeben; unter der jeweiligen Zahl finden sie die Quelle am Schluß jedes Kapitels im Literaturverzeichnis. Mit einem Sternchen (*) sind Begriffe gekennzeichnet, die im Glossar am Schluß des Buches näher erläutert werden.

CARSTEN und SIGRUN NIEMITZ

Berlin, im August 1999

# Inhaltsverzeichnis

*Kapitel 1:* Fossilien, Gene und Moleküle – Zur Evolution des menschlichen Genoms .................. 1
CARSTEN NIEMITZ

*Kapitel 2:* Gene und Baupläne – Evolution von Entwicklungsprogrammen ....... 31
HORST KRESS

*Kapitel 3:* Biodiversität – Globale Dimension und Verteilung genetischer Vielfalt .... 55
WILHELM BARTHLOTT, JENS MUTKE, GEROLD KIER

*Kapitel 4:* Pflanzenzüchtung und Gentechnik – Neue Wege zur Ernährung der Menschheit? .................. 72
JOHANNES SIEMENS

*Kapitel 5:* Viren – Werkzeuge in den Biowissenschaften ............... 90
MICHAEL F. G. SCHMIDT

*Kapitel 6:* Das humane Genomprojekt ......... 109
KARL SPERLING

*Kapitel 7:* Pränataldiagnostik – Erwartungen und Realitäten ......... 134
ROLF-DIETER WEGNER

*Kapitel 8:* Gentherapie – Aktueller Forschungsstand und Perspektiven ................ 161
SIGRUN NIEMITZ

*Kapitel 9:* Sucht – Erblichkeit, Umwelt
und Eigenverantwortung ............ 182
HANS ROMMELSPACHER

*Kapitel 10:* Medizinethische Aspekte der Sucht .... 204
LUTZ G. SCHMIDT

*Kapitel 11:* Die Molekularbiologie der Alzheimer-
Krankheit ...................... 219
BRITTA URMONEIT

*Kapitel 12:* Strategische Überlegungen für eine
kausale Therapie zur Behandlung der
Alzheimer-Krankheit ............... 249
THOMAS DYRKS

*Kapitel 13:* Ethische Aspekte randomisierter
klinischer Therapiestudien .......... 256
MATTHIAS VOLKENANDT

*Kapitel 14:* Genforschung und Gentechnik:
Hexenwerk oder Schöpfungsauftrag? –
Ein Zwischenruf von Ethik und Theologie 268
KARL LEHMANN

*Glossar* ............................... 281

*Angaben zu den Autoren* .................. 288

*Sachverzeichnis* ......................... 294

# Autorenverzeichnis

BARTHLOTT, Wilhelm, Prof. Dr.
Botanisches Institut und Botanischer Garten,
Abt. Systematik und Biodiversität
Rheinische Friedrich-Wilhelms-Universität
Meckenheimer Allee 170, 53115 Bonn

DYRKS, Thomas, Dr.
ZNS-Forschung, Schering AG
Müllerstr. 178, 13342 Berlin

KRESS, Horst, Prof. Dr.
Freie Universität Berlin, Institut für Genetik
Arnimallee 7, 14195 Berlin

LEHMANN, Karl, Bischof Prof. Dr.
Bischöfliches Ordinariat Mainz
Bischofsplatz 2, 55116 Mainz

NIEMITZ, Carsten, Prof. Dr.
Freie Universität Berlin, Institut für Anthropologie
und Humanbiologie
Fabeckstr. 15, 14195 Berlin

NIEMITZ, Sigrun, Dr.
Schillerstr. 10a, 14163 Berlin

ROMMELSPACHER, Hans, Prof. Dr.
Freie Universität Berlin, Universitätsklinikum
Benjamin Franklin, Psychiatr. Klinik und Poliklinik,
Abt. Klinische Neurobiologie
Ulmenallee 30–32, 14050 Berlin

SCHMIDT, Lutz G., Priv.-Doz. Dr.
Freie Universität Berlin, Universitätsklinikum
Benjamin Franklin, Psychiatr. Klinik und Poliklinik,
Abt. Klinische Psychiatrie
Eschenallee 3, 14050 Berlin

SCHMIDT, Michael F.G., Prof. Dr.
Freie Universität Berlin, Fachbereich Veterinärmedizin, Institut für Immunologie und Molekularbiologie
Luisenstr. 56, 10117 Berlin

SIEMENS, Johannes, Priv.-Doz. Dr.
Freie Universität Berlin, Fachbereich Angewandte
Genetik, Abt. Vererbungs- und Züchtungsforschung
Albrecht-Thaer-Weg 6, 14195 Berlin

SPERLING, Karl, Prof. Dr.
Medizinische Fakultät der Humboldt-Universität zu
Berlin, Inst. für Humangenetik, Universitätsklinikum
Charité, Campus-Virchow-Klinikum, Forschungshaus
Augustenburger Platz 1, 13353 Berlin

URMONEIT, Britta, Dr.
Neuropathologie der Heinrich-Heine-Universität
Moorenstr. 5, 40225 Düsseldorf

VOLKENANDT, Matthias, Priv.-Doz. Dr.
Ludwig-Maximilians-Universität, Dermatologische
Klinik und Poliklinik, Klinikum der Innenstadt
Frauenlobstr. 9–11, 80337 München

WEGNER, Rolf-Dieter, Prof. Dr.
Humboldt-Universität Berlin
Charité, Virchow-Campus, Forschungshaus
Augustenburger Platz 1, 13353 Berlin

Kapitel 1

# Fossilien, Gene und Moleküle – Zur Evolution des menschlichen Genoms

Carsten Niemitz

## Jeder Mensch hat Eltern – das hat Folgen

Jeder Mensch und jedes Tier hat Eltern. Von einer zur nächsten Generation gibt es kein neues Leben, sondern es gibt lediglich das neu vermischte Leben eines Spermiums, also einer lebenden Zelle des Vaters, mit dem einer Eizelle, die einen Teil des Lebens der Mutter weiterträgt. In der Kette der Generationen ist das Leben gleichsam eine Flamme, die nie verlöscht, und die daher auch nicht neu entfacht zu werden braucht.

Natürlich erhalten wir nur je die Hälfte der Erbausstattung unserer beiden Eltern; das Leben der Eltern wird also in jenem der Kinder rekombiniert. Die beiden Hälften stellen jeweils die quasi geloste Hälfte der Gene des elterlichen Chromosomensatzes dar. Hat ein Mensch also nur ein Kind gezeugt, wird die zufällige andere Hälfte seiner Erbausstattung mit ihm unwiederbringlich sterben. Ein zufällig „gelostes" Achtel der eigenen Gene lebt aber vielleicht in einer Cousine fort. Der genetische Schwund beträgt also, auch bei nur einem Kind, meist nicht fünfzig Prozent, sondern weniger, je nach der Anzahl nah verwandter Individuen.

In dem Zeitraum ab der Zeugung bis zu jener der nächsten Generation sind in den Keimzellen beider beteiligter Menschen wahrscheinlich eine Reihe von Mutationen, also zufällige Veränderungen des Erbgutes entstanden. Die an sich sehr stabile Erbsubstanz in den Zellkernen – auch in denen der sich entwickelnden Keimzellen – erleidet nämlich durch Höhenstrahlung und andere sogenannte Mutagene nicht sehr zahlreiche aber immerhin einige Veränderungen. Viele dieser Mutationen sind durchaus mit dem Leben vereinbar und werden vererbt. Es verwundert also nicht, daß sich solche Mutationen über viele Generationen summieren und es zu Veränderungen im Genbestand der ganzen Population kommt. Bewirken die Mutationen nun ihrerseits irgendwelche Veränderungen in bestimmten Merkmalsausprägungen, so kann es sein, daß ein Teil dieser veränderten Genorte sich in der Population fest etabliert und diese neuen Merkmale bei vielen Individuen zu sehen sind.

Dies ist beispielsweise der Grund dafür, daß es wegen des in den Großstädten geringen Feinddrucks dort heute viel mehr weißfleckige Teilalbinos z.B. bei Amseln gibt, als es früher auf dem Dorf der Fall war. Bei neuen Lebensbedingungen, wie sie ganz langsam bei sich veränderndem Klima eintreten, wäre es also absolut unwahrscheinlich, daß sich das Erbgut einer Art trotzdem unverändert erhielte. Nach diesem Kenntnisstand um die Mutabilität des Erbmaterials – und ohne daß wir die vielen weiteren Einzelheiten zum Thema referieren müßten – ist die Konstanz der Arten eine abwegige Theorie, während die Evolution ebenso selbstverständlich ist wie die runde Gestalt der Erde.

Manchmal kann man lesen, unser Urahn sei ein *Australopithecus* gewesen. Die ältesten dieser Hominiden in der Vorfahrenreihe des Menschen erschienen vor gut vier Millionen Jahren, während die letzten Seitenzweige von ihnen vor etwa einer Million Jahre erloschen. Setzen wir stark vereinfacht rund zweieinhalb Millionen Jahre seit der Zeit unserer frühen Australopithecinen-Vorfahren an, so wäre das bei einer Generationendauer von 25 Jahren rund 100 000 Generationen her. Dies hätte die Etablierung einer ganzen Anzahl neuer Mutationen im Erbgut gestattet.

Ihn aber als Urahn zu bezeichnen, ist streng genommen falsch. Denn er ist ja nicht der ursprüngliche, der Erste in unserer Vorfahrenreihe, sondern er war nur *ein* Ahn in einer viel längeren Kette von Ahnen. Vor dreißig Millionen Jahren hatten wir einfache Affen als gemeinsame Ur-ur-...Großeltern. Vor siebzig Millionen Jahren waren unsere Urgroßeltern einfache Säugetiere, vor 250 Millionen Jahren Reptilien. Vor 350 Millionen Jahren sahen unsere damaligen Urgroßeltern etwa aus wie ein Molch, und vor 500 Millionen Jahren waren wir Fische. Und schließlich, vor sagen wir, 2½ Milliarden Jahren waren unsere Vorfahren so etwas wie Bakterien. Das sind unsere damaligen leiblichen Ur-ur-...Großeltern; das ist unausweichlich.

Dem Evolutionsbiologen ist dies „kalter Kaffee", aber trotzdem ist es faszinierend. Denn es heißt in letzter, unvermeidbarer Folgerung, daß natürlich nicht der vergängliche Körper, sondern das Leben in jedem heute lebenden Menschen so alt ist wie das Leben auf der Erde selbst, also rund 3½ Milliarden Jahre.

Daraus folgt als erste Konsequenz: Die heutigen Lebewesen haben eine funktionelle Selektionsgeschichte hinter sich, die sie als schier unglaublich angepaßt und optimiert erscheinen läßt. Nur über die unvorstellbar große Anzahl von Generationen hinweg können wir die vielen uns immer erneut als „Wunder" erscheinenden phantastischen Lebensleistungen wenigstens ein bißchen verstehen. Wir können nämlich für die Generationsdauer der frühesten Primaten vielleicht ein oder zwei Jahre ansetzen und für einfachere wirbellose Vorfahren und besonders die einzelligen Vorfahren noch eine wesentlich kürzere Zeit, u.U. nur einige Stunden. Setzen wir in der gesamten Evolution eine durchschnittliche Generationsdauer von einem Monat ein, so hätte die Evolution, ausgehend von einem bakterienähnlichen Stadium bis hin zum Menschen, rund 35 bis 50 Milliarden von Generationen als genetisches beziehungsweise evolutionäres Experimentierfeld zur Verfügung gehabt.

Eingerechnet ist hierbei noch nicht, daß, besonders in den frühen, einzelligen Stadien, eine Unzahl von Individuen die jeweiligen Populationen ausmachten. Auch bestand trotz so mancher Mutation nicht immer eine Fortpflanzungsschranke zwischen den Individuen, so daß eine genetische Rekombination weiterhin möglich war. Im Durchschnitt des Zeitraumes der Evolution können wir diese Populationen in Größenordnungen von wahrscheinlich hunderten von Milliarden sehen, die mit der Generationenzahl zu multiplizieren wären.

Die zweite Konsequenz lautet, daß mit jeder Tier- oder Pflanzenart, die wir Menschen – täglich! – ausrotten, Leben unwiederbringlich ausgelöscht wird (vgl. Kap. 3). Auf die ausgerottete Form des Lebens aber hatte die Natur über drei Milliarden Jahre lang Wert gelegt; sie hatte es verändert, selektiert und vervollkommnet. Für uns, den *Homo sapiens*, bedeutet dies mehr als die Verantwortung zu tragen, zum Schaden der Natur und unserer Kinder irreversibel Leben vernichtet zu haben, es bedeutet darüber hinaus – ganz einfach – ein erhebliches Maß an Schuld.[34]

## Bewährung im Dasein

Damit Evolution stattfinden kann, liegen die anatomischen Merkmale, die physiologischen Leistungen, die Plastizität der Reaktionen des Organismus auf Umwelteinflüsse und vieles mehr in einer langkettigen Molekülstruktur codiert vor. Bei allen Tieren handelt es sich um die im Zellkern vorkommende Desoxyribonukleinsäure (DNS, engl. DNA: desoxyribonucleic acid). Diese Erbsubstanz wird also von Eltern auf ihre Kinder, wie wir oben angedeutet haben, rekombiniert übertragen. Die Mutationen sind, in unterschiedlichem Ausmaß, ungerichtet und zufällig. Zu Beginn des Lebens, als die Lebensformen einfach und noch nicht so kompliziert waren, wie es beispielsweise bei Wirbeltieren der Fall ist, konnten Änderungen eher einen funktionellen Vorteil bedeuten. Bei vielen Insekten oder Wirbeltieren jedoch, die in ihren komplizierten Körpern einen extrem hohen Ordnungsgrad aufweisen, ist die Wahrscheinlichkeit einer Verbesserung durch eine zufällige Mutation grob betrachtet gleich null.

Diese grobe Betrachtung reicht aber heute nicht mehr aus. Während in der frühen Lebensperiode die Wahrscheinlichkeit, durch eine zufällige Mutation einen Fortpflanzungsvorteil zu bekommen, größer war, hat das Mutations-Selektions-Prinzip der Evolution heute bei vielen Organismen mehr die Bedeutung, zufällige Mutanten eher wieder zu entfernen und die Population genetisch stabil zu halten. Bezogen auf bestimmte Merkmalskomplexe spricht man daher auch von stabilisierender Selektion. Je komplexer eine Tierart ist, und je mehr Generationen von Selektion sie bereits hinter sich hat, um so größer wird der Anteil stabilisierender Selektion bei der betreffenden Art sein. „Lang lebe das Mittelmaß!" haben wir das einmal leicht überzeichnend genannt,[35] aber es trifft häufig den Kern.

Schaut man nun genauer hin, so stellt man fest, daß es daneben weiterhin auch eine dynamische Selektion gibt. Bei allmählichen Veränderungen der Umwelt, wie beispielsweise einem ansteigenden Salzgehalt in den Meeren, werden jene Tiere benachteiligt, die zufällig ein bißchen weniger gut auf diese Veränderungen reagieren können als die Mehrzahl der übrigen Artgenossen. Die Erbsubstanzen werden also einer funktionellen Selektion unterworfen.

Hierbei wird klar, daß der „struggle for life", der *Kampf ums Dasein*, in der Regel kein Kampf ist, sondern daß er alltägliche Lebensfunktionen darstellt. Die physiologische Reaktion auf den Salzgehalt des Lebensraumes Meer oder die Fähigkeit eines Stieglitzes, ein sturmsicheres Nest zu bauen, sind zwei von unzähligen, nicht kämpferischen Beispielen für das, was ich abwandelnd die genetisch begründete *Bewährung im Dasein* nennen möchte. Daß der Kampf ums Dasein sozialdarwinistisch verbogen wurde und sogar zur Rechtfertigung kämpferischer, also im Klartext kriegerischer, Verbreitung des für besser erachteten Erbgutes – selbstverständlich der eigenen Population – herhalten mußte und leider immer wieder muß, ist hier nur eine historische Schande am Rande unseres Themas.

Das *„survival of the fittest"* wird häufig mit „Überleben des Tüchtigsten" einseitig übersetzt. „To fit" heißt nämlich auch „passen", womit die Übersetzung *Überleben des Angepaßtesten* ebenfalls korrekt wäre. Daneben wird dieses, übrigens gar nicht von Darwin stammende, sondern von dem Philosophen Spencer geprägte geflügelte Wort im Zusammenhang mit dem Kampf ums Dasein oft dahingehend interpretiert, daß die *natürliche Zuchtwahl den Tüchtigsten bevorteile*. Sogar in biologischen Lehrbüchern wird der Vergleich mit dem Pflanzenzüchter gezogen, der durch gezielte Weiterzucht bestimmter optimaler Gene zum Zuchterfolg gelangt.

Diese Interpretation aber ist grundfalsch! – Richtig ist das Gegenteil: Die natürliche Zuchtwahl bevorzugt nämlich nicht, sondern sie *benachteiligt*, und zwar tut sie das mit den *weniger Angepaßten* bzw. den weniger Tüchtigen. Dies führt zwar ebenfalls zu einer relativen, zahlenmäßigen Anreicherung der etwas besser angepaßten Individuen, aber es ist die relative und mittelbare Folge eines völlig anderen Auswahlverfahrens, und es ist nicht das Auswahlverfahren selbst.

Die positive Auswahl eines Hochleistungs-Mastrindes in der herkömmlichen Zucht führt nämlich, wie die Zuchterfahrung zeigt, u. U. dazu, daß man mit dem Gen für eine bestimmte Hochleistung auch unerwünschte Veranlagungen des Bullen, beispielsweise für Nierenerkrankungen, bestimmte Arthrosen und Anfälligkeit für Streßfolgen bei der heute üblichen Besamungstechnik tausenden von Kälbern unfreiwillg mitvererben kann. Dagegen läßt die negative Auslese, also die leichte, statistisch kaum bemerkbare Verringerung der Fortpflanzungschancen von ein paar etwas weniger guten Futterverwertern die ganze genetische Vielfalt der in der Mehrzahl gesunden Rinder zur Zucht übrig. Nach dieser zweiten Methode verfährt die Natur. Beiläufig sei hier erwähnt, daß im Gegensatz zur herkömmlichen Zucht bei gentechnischen Zuchtverfahren die Einschleppung solcher unerwünschter Gene praktisch ausgeschlossen ist (vgl. hierzu Kap. 4 und 5).

Außerdem würde auch vielleicht der optimal futterverwertende Bulle im tiefen Schnee eines Winters mit seiner Arthrose der Herde nicht folgen können und von einem Bären gerissen. Der Auslese der Natur entgeht auf Dauer nichts, und nur das hält die Gesamtheit der Population relativ gesund und angepaßt. Die Selektion greift zum Wohl der Arterhaltung also am Individuum an, und sie tut es immer am konkreten Fall, nämlich bei einer ganz bestimmten Situation bei nicht hinreichender Funktion. Kurz und fachlich gesagt heißt dies: Die Selektion wirkt bei spezifischer Dysfunktion durch Senkung der Fortpflanzungswahrscheinlichkeit des betreffenden Individuums.

## Die „angewandte Genetik" der Natur

In dem biologischen Forschungszweig der angewandten Genetik geht es mit unterschiedlichsten Methoden darum, die genetische Ausstattung von Nutzorganismen im Sinne des Menschen positiv zu beeinflussen, von Laktobazillen im Yoghurt und mikroskopischen Hefepilzen im Bier über Raps und Reis bis hin, beispielsweise, zum Mastrind. (Auf diese Form angewandter Genetik wird in Kap. 4 besonders eingegangen.)

Die Natur optimiert ebenfalls, nur auf völlig andere Weise. Außerdem gibt es zwei wesentliche Unterschiede. Erstens steckt hinter der Züchtungsforschung der menschliche Wille zur Optimierung eines jeweils ganz bestimmten Merkmals, während es in der „angewandten Genetik der Natur", der Evolution, streng um Arterhaltung mittels Anpassung geht. Dies geschieht passiv und blind in dem Sinne, daß die Natur kein angestrebtes Ziel der Auslese kennt. Nur die *Anzahl* der – genetisch veränderten – Nachkommen wirkt auf den weiteren Weg der Evolution ein. Die

Zahl bestimmt dabei rückblickend nicht, was „richtig" war. Denn die Natur ist immer blind; sie analysiert nicht einmal retrospektiv. Das Ergebnis existiert in der Anzahl der Individuen wertfrei für sich. Außerdem ist es zu jedem beliebigen, bestimmten Zeitpunkt mit dessen neuen, z. B. ökologischen, Gegebenheiten Ergebnis und Ausgangsstadium zugleich, als Anfang für alle weitere, ebenso ziellos ablaufende Evolution.

Trotzdem hat die Evolution von einfachsten Formen des Lebens bis hin zum Menschen zu immer komplexeren Organismen geführt, was charakterisiert wird durch die Menge der Erbsubstanzen und durch die Komplexität der darin verschlüsselten Gene. Dies ist systemimmanent, denn die Auslese läßt die in einer gegebenen Situation besser funktionierenden, besser angepaßten Organismen übrig. Die Wahrscheinlichkeit, daß diese – beispielsweise auf rasche Umweltänderungen plastischer und adäquater reagierenden – Individuen eine kompliziertere genetische Ausstattung besitzen, ist größer als das Gegenteil. Die Evolution ist also gewissermaßen zum Fortschritt gezwungen, sie kann nur progressiv ablaufen. Die Alternative besteht grundsätzlich nur im Aussterben, wobei die Populationen eventuell überlebender Seitenzweige mit großer Sicherheit eben höher evolviert und d. h. eben auch genetisch komplexer sind.

Doch gibt es Beispiele für angebliche regressive Evolution, also hin zu einfacheren Lebensformen; Viren oder Parasiten werden hier gelegentlich angeführt. Viren selbst leben nicht, sondern sind tote Partikel, die sich in lebenden Wirtszellen aufgrund ihres (bio)chemischen Aufbaues „wie lebend verhalten" (vgl. Kapitel 5). Fragt man sich nach der Entstehungsgeschichte der Viren, so steht zunächst fest, daß die Wirtsorganismen – bzw. deren Vorfahren – gelebt haben müssen, als die Viren entstanden. Denn die lebende Wirtszelle mit ihren Biosyntheseapparaten ist Voraussetzung für die Vermehrung des Virus. Es gibt also prinzipiell nicht viele Möglichkeiten der Evolution von Viren. Sie mögen Zellparasiten oder Zellsymbionten gewesen sein. Besonders Parasiten, manchmal aber auch Symbionten, neigen dazu, in der Evolution im Laufe unzähliger Generationen immer einfacher zu werden. So besitzen Bandwürmer gar keinen Darm mehr, und wie bei vielen anderen Parasiten auch, ist das Nervensystem geradezu rudimentär vereinfacht.

Der Parasitismus des Bandwurms besteht also genau betrachtet nicht nur in der Tatsache, daß er zum einen an der Verdauungsleistung des Wirts schmarotzt, sondern darüber hinaus auch darin, daß das Sinnes- und Nervensystem des Wirtes und auch sein Bewegungsapparat mit für den parasitierenden Passagier sorgt. Ihr feines Gehör und ihre flinken Beinchen retten vielleicht nicht nur die Maus vor dem Mauswiesel, sondern erlauben dem Darmparasiten, möglicherweise um viele Monate länger, Millionen von Eiern zu legen. Auf Wohl und Wehe sind also die Gene von Wirt und Parasit gekoppelt und voneinander abhängig; präziser ausgedrückt sind sie abhängig vom Funktionieren der durch sie realisierten Organismen.

Viren könnten also phylogenetisch uralte Parasiten sein, die ganz konsequent fast alles an ihren Wirt delegiert haben, sogar ihre Fortpflanzung und, noch erstaunlicher, ihr Leben! (Zu den Begriffen der „paravitalen Zustände" und dem des „graduellen Lebens" siehe [37]) Dies wäre eine Evolution vom lebenden zum toten Zustand, und ich bin überzeugt, daß dies wohl auch so abgelaufen ist, vielleicht sogar mehrmals in der Phylogenie der Organismen.

Dieser Widerspruch zur Grundthese, Evolution sei *eo ipso* progressiv, klingt massiv und eindrucksvoll. Was kann es nach der Entstehung des Lebens in der weiteren Evolution denn Regressiveres geben als den sekundären Verlust des Lebens selbst?! Trotzdem hat die These der immanenten Progression der Evolution zu komplexeren Lebensformen Bestand. Wann immer nämlich ein Parasit oder Symbiont eine anatomische Struktur, eine physiologische oder verhaltensbiologische Leistung, an seinen Wirt delegiert, nimmt die Summe der Komplexität in der Gesamtheit beider Organismen durch die notwendig werdenden engen Interaktionen zwischen ihnen zu.

Immunologische Prozesse beim Wirt, seine Stoffwechselreaktionen auf Wirkungen des Parasiten und die entsprechenden kommunikativen Prozesse zwischen beiden „feindlichen Evolutionspartnern", um nur einiges zu nennen, sind um Vieles komplexer als der genetische und der Organverlust beim Parasiten. Um eine komprimierte Metapher zu prägen, könnte man die Wirts- und die Parasitenart gemeinsam als „Hyperspezies" verstehen, die zwangsläufig als Einheit evolviert. Im Laufe der Evolution könnte dies auch mit den Viren und ihren Vermehrungswirten so geschehen sein. Dies büßt auch nichts an Realität ein, wenn wir es vielleicht nicht gern mögen sollten, unsere Schnupfenviren und uns selbst gemeinsam als eine solche schicksalhaft enge Hyperspezies zu verstehen.

Das mag amüsant klingen, aber die philosophische Projektion eines Hyperorganismus in die Lebensrealität der Individuen zweier Arten ist streng gekoppelt mit der generellen Frage nach der realen Existenz des Individuums überhaupt. Es gibt viele Tiere, die sich teilen oder die ausknospen und als zwei oder mehr „Individuen" weiterleben, wobei sich der Begriff des Individuums selbst *ad absurdum* führt, weil sich das im Wortsinne „Unteilbare" mühelos, selbstverständlich und v.a. regelhaft – teilt.

So sorgen die Weibchen bestimmter mariner Borstenwürmer der Gattung *Myriandina* auf sehr eigene Art für Gesellschaft. Sie schnüren allmählich zuwachsende Segmente am Körperende ab, die zu Männchen heranwachsen. Sogar bei den Chordatieren, zu denen auch wir Menschen zählen, kommt es z.B. bei den Seescheiden (Ascidien) noch zum Ausknospen und zur Bildung ungeschlechtlich entstandener Kolonien. (Ungeschlechtliche Vermehrung gibt es auch beim Menschen, nämlich eineiige Zwillinge, aber diese führt eben nicht zur Bildung einer ganzen Kolonie.) In solchen Kolonien können die einzelnen Tiere unterschiedlich stark zusammenhängen oder getrennt sein, so daß sich auch in unserer näheren Verwandtschaft im Tierreich die Frage nach der Realität des Individuums immer neu stellt.

## Am liebsten sitzen die Affen morgens auf ihren Stammbäumen

Alle heute lebenden, also rezenten Organismenarten thronen gewissermaßen auf den Spitzen der Zweige ihres Stammbaumes, und dies nicht nur morgens, wie einer meiner Studenten es in einem Referat formulierte. Aber die Rekonstruktion dieser Stammbäume war seit jeher das Hauptproblem. Hierfür gibt es zwei grundsätzlich unterschiedliche Vorgehensweisen.
1. Bei der einen sucht man nach Spuren in der Vergangenheit, beispielsweise von versteinerten Organismen, von Fossilien. Es folgt eine möglichst genaue Altersbestimmung des Fundes und

eine Beschreibung der Anatomie sowie, anhand von Begleitfunden, der Lebensumstände, der ökologischen Einordnung. Schließlich vergleicht man den Fund mit einer möglichst lückenlosen Abfolge ähnlicher Funde, wobei sich die Geschlossenheit der entstehenden Fundreihe sowohl auf eine anatomische Ähnlichkeitsfolge, auf die morphologische Reihe, beziehen kann, wie auch auf die zeitliche Abfolge der Funde. Diese Kurzbeschreibung ist stark vereinfacht, denn die heutigen Methoden sind z. T. außerordentlich komplex. Wenn man Glück hat und viele Kollegen fleißig und erfolgreich waren, kann man dann mittels sehr vieler Funde sich anatomisch aufspaltende Populationen verfolgen und diese vielleicht auch mit einer Datierung versehen.[20, 21]

2. Die andere Vorgehensweise, die ebenfalls eine große Zahl vieler Methoden vereinigt, bleibt in der Gegenwart. Bei ihr nimmt man Material, Maße, beispielsweise an Embryonen, molekular zu analysierende Substanzen oder sonstwelche datenliefernden Proben *heute lebender*, man sagt, rezenter Arten von Organismen und analysiert, beschreibt und vergleicht sie hinsichtlich der Qualität und Menge ihrer Übereinstimmungen und Verschiedenheiten.

Den ersten Weg zu beschreiten bedeutet, mögliche Vorfahren beispielsweise des Menschen direkt und ohne Umwege zu untersuchen. Der Nachteil besteht oft in entweder nicht ganz gewisser Datierung oder in der Seltenheit bestimmter Funde sowie in dem häufig schlechten Erhaltungszustand oft nur winziger Fragmente eines ganzen Körpers. Den zweiten Weg zu verfolgen, bedeutet hingegen, sich u. U. mühelos eine Fülle verschiedener Materialien für anatomische oder beispielsweise genetische Analysen beschaffen zu können.

Es hat jedoch den erheblichen Nachteil, daß man aus Vergleichen heute lebender Tiere folgern muß, in welcher zeitlichen Reihenfolge diese Veränderungen im Ablauf der Stammesgeschichte wohl eingetreten sein können und welches Alter man ihnen einzeln beimessen könne. Es bedarf hierzu unter anderem einer Eichung der Veränderungsgeschwindigkeit hinsichtlich der gerade beobachteten Unterschiede. Beiden Herangehensweisen liegen aber Gemeinsamkeiten zugrunde wie beispielsweise das Homologiekonzept,[44] bei dem aufgrund körperlicher Gemeinsamkeiten auf phylogenetische, also abstammungsbezogene Gemeinsamkeiten geschlossen und die betreffende Eigenschaft dann als homolog bezeichnet wird.

Die auf Fossilfunden beruhenden Stammbäume der Tiere und insbesondere der näheren Primaten und des Menschen haben in den vergangenen zehn Jahren eine ganze Reihe von Veränderungen erfahren. Die Gründe hierfür liegen z. T. in viel gezielteren Grabungen, als diese noch vor wenigen Jahrzehnten möglich gewesen wären. Aber auch Präparationstechniken und die verbesserten Kenntnisse über besondere Fossilierungsformen ließen gerade in jüngster Zeit vormals undenkbare Fossilfunde zutage treten. Während normalerweise die Fossiliensammlungen der einschlägigen Forschungsinstitute nur aus Knochen und Zähnen sowie den Abdrücken anderer Hartmaterialien bestehen, ist es beispielsweise 1997 gelungen, die wenigen, wasserhaltigen Zellen fossiler Embryonen von Tieren aus über 500 Millionen Jahre alten chinesischen und sibirischen Fundstätten zu präparieren und unter dem Rasterelektronenmikroskop zu fotografieren.[5]

Über die phylogenetischen Aufzweigungsschemata, die sogenannten Cladogramme der frühen Primaten war man sich noch vor wenigen Jahren keineswegs einig.[31] Aber neue Funde kamen hinzu. Nicht nur die ältesten Haplorhinen (Affen) unter den Primaten stammten von verschiedenen Fundstätten Eurasiens her, anstatt, wie bislang ziemlich felsenfest angenommen, aus Afrika. Auch die vormals mit 35 bis 36 Millionen Jahren ältesten höheren Affen der Gattung *Aegyptopithecus* aus Afrika wurden 1996 durch den gut 40 Millionen Jahre alten *Eosimias* abgelöst,[4] der, wie der Name schon andeutet, aus China stammt. Dies hat verständlicherweise Konsequenzen für eine Reihe von Stammbaumrekonstruktionen. Auch sorgen neuere Funde von unerwarteter geographischer Herkunft oder aus unerwarteten Schichten auch für neue Interpretationen.[9, 16, 17, 33]

Fossildokumente zur Entstehung des heutigen Menschen wurden noch vor zehn Jahren von vielen Autoren in die drei Arten *Homo habilis*, *H. erectus* und *H. sapiens* eingeteilt. Inzwischen ist die älteste Art unserer Gattung, *H. rudolphensis*, wieder existent,[45] hinzu treten ferner *H. ergaster*[50] und der erst 1997 beschriebene *H. antecessor*.[6, 18] Aber auch auf der Bühne genetischer Forschung treten unerwartete Neuigkeiten zutage. Der früher als *Homo neaderthalensis* in der Kategorie einer eigenen Art einherkommende Neandertaler galt seit einigen Jahrzehnten unverrückbar als Unterart des modernen Menschen *H. sapiens neandertalensis*, – bis 1997 Krings et al. anhand mitochondrialer* DNA aus dem originalen Gebein des 1856 im Neandertal bei Düsseldorf geborgenen Skeletts vorschlugen, ihm wieder den Status einer eigenen Art zuzuerkennen,[27] wobei sie von unseren *H.-sapiens*-Vorfahren wahrscheinlich mindestens im Zeitraum von 300 000 bis 600 000 Jahren genetisch isoliert waren.[40] Hier ist wahrscheinlich die letzte Entscheidung noch nicht gefallen, da andere Proben andere Ergebnisse liefern mögen;[40] trotzdem hat sich die Anzahl der Arten unserer Gattung *Homo* allein aufgrund von Fossilfunden – auch mittels der molekulargenetischen Untersuchungen an diesem Material – in den vergangenen zehn Jahren von drei auf sieben Spezies mehr als verdoppelt!

### „Which of our genes make us human?"
### – Weisen Moleküle den Weg?

Können wir das Werden und das Wesen des Menschen mit Hilfe genetischer Forschung verstehen? In einem bedeutsamen Artikel[10] theoretisierten Davidson et al. 1995 über die evolutive Entstehung eines rechts-links-symmetrischen Körperbaus anhand von Forschungen, beispielsweise an heute lebenden Borstenwürmern und Seeigeln und diskutierten insbesondere die Gruppe der sogenannten HOM-C-*Box-Gene* (vgl. Kap. 2). Auch bei Wirbeltieren wurden Gene gefunden, die im heranwachsenden Embryo entscheiden, wo vorne und wo hinten entstehen soll,[43] in welcher Richtung die Körperachsen angelegt werden sollen[22] oder auch, wo von der bis dahin so strikt symmetrischen Anordnung abgewichen wird, um beispielsweise die asymmetrische Lage des Herzens zu organisieren.[23, 42]

Noch neuer sind Befunde von Holland et al. am Lanzettfischchen *Branchiostoma*,[13] in denen die Rolle der *Hox*-Gene für grundlegende Differenzierungen für die Organisation des Körpers gefunden wurden. Diese neuen Erkenntnisse der Entwicklungsgenetik haben natürlich von ihrer Zielsetzung her fast keinerlei Bedeutung hinsichtlich unserer jüngeren Stammesgeschichte, aber sie haben enorme Bedeutung für das Verständnis embryonaler Vorgänge, und sie lassen Einblicke in fundamentale Prozesse unserer körperlichen Organisation zu.

„Which of our genes make us human?" lautet daher die Kernfrage intensiver forscherischer Bemühungen, die als Titel eines Artikels in Science 1998 gestellt wurde.[19] Der doppelte Chromosomensatz aller Menschenaffen umfaßt 2n = 48 Chromosomen, während beim Menschen 2n = 46 gezählt werden, nämlich 22 sogenannte Autosomenpaare und die beiden Geschlechtschromosomen oder auch Gonosomen XX oder XY (s. Kap. 7, Abb. 7-1). Mittels bestimmter Färbetechniken kann man in den Chromosomen jedoch ein Bandenmuster erkennen, das in den Schimpansenchromosomen 12 und 13 fast genau der Bandenabfolge des menschlichen Chromosoms 2 entspricht.

Man hat aber nicht nur diese Fusion zweier Chromosomen auf dem stammesgeschichtlichen Eigenweg seit der Trennung unserer Ahnen von jenen der Schimpansen erhellt, sondern weitere Veränderungen gefunden. Seither sind folgende Veränderungen für den Menschen, in zeitlicher Reihenfolge, vermutlich exklusiv: Verlust des Nukleolusorganisators von Chromosom 18, Umdrehungen (Inversionen) von Teilstücken der Chromosomen 4, 9 und 17, die nach einer bestimmten Färbetechnik sogenannten C-Banden auf den Chromosomen 1, 9, 16 und Y sowie die soeben erwähnte Fusion zum Chromosom 2.[30]

So finden die allermeisten Chromosomenabschnitte des Menschen ihre Entsprechungen auf den Chromosomen von Schimpansen, und daher verwundert auch nicht mehr die hohe Übereinstimmung, der DNA-Strukturen, die beispielsweise für Schimpansen und Menschen angegeben werden. Diese wurden mit der sogenannten Hybridisierungs- oder DNA-Schmelztechnik ermittelt.[11, 47] Vereinfacht gesagt stellt man eine Legierung der DNA zweier Tierarten her, beispielsweise von Mensch und Bonobo (Zwergschimpanse). Der Schmelzpunkt dieses „DNA-Amalgams" ist um so mehr gegenüber den Einzelschmelzen erniedrigt, je unterschiedlicher die Genome, also die Gesamtheit der Erbsätze, sind. Dies kann man eichen und weiß daher, daß das Genom des Bonobos (*Pan paniscus*) jenem des Menschen mit zwischen 98 und 99% identischer Erbsubstanz am ähnlichsten ist, dicht gefolgt von jenem der anderen Schimpansenart, dem Gemeinen Schimpansen (*Pan troglodytes*). Dann folgt, uns immer noch sehr nahe stehend, der Gorilla. Diese Untersuchungen wurden in verschiedenen Labors wiederholt durchgeführt und bestätigen sich gegenseitig.[11, 47]

Die teilweise erstaunlichen Überstimmungen führen unter anderem dazu, daß die systematische Einteilung der Menschenaffen und Menschen, wie viele andere etablierte Fakten auch, ihre Stabilität eingebüßt haben und Alternativen angeboten werden. So haben Shoshani und Mitautoren v. a. aufgrund morphologischer Daten, ein System vorgeschlagen, in dem die drei großen Gattungen der Menschenaffen Orang-Utan, Gorilla und Schimpansen mit dem Menschen gemeinsam der Familie der Menschenartigen, der Hominiden, zugeschlagen werden.[46] In vieler Hinsicht sind sich die beiden Schimpansenarten und der Mensch so ähnlich, daß Diamond die Metapher vom Menschen als dem „dritten Schimpansen" geprägt hat (Tabelle 1-1).[12]

Molekularbiologische Untersuchungen verfolgen z. T. sehr unterschiedliche Ziele bei der Rekonstruktion der Stammbäume, von der Entstehung der Organismen bis hin zur zeitlichen Gliederung der Entstehung heute lebender Menschenformen. Außerdem wird dies mit sehr unterschiedlichen Methoden versucht. Allein die Sequenzanalysen der DNA selbst, also die Analyse der Abfolge von Nukleinsäuren in der DNA-Molekülkette, können in sehr unterschiedlicher Weise erfolgen. Solche Sequenzierungen klären gewissermaßen die Buchstabenfolge des genetischen Codes auf. Ist dies geschehen, kann man ihn lesen; aber in der Regel ist man dann weit entfernt davon, ihn auch zu verstehen. Dem Molekularbiologen geht es etwa so, wie den meisten von uns, die mit einem beispielsweise finnischen Text konfrontiert werden (vgl. Kap. 6).

Zwei Beispiele unterschiedlicher methodischer Herangehensweisen seien hier kurz referiert. Kayser und Mitarbeiter analysierten sogenannte Microsatelliten (das sind sehr kurze, sich tandemartig wiederholende Abfolgen, abgekürzt *STR*, von engl. „short tandem repeats"), um mit ihrer Hilfe Hinweise zur Evolution von Rhesusaffen zu erhalten.[25, 26] Porter et al. führten DNA-Sequenzanalysen von Genorten durch, welche ein bestimmtes Protein, das e-Globin, kodieren.[41] Aufgrund ihrer Befunde stell-

**Tabelle 1-1.** System der Hominoidea (Menschenähnlichen): Die Überfamilie Hominoidea wird oft fälschlich mit dem Begriff der Menschenaffen gleichgesetzt, obwohl auch der Mensch ihr angehört. Im konventionellen System (*links*) stellen die kleinen (Gibbonartige) und die großen Menschenaffen (Orang-Utanartige) je eine Familie. Paläontologisch arbeitende Anthropologen verwenden dieses System fast ausschließlich; sie akzentuieren die Menschwerdung, indem sie die Gattungen *Pongo*, *Pan* und *Gorilla* den Tierprimaten zuordnen. In dem hier favorisierten System (*Mitte*) werden die großen Menschenaffen in die beiden Familien Pongidae und Panidae eingeteilt. Die erheblichen Unterschiede zwischen dem Orang Utan und den beiden anderen Gattungen wird allgemein anerkannt. Die besonderen biologischen Qualitäten und Merkmale des Menschen rechtfertigen den Status einer eigenen Familie. Einige Autoren bevorzugen ein System, in dem die großen Menschenaffen und der Mensch gemeinsam die Familie der Menschenartigen bilden; *Gorilla* und *Pan* werden sogar mit dem Menschen in einer gemeinsamen Unterfamilie zusammengefaßt. Hier werden die biologischen Qualitäten des Menschen, z.B. die verhaltensbiologischen, kognitiven Leistungen des Gehirns, gering bewertet. Die geringfügige Unterscheidung zwischen den nächstverwandten Menschenaffen und dem Menschen hat auch Konsequenzen für den Artenschutz und unter anderem zu dem Aufruf „Menschenrechte für Menschenaffen!" geführt, eine Forderung, die nicht nur systematisch, sondern auch ethisch zweifelhaft ist (s. auch [49])

| *Konventionelle (alte) Einteilung* (z.B. Fleagle)[14] | *Alternative 1* (Coppens, Niemitz)[8, 39] | *Alternative 2* (Shoshani, Groves, Simons)[46] |
|---|---|---|
| Familie Hylobatidae (Gibbonartige) | Familie Hylobatidae (Gibbonartige) | Familie Hylobatidae (Gibbonartige) |
| Gattung Hylobates (Gibbon, Siamang) | Gattung Hylobates | Gattung Hylobates |
| Familie Pongidae (Orang-Utanartige) | Familie Pongidae | *Familie Hominidae (Menschenartige)* Unterfamilie Ponginae |
| Gattung Pongo (Orang Utan) | Gattung Pongo | Gattung Pongo (Orang Utan) |
|  | Familie Panidae (Schimpansenartige) |  |
|  |  | Unterfamilie Homininae |
| Gattung Gorilla Gattung Pan (2 Schimpansenarten) | Gattung Gorilla Gattung Pan | Gattung Gorilla Gattung Pan (Schimpansen) |
| *Familie Hominidae (Menschenartige)* | *Familie Hominidae* |  |
| Gattung Homo (Mensch) | Gattung Homo | Gattung Homo (Mensch) |

ten sie mittels verschiedener mathematischer Methoden Verzweigungsschemata, sogenannte Cladogramme, zur Verwandtschaft der untersuchten Arten einschließlich des Menschen auf.

Solcherlei höchst unterschiedliche Analysen führen z.T. auch zu sehr verschiedenen Interpretationen. Auf einem Treffen von

Fachleuten 1997 wurden so gegensätzliche Ansichten vertreten, wie einerseits die Meinung, Stammbäume sollten ausschließlich anhand molekularer Befunde konstruiert werden und die widersprechende Ansicht, hierbei handele es sich um „widerlichen molekularen Chauvinismus".[1] Interessant ist die Demonstration von Naylor und Brown auf der erwähnten Tagung, die 13 mitochondriale* proteincodierende Gene von 19 Organismengruppen mit insgesamt nicht weniger als 12234 Nukleotidorten analysierten. In dieser offenbar nach allen Regeln der Wissenschaft durchgeführten Untersuchung fanden sie beispielsweise, daß die Fische „eindeutig" Nachkommen gemeinsamer Ahnen von Fröschen und Vögeln wären. Die Autoren berichteten, sie hätten ebenso eindrucksvolle und statistisch höchst signifikante wie völlig falsche Ergebnisse erhalten.[1]

Ein vielversprechender Weg der Molekulargenetik wurde von der Arbeitsgruppe um Svante Pääbo am Max-Planck-Institut für evolutionäre Anthropologie in Leipzig beschritten. Sie analysierten einen gut zehn Kilobasen (10000 Basenpaare) langen DNA-Abschnitt des X-Chromosoms, also des weiblichen Gonosoms, von Schimpansen und Menschen und bestätigten zunächst eine etwa 99%ige Übereinstimmung in der Struktur der Erbsubstanz. Die identifizierten Unterschiede sind nun nicht für sich selbst von Bedeutung, sondern Pääbos Mitarbeiter haben mit der Untersuchung der Genexpression, also jener Proteine begonnen, für deren Synthese die Genorte codieren. Nach diesen Genwirkungen suchen sie im Gehirn und im Immunsystem. Hierbei scheinen die oben erwähnten Fusionen oder Inversionen oder sonstigen Ortsveränderungen weniger eine Rolle zu spielen.

Eine viel näherliegende Hypothese ist wohl, daß feine Unterschiede z.B. lediglich das Zeitmuster der Entwicklung und des Wachstums beeinflussen, was aber beim Gehirn oder anderen Organen enorme Wirkungen haben könnte.[19, 46]

Die Vielfalt der molekularbiologischen beziehungsweise molekulargenetischen Ansätze zur Aufklärung der menschlichen Stammesgeschichte birgt die Gefahr, daß viele Untersucher auf ihrem speziellen Feld immer noch Pioniere sind. Offenbar wird neben anderen Schwierigkeiten auch das Hauptproblem noch nicht beherrscht, daß (fast) alle diese Untersuchungen eben auf Untersuchungsmaterial von *rezenten* Tieren, z.B. anhand von Gewebsproben, angewiesen sind und den „Blick in die Vergangenheit durch ein mathematisches Fernrohr" werfen, dessen Formeln zu einem respektablen Anteil immer noch hypothetischer Natur sind. Eine wesentliche Verbesserung wird erreicht, wenn sehr viel verschiedene Merkmale, beispielsweise genetische Marker, in die Untersuchung eingehen.[3]

Obwohl wir zu Ergebnissen solcher Arbeiten noch zurückkommen werden, mag man aber jetzt schon resümieren, daß neue Erkenntnisse wohl insbesondere dann als gesichert angesehen werden können, wenn sie beispielsweise fossilanatomische und molekulare Befunde widerspruchslos vereinen können.[24] Ein bißchen zu mutig mag jedoch die Formulierung im Titel einer Publikation in einer angesehenen wissenschaftlichen Zeitschrift über die stammesgeschichtlichen Beziehungen des Bonobo oder Zwergschimpansen zum Menschen klingen, dessen Untertitel lautet: Morphologische Daten, molekulare Daten und die „totale Beweislage" (Abb. 1-1).[2]

## Das nicht spezifisch Menschliche – Planung, Kultur und Sprache

Derart starke, rein quantitative, aber auch strukturelle Übereinstimmungen unseres Genoms mit jenen unserer nächstverwandten Arten werfen Fragen auf.

- Zunächst stellt sich die Frage, welche Eigenheiten die biologische Art *Homo sapiens* ausmachen.
- Zweitens ergibt sich die Aufgabe, die Phylogenie, also die Stammesgeschichte, dem Begriff folgend, als historischen Prozeß aufzuklären. Dies ist anhand der noch lückenhaften Fossilketten schwierig genug, und dennoch wird es eines Tages lediglich die relativ banale Phänomenologie unseres Problems darstellen.
- Das dritte ist die Frage nach dem Wirken des Selektionsdrucks. Wir wissen zwar allmählich immer genauer, seit wann unsere Vorfahren habituell aufrecht gingen, aber die Beantwortung der dritten Frage liegt noch im Dunkeln, nämlich, *warum* sie dies *dauernd* taten und tun.
- Auch möchten wir viertens erfahren, welche genetischen, u. U. feinen Unterschiede zu den anderen Primaten zu diesen enor-

men, qualitativen Unterschieden des menschlichen Daseins und Lebens führen. Wichtig für unserer Selbstverständnis ist hierbei zunächst, uns einzugestehen, in welchen Punkten wir Menschen uns oft für herausragend halten, obwohl es sich hier um Leistungen handelt, die wir mit anderen Tieren teilen müssen.

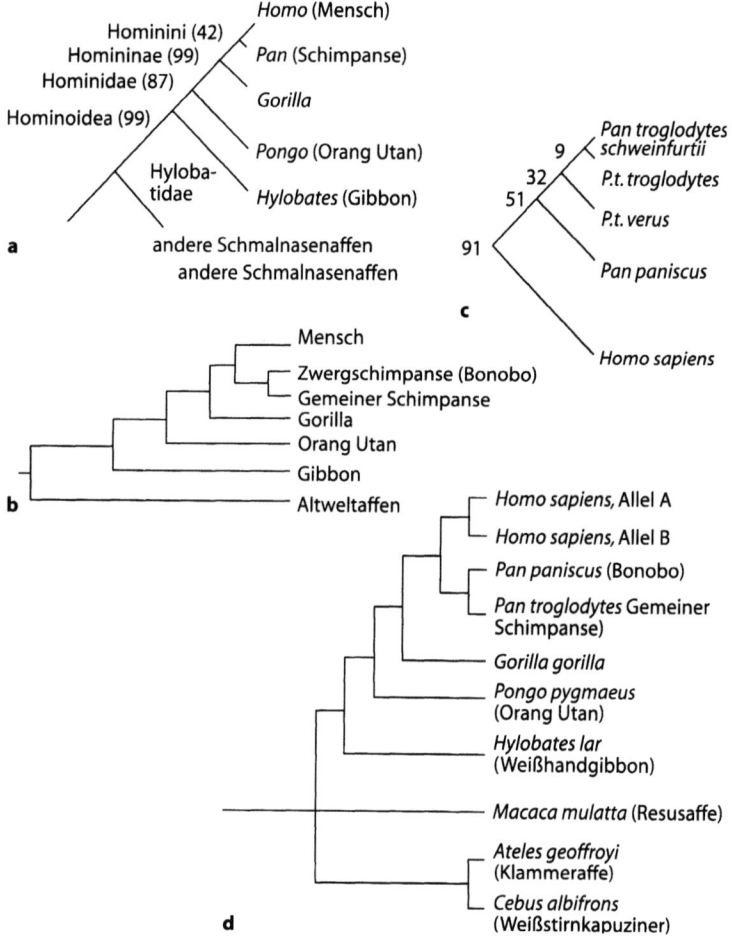

Fossilien, Gene und Moleküle – Zur Evolution des menschlichen Genoms 19

## *Werkzeugkulturen und Planungsfähigkeit*

Noch vor wenigen Jahren galt, daß *Homo habilis*, der „befähigte Mensch", seinen Namen zurecht trug, weil das Mensch-Sein mit der ersten Stufe der Kultur, nämlich den Werkzeugkulturen, definiert sei. Von den frühesten Geröllwerkzeugen bis zu den fein ziselierten Harpunen des Azilien wurden in der Anthropologie die Kulturstufen des Paläolithikums, also der Altsteinzeit, anhand der Erscheinungsform und Komplexität der Steinwerkzeuge eingeteilt. Obwohl ein beträchtliches verhaltensbiologisches Faktenwissen seit mittlerweile mehr als zwei Jahrzehnten im Grunde bestand, zählt es zu den Einsichten der neunziger Jahre, daß bis in Einzelheiten allen diesen spätsteinzeitlichen Kulturen entsprechende Phänomene auch bei verschiedenen Populationen von Schimpansen vorkommen. Die Tradition von funktionell nicht unbedingt notwendigen Arbeitsschritten oder Gestaltungen auf das Wissen

**Abb. 1-1 a–d.** Verschiedene sogenannte Cladogramme (Aufzweigungsschemata), die auf unterschiedlichen methodischen Ansätzen beruhen. Die verschiedensten, auch morphologisch-genetisch kombinierten Studien mit der Absicherung durch sehr viele verschiedene Merkmale bestätigen immer besser die phylogenetisch interpretierbaren Verwandtschaftsverhältnisse; die hiernach erstellten Systeme sehen aber immer noch unterschiedlich aus; **a** phylogenetisches Analyseprogramm PAUP, das Shoshani et al.[46] mit 264 morphologischen Merkmalen fütterten; es ließ sich so interpretieren, daß die Überfamilie Hominoidea (Menschenähnliche) in die beiden Familien Hylobatidae (Gibbonartige) und Hominidae (Menschenartige) aufzuweigen. Der Unterfamilie Homininae folgt in diesem phylogenetischen System sogar noch der Tribus Hominini, der ausdrücken soll, daß nach dieser Analyse Schimpanse (*Pan*) und Mensch (*Homo*) einander näher stehen als der Schimpanse dem Gorilla. Hier wird nicht gewertet, daß auch bei näherer phylogenetischer Stellung zwischen zwei Gattungen ein entscheidender systematischer Schritt erfolgt sein kann; **b** Gabelungsschema nach Sibley[47] mittels DNA-Hybridisierungstechnik (s. Text). Hiernach steht der Bonobo (Zwergschimpanse) dem Menschen am nächsten (s. auch [11]). Die Zinken der Gabelungen sind aufgrund von Berechnungen der Evolutionsgeschwindigkeiten z. T. unterschiedlich lang; **c** mit 2 mitochondrialen Genorten und sogenannten gewichteten genetischen Distanzen (Zahlen zwischen den benachbarten Gruppen gerundet) wurde der Bonobo (*Pan paniscus*) als der uns nächststehende Menschenaffe bestätigt.[32] Die westliche Unterart (*Pan troglodytes verus*) des Gemeinen Schimpansen steht den beiden anderen Subspezies der Art so fern, daß sie vielleicht als eigene Art klassifiziert und abgetrennt werden sollte; **d** Die Kombination einer PAUP-Analyse (vgl. **a**) von 75 zumeist morphologischen Merkmalen und einer molekulargenetischen Untersuchung des sogenannten Pseudo-Eta-Globin-Gens ($\psi\eta$-Globin; vom Menschen wurden 2 Allele oder Genvarianten benutzt) von Barriel[2] zeigen die beiden Schimpansenarten als Schwestergruppe von *Homo sapiens*. Die hier nicht dargestellten Zahlen belegen erneut, daß der Bonobo uns Menschen am ähnlichsten ist. Der Orang Utan steht dem Gorilla und dem Schimpansen ferner als der Gorilla dem Schimpansen oder uns Menschen

und Können der nachfolgenden Generation, die ja erst eine Klassifikation paläolithischer Kulturstufen ermöglichte, sind bei *Pan troglodytes* gegeben.[28]

Natürlich ist die Fähigkeit zu planen und in einen Rohling, beispielsweise einen Ast am Baum, das spätere Werkzeug hineinzuprojizieren sowie seine noch später erfolgende Verwendung, eine Vorbedingung für die oben dargelegten Verhaltensweisen einer materiellen Kultur. Wollen wir Menschen die einzigen Kulturwesen bleiben, müssen wir jahrzehntelang benutze Defintionen der Kultur abschaffen und eine neue ersinnen.

## *Einsicht in komplexe Realitäten*

Besonders im zwischenindividuellen, also kommunikativen Bereich werden hier von vielen Tierprimaten erstaunliche Leistungen vollbracht. Ihr Verhalten läßt oft den Schluß zu, daß sie Empathie besitzen, sich also in die Rolle des Gegenüber hineinversetzen können und Einfühlungsvermögen zeigen.[49]

Vor wenigen Jahren fiel das Kind einer unvorsichtigen Mutter in den tiefen Betongraben des Gorilla-Geheges im Zoo von Philadelphia und blieb ohnmächtig mit einer Kopfverletzung dort liegen. Was würde mit dem Eindringling, dem Menschen, nun geschehen? Die Fotoserie eines Zoobesuchers – ungeachtet der Wertung, ob geistesgegenwärtig oder kaltblütig – belegt den nun folgenden Verlauf in allen Einzelheiten.

Ein erwachsenes Weibchen, das ein eigenes Kind am Bauch mit sich trug, nahm das bewußtlose Menschenkind mit den blutunterlaufenen Augen ohne viel zu zögern auf, hielt es im Arm und trug es mit sich umher. Alsbald näherte sich der Silberrükken, ein mächtiger Gorilla, der möglicherweise das doppelte des Weibchens wog. Das Weibchen jedoch gestattete ihm nicht, näherzukommen und drohte ihn entschlossen fort. Nach einiger Zeit, während der sie das Menschenkind gewiegt und wie ein eigenes krankes Gorillakind manipuliert hatte, aber noch bevor die Menschen draußen eine Vorgehensweise vereinbarten, ging das Weibchen zur Eisentür des Wärtergangs und legte das immer noch bewußtlose Kind dort ab. Sie trat rückwärts gehend etwas von der Tür zurück, blickte sich um und gestattete weiterhin keinem anderen Gorilla, in die Nähe zu kommen. Auf diese Weise konnten die Tierpfleger die Gehegetür einen Spaltbreit öffnen und das Kind herausziehen, das sofort in ärztliche Obhut kam und überlebte (Abb. 1-2).

Errechnet man die Wahrscheinlichkeit für die Handlungen und Bewegungen des Weibchens als zufällig geschehen aus und kombiniert man sie mit einem zufällig in dieser Zeit erfolgenden Drohen, so ist die Zufallswahrscheinlichkeit der beobachteten Handlungskette gleich null. Kennt man das Verhalten von Gorillas, so stimmt die Schätzrechnung mit der subjektiven Einschätzung überein. Das Gorilla-Weibchen hat zumindest eine Reihe von Aspekten der Situation durchschaut und adäquat, also mit Einsicht und richtig gehandelt. Ob ihre faktische Hilfsbereitschaft auch Absicht war, bleibt unbewiesen. Da schon Paviane und Makaken, wenn es ihnen in irgendeiner Weise nützt oder nützlich erscheint – also mit Einsicht – bestimmten anderen Artgenossen helfen und anderen nicht,[48] müßte man Hilfsbereitschaft für diesen Menschenaffen um so mehr als möglich erachten und wenigstens nicht pauschal von der Hand weisen.

Povinelli zeigt in einem Wahlversuch, daß bei Lernexperimenten eine Trainerin, die den täglich mitgebrachten Becher Orangensaft versehentlich mit einem Stolperer ausgoß und leer mit in den Käfig brachte, nicht an Sympathie verlor. Eine andere Trainerin, die den Becher Orangensaft vor dem Betreten des Käfigs zur „Lernstunde" absichtlich und langsam vor dem Gitter ausgoß und den Becher dabei anblickte, erlebte einen drastischen Sympathiesturz. Mit ihr wollten die Schimpansen nicht spielen und nicht trainieren. Der Versuch wurde nach Vorschriften der Verhaltensstatistik mehrfach wiederholt.

Die Menschenaffen hatten also nicht nur die Absichtlichkeit, die Boshaftigkeit der einen erkannt. Auch lag es nicht am nun fehlenden Orangensaft allein. Die Einsicht in ein Versehen einer der Trainerinnen ist schwierig genug. Vielmehr aber konnten sie jener das Versehen infolge ihrer Einsicht *verzeihen.*[7] Aufgrund von Einsicht in Verantwortlichkeit verzeihen zu können, galt bisher unbedingt als ausschließlich menschliche Fähigkeit. Nun müssen wir sie mit den Tierprimaten teilen.

Die Frage nach einem Selektionsvorteil hierfür ist überaus problematisch, denn sie ist vorurteilsbehaftet. Das erstaunliche

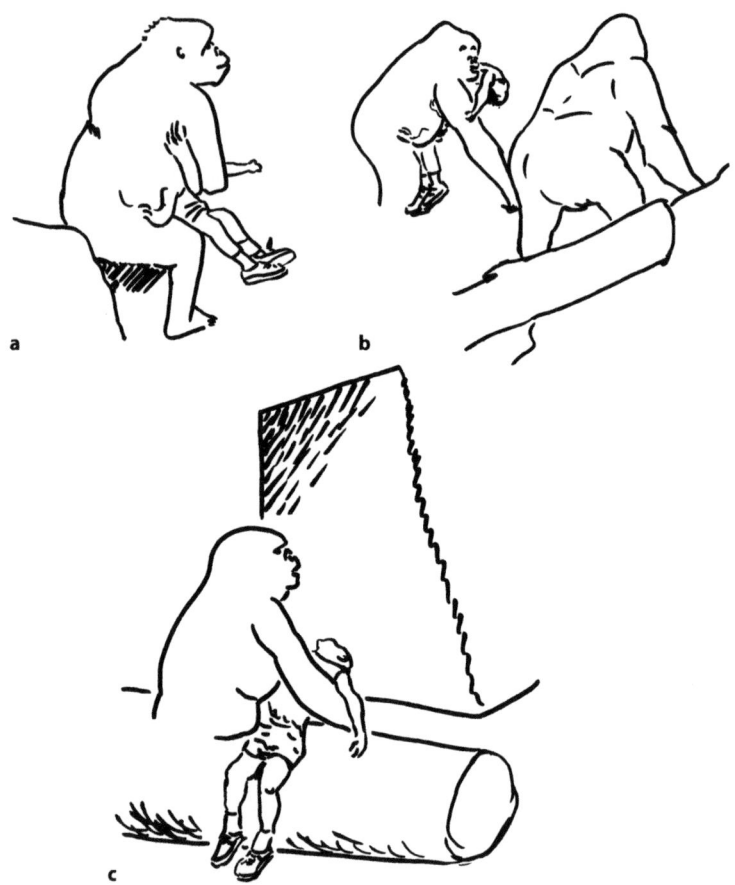

**Abb. 1-2 a–c.** Ein in den Graben des Gorilla-Geheges im Zoo Philadelphia gestürztes, bewußtloses Kind wird von einer Gorilla-Mutter nicht etwa als Eindringling oder fremder Konkurrent ihres Kindes oder sonstwie negativ verstanden, sondern (**a**) auf den Arm genommen und umhergetragen. Als der mächtige Silberrücken der Gruppe sich dem Geschehen nähert (**b**), wird er entschlossen von dem Weibchen durch Drohungen auf Distanz gehalten. Schließlich bringt das Weibchen das immer noch bewußtlose Kind zur Tür des Wärtergangs (**c**), legt es dort ab und bewacht es kurz, bis es von einem Wärter dort sogleich geborgen wird. (Näheres s. Text.)

Faktum kennen wir bereits, und gleichzeitig steht fest, daß dieses sehr rationale und ethische Verhalten eine hochkomplexe Leistung des Gehirns ist, die ohne genetische Basis undenkbar wäre. Das genetische Fundament ist aber das *Ergebnis* eines langen Ausleseprozesses, das eines gerichteten Selektionsdruckes zwangsläufig und von Beginn an bedurfte. Alle Begründungen hierfür sind also nachgeschobene Erklärungen, die alle einzeln und in den unterschiedlichsten Kombinationen richtig und falsch sein können; nur eine Konstellation jedoch ist richtig.

## *Schrift und Sprache*

Mit einer Reihe von Versuchen an beiden Schimpansenarten konnte gezeigt werden, daß diese beiden uns am nächsten stehenden Tierarten nicht zu sprechen in der Lage sind, aber trainierbar für die Beherrschung sehr verschiedener Formen von Schriften.[36] Hierzu gehören unter anderem:
1. Schreibmaschinen mit Sensoren, auf denen Wortzeichen, sogenannte Idiogramme, berührt werden müssen. Die Syntax hat hierbei drei Stufen beziehungsweise Kriterien, nämlich die *Struktur der Zeichen*, eine bestimmte *Wortreihenfolge*, die im Sinne einer einfachen Grammatik zu verstehen ist und eine vorgegebene *Leserichtung*. (Wir folgen hierbei der Definition der Syntax, wie sie in der biologischen Kommunikationswissenschaft gebraucht wird und nicht in der viel engeren Definition der Linguistik.)
2. Magnetische Wandtafeln, auf denen abstrakte, bunte Idiogramme als Wortschrift zu lesen und zu schreiben sind.
3. Gehörlosen-„Sprache" (American Sign Language), die als dynamische, gestische Schrift in die Luft geschrieben wird.
4. Einfache alphabetische Schriften.[36]

Menschen schreiben von links nach rechts oder umgekehrt, oder beides in abwechselnden Zeilen. Sie benutzen Alphabete, Silben- oder Wortschriften (im Japanischen werden sogar zwei Silbensysteme und ein Wortsystem kombiniert angewendet), erfinden binäre Schriften, die in Computern eingesetzt werden oder trinäre Schriften, wie das Morse-Alphabet mit den drei Zeichen Kurz,

Lang und Pause. Mehr noch: Menschen lernen komplizierte oder auch einfache Idiogramme, deren semantischer Inhalt einen ganzen Absatz füllt. Interessant war in den Schriftversuchen mit Schimpansen und Bonobos, festzustellen, daß auch hier die Syntax der von ihnen zu erlernenden Fremdsprache (!), in welcher Struktur sie sich auch immer bot, hinsichtlich des Lernerfolges offensichtlich keinen wesentlichen Unterschied mit sich brachte.

Seit den siebziger Jahren wird von Noam Chomsky hartnäckig die These verteten, Grammatik und insbesondere Syntax, sei dem Menschen angeboren, also genetisch fest verankert.[29] Die Stärke der oben geschilderten Versuchsansätze – fast alle Experimentatoren haben es selbst gar nicht bemerkt! – liegt zu einem ganz wesentlichen Teil in der Erkenntnis, daß die Schimpansen *jegliche Art* einer einfachen Fremdsprache korrekt zu lernen in der Lage waren, wie auch immer sie strukturiert war. Oft wird die Syntax möglicherweise mit der Struktur angeborener Nervenverschaltungen verwechselt[29] oder mit dem zweifellos genetisch bestimmten und dem Menschen arteigenen emotionalen Tonfall, der Prosodie. Dieser ist von der Struktur der Sprache oder Schrift absolut unanhängig und wird auch von einem anderen Teil des Gehirns, der Gürtelwindung (*Gyrus cinguli*) generiert, einem Rindenanteil des limbischen Systems.

Vor allem aber haben alle diesbezüglichen *linguistischen* Studien nicht den geringsten substantiellen Hinweis liefern können für ein allen visuellen Zeichensystemen des Menschen unterliegendes gemeinsames strukturelles Fundament. Wäre dies der Fall, sollten die Biologen nach einem strukturellen Hintergrund der Sprachstruktur im Gehirn suchen. Und dieser seinerseits könnte einem genetischen Ordnungsprinzip entsprechen. Umgekehrt gibt es in der Natur bisher wohl kein Beispiel dafür, daß ein genetisches Ordnungsprinzip im Verlauf der Genexpression, also auf dem Weg der Realisierung über Struktur zum Verhalten, sich auflöst und verloren geht. Es gäbe für die Etablierung einer solchen genetischen Ordnung in der Evolution auch keinen Selektionsdruck, also keine Ursache.

Da aber keine Zeichenstruktur selbst und auch keine Struktur der Zeichenabfolge sich irgendwie im Lernverhalten oder im Lernerfolg der Schimpansen niederschlug, können nach obiger Herleitung – bisher auch nur vermutete – angeborene Verschaltungsstrukturen im Sprachbereich keine Entsprechung einer Sprachstruktur im Sinne eines Abbildes einer verhaltensphysiologischen Leistung sein.

Die Lernerfolge der Schimpansen mögen im Vergleich zu menschlichem Lernvermögen bescheiden sein. Wenn man jedoch bedenkt, daß es Fremdsprachen einer anderen Tierspezies sind, die es zu erlernen gilt, mit Zeichenstrukturen und einer Grammatik, die wahrlich nicht „schimpansisch" genannt werden kann. Wenn man überdies noch berücksichtigt, daß der Trainer oder der Computer nur „richtig" oder „falsch" beurteilt, aber rein gar nichts erklärt, wird die Leistung der Schimpansen um so erstaunlicher. Ich jedenfalls würde Chinesisch ohne eine einzige Erklärung nicht lernen mögen, wenn die Methode ausschließlich in Bestätigungen oder Verwerfungen meiner Versuche und Irrtümer bestünde! Dabei würde es sich hier ja wenigstens noch um eine menschliche Sprache handeln.

### Das genetisch Menschliche

Als Carl von Linné unsere Art als den „weisen Menschen", *Homo sapiens*, an die Spitze des Tierreiches stellte, handelte er gewiß leichtsinnig. Aber einige mehr oder auch weniger spezifische Wesenszüge der Tierart Mensch seien zum Abschluß in aller gebotenen Kürze referiert.

Spezifisch menschlich ist der *aufrechte Gang*, dessen tiefgreifende Umgestaltungen und Anpassungen auf scharf selektierten Genen beruhen. Beckengürtel, Bein und Fuß gehören neben Gehirn und Hand zu den anatomischen Strukturen, die uns am augenfälligsten von unseren nächsten Verwandten, den Schimpansen, unterscheiden.

Auch die Größe und Leistungsfähigkeit unseres *Gehirns* macht uns zu einem ganz besonderen Tier. Es reift schneller und wird, in Relation zur Körpermasse, wesentlich größer als bei Menschenaffen. Insbesondere die Hirnrinde ist größer als bei ihnen. Ohne die Bedeutung der Zahlen im einzelnen erklären zu brauchen – denn die Zahlen sprechen für sich – rangieren die Werte der sogenannten Neocortex-Indices bei den Affen von 33 bis 56, mit dem Schimpansen an der Spitze; *Homo sapiens* erreicht den Neocortex-Index von 183. Es ist anzunehmen, daß innerartliche Kommunikationsvorteile (im weitesten Sinne, s. unten) der Hauptmotor für die Evolution eines dermaßen großen Gehirns waren.

Insbesondere bei Gorillas und Bonobos bemerkt man eine besondere Ausprägung der *Fähigkeit zum Spiel*, die auch im Erwachsenenalter genutzt wird. Die Fähigkeit besonders komplexer Spiele war nach Niemitz[38] einer der Hauptfaktoren bei der Evolution von Erotik und Kultur. Hervorzuheben ist hier die für das Spiel notwendige Empathie, die unter anderem erst ein taktisches Spiel ermöglicht, und deren Optimierung zum biologischen Erfolg unserer Art grundlegend beigetragen hat. Anderenorts haben wir dies mit der *Evolution der List* verknüpft, denn das „Sandkastenspiel im Kopf" hilft bei sozialen Beziehungen vermittels Koalitionen oder Nachbarschaftshilfe ebenso, wie bei Strategien der Partnerwahl, beim Zuspiel für den Skatpartner oder der Erfindung von perfiden Distanzwaffen für Jagd gefährlicher Tiere. Alle diese Lebensbereiche haben eng mit Spiel zu tun und besitzen biologische Überlebensrelevanz.

Ein komplexes Gehirn bedeutet die Freiheit von schnellen, sicheren, aber unflexiblen Reaktionsschemata. Es bedeutet, über viele intelligente Optionen zu verfügen und auch die Freiheit, nach langem Nachdenken – schlimme Fehler zu begehen. Biologisch hat sich dieses Prinzip bisher (!) gelohnt, denn sonst wären wir nicht sechs Milliarden Menschen geworden.

Einleitend hatten wir erwähnt, daß der evolutive Fortschritt für die Natur lediglich eine Frage der Individuenzahl ist. Alle Formen von sozialer Organisation bei Primaten werden über ihre Sexualstrukturen definiert. Der Mensch hat keine natürliche Bestimmung zu Promiskuität oder Haremsstruktur, sondern ein sehr variables Sexualverhalten, zumeist mit einem oder sehr wenigen Sexualpartnern bei oft viele Jahre lang anhaltender, auch sexueller, Bindung. Die *Liebe* ist zweifellos eine Leistung unseres Gehirns, wurde aber in ihrer biologischen Relevanz bisher kaum hinterfragt.

Wir müssen gestehen, daß eine weitere Leistung unseres Gehirns die enorme, zeitweise unkontrollierte *Aggressivität des Menschen* ist. Die Begriffe „human" (menschlich) und „bestialisch" (tierisch) sind immer wieder genau umgekehrt zu ihrem Sinninhalt anzuwenden.

Das Genom des Menschen setzt uns, vermittels unseres Gehirns, in die Lage, der Mannigfaltigkeit der genetischen Ausstattung der Erde einen Schaden in einem Maße zuzufügen, wie dies in der Geschichte unseres Planeten in seiner Ernsthaftigkeit, Dynamik und in seinen möglichen Konsequenzen für die Menschen und alle Organismen auf Erden wohl noch nie der Fall war. Wir sind fähig zu einem im Tierreich unvergleichlich hohen Komplexität der Technik, wir sind *Wesen der Kunst* und *Wesen der Religion*.

Alle diese Besonderheiten werden nur durch etwas mehr als ein Prozent unseres Genoms ermöglicht, kein Zweifel, daß bei der gleichzeitigen, viele Menschen beunruhigenden Nähe unserer biologischen Verwandten es sich hierbei v. a. um regulierende Gene handeln muß. Spezifisch menschlich ist – und dies wird vielleicht unser biologisches Schicksal – die Kombination aus folgenden Fakten:

I. Der Mensch wird mit ungebrochener übermäßiger Fortpflanzung sich in naher Zukunft selbst zur Gefahr. Dieses Problem gab es bisher nur bei Bakterien und anderen einzelligen Lebewesen und kommt nur in begrenzten Lebensräumen vor.

II. Der Mensch besitzt im Vergleich zu anderen Tieren eine unvergleichliche – unausweichlich auch destruktive – Machtfülle über unsere Erde.

III. Der Mensch hat eine prinzipielle Einsicht in wesentliche, z.T. sehr einfache Fakten und notwendige Handlungskonsequenzen.

IV. Der Mensch ist fähig zu angstvollem Unglauben beziehungsweise zur Verdrängung solch einfacher Fakten und daraus folgender Konsequenzen und geschlagen mit dem Unvermögen der effektiven Umsetzung auch nur einfachster Ansätze des als notwendig Erkannten.

## Literatur

1. Balter M (1997) Morphologists learn to live with molecular upstarts. Science 276:1032–1034
2. Barriel V (1996) *Pan paniscus* and hominoid phylogeny: morphological data, molecular data and ‚total evidence'. Folia Primatologica 68:50–56
3. Bauer K, Schreiber A (1995) Tricky relatives: consecutive dichotomous speciation of gorilla, chimpanzee and hominids testified by immunological determinants. Naturwissenschaften 82:517–520

4. Beard CK, Tong YS, Dawson MR, Wang JW, Huang XS (1996) Earliest complete dentition of an anthropoid from the late middle eocene of Shanxi province, China. Science 272:82–85
5. Bengtson S, Zhao Y (1997) Fossilized metazoan embryos from the earliest cambrian. Sciene 277:1645–1649
6. Bermúdez de Castro JM, Arsuaga JL, Carbonell E, Rosas A, Martínez I, Mosquera M (1997) A hominid from lower Pleistocene of Atapuerca, Spain: possible ancestor to Neandertals and modern humans. Science 276:1392–1395
7. Byrne R (1995) The thinking ape – evolutionary origins of intelligence. Oxford University Press, Oxford New York
8. Coppens Y (1985) Die Wurzeln des Menschen – Das neue Bild unserer Herkunft. Deutsche Verlags-Anstalt, München
9. Culotta E (1995) New hominid crowds the field. Science 269:918
10. Davidson EH, Peterson KJ, Cameron RA (1995) Origin of bilaterian body plans: evolution of developmental regulatory mechanisms. Science 270:1319–1325
11. Diamond JM (1988) DNA-based phylogenies of the three chimpanzees. Nature 332:685–686
12. Diamond JM (1994) Der dritte Schimpanse – Evolution und Zukunft des Menschen. S. Fischer, Frankfurt
13. Dickman S (1997) Possible new roles for *HOX* genes. Science 278:1882–1883
14. Fleagle JG (1988) Primate adaptation and evolution. Academic Press, San Diego New York
15. Friday AE (1995) Human evolution: the evidence from DNA sequencing. In: Jones S, Martin RD, Pilbeam D (eds) The Cambridge encyclopedia of human evolution, 2nd edn. Cambridge University Press, Cambridge, pp 316–321
16. Gebo DL, MacLatchy L, Kityo R, Deino A, Kingston J, Pilbeam D (1997) A hominoid genus from the early Miocene of Uganda. Science 276:401–404
17. Gibbons A (1997a) Ideas on human origins evolve at anthropology gathering. Science 276:535–536
18. Gibbons A (1997b) A new face for human ancestors. Science 276:1331–1333
19. Gibbons A (1998) Which of our genes make us human? Science 281:1432–1434
20. Gingerich PD (1977) Patterns of evolution in the mammalian fossil record. In: Hallam A (Hrsg) Patterns of Evolution as Illustrated by the Fossil Record. Elsevier, Amsterdam, pp 261–288
21. Gingerich PD, Schoeninger M (1977) The fossil record and primate phylogeny. Journal of Human Evolution 6:483–505
22. He X, Saint-Jeannet J-P, Wang Y, Nathans J, Dawid I, Varmus H (1997) A member of the frizzled protein family mediating axis induction by Wnt-5A. Science 275:1652–1654
23. Isaac A, Sargent MG, Cooke J (1997) Control of vertebrate left-right asymmetry by a *Snail*-related zinc finger gene. Science 275:1301–1304
24. Jones S, Martin RD, Pilbeam D (1995) (eds) The Cambridge encyclopedia of human evolution, 2nd edn. Cambridge University Press, Cambridge

25. Kayser M, Nürnberg P, Bercovitch F, Nagy M, Roewer L (1995) Increased microsatellite variability in *Macaca mulatta* compared to humans due to a large scale deletion/insertion event during primate evolution. Electrophoresis 16:1607–1611
26. Kayser M, Ritter H, Bercovitch F, Mrug M, Roewer L, Nürnberg P (1996) Identification of highly polymorphic microsatellites in the rhesus macaque *Macaca mulatta* by cross-species amplification. Molecular Ecology 5:157–159
27. Krings M, Stone A, Schmitz RW, Krainitzki H, Stoneking M, Pääbo S (1997) Neandertal DNA sequences and the origin of modern humans. Cell 90:19–30
28. McGrew WC (1992) Chimpanzee material culture – implications for human evolution. Cambridge University Press, Cambridge
29. Maddox J (1997) The price of language? Nature 388:424–425
30. Marks J (1995) Chromosomal evolution in primates. In: Jones S, Martin RD, Pilbeam D (eds) The Cambridge encyclopedia of human evolution. 2nd edn, Cambridge University Press, Cambridge, pp 298–302
31. Martin RD (1993) Primate origins: plugging the gaps. Nature 363:223–234
32. Morin PA, Moore JJ, Chakraborty R, Jin L, Goodall J, Woodruff DS (1994) Kin selection, social structure, gene flow, and the evolution of chimpanzees. Science 265:1193–1201
33. Moyá-Solá S, Köhler M (1996) A *Dryopithecus* skeleton and the origins of great-ape locomotion. Nature 379:156–159
34. Nee S, May M (1997) Extinction and the loss of evolutionary history. Science 278:692–694
35. Niemitz C (1989) Der Kampf ums Dasein – „Hoch – und lange – lebe das Mittelmaß!" Psychologie heute, Juli 1989:34–38
36. Niemitz C (1995) Evolution und Sprache. In: Trabant J (Hrsg) Sprache denken – Positionen aktueller Sprachphilosophie. S. Fischer, Frankfurt, pp 298–328
37. Niemitz C (1996) Zur Evolution von Formen und neuen Materialien in der belebten Natur. Urania 4:1–33
38. Niemitz C (1997) Spiel und Erotik als stammesgeschichtliche Wurzeln menschlicher Kulturfähigkeit. In: Rauh H (Hrsg) Festschrift der Universität Potsdam zur Ehrenpromotion von H. D. Schmidt, Universität Potsdam, Potsdam, pp 26–34
39. Niemitz C (1999) Frühe Vorläufer. Brockhaus Enzyklopädie: Der Mensch zwischen Natur und Technik, Band 1, Teil 3. Brockhaus, Mannheim (im Druck)
40. Pääbo (persönliche Mitteilung)
41. Porter CA, Sampaio I, Schneider H, Schneider MPC, Czelusniak J, Goodman M (1995) Evidence on primate phylogeny from e-globin gene sequences and flanking regions. Journal of Molecular Evolution 40:30–55
42. Robertson EJ (1997) Left-right asymmetry. Science 275:1280
43. Roush W (1995) Embryos travel forking path as they tell left from right. Science 269:1514–1515
44. Schmitt M (1995) The homology concept – still alive. In: Breidbach O, Kutsch W (eds) The nervous system of invertebrates: an evolutionary and comparative approach. Birkhäuser, Basel: pp 425–438

45. Schrenk F, Bromage TG, Betzler CG, Ring U, Juwayeyi YM (1993) Oldest *Homo* and pliocene biogeography of the Malawi rift. Nature 365:833–836
46. Shoshani J, Groves CP, Simons EL, Gunnell EF (1996) Primate phylogeny: morphological vs. molecular results. Molecular Phylogenetics and Evolution 5:102–154
47. Sibley CG (1995) DNA-DNA hybridisation in the study of primate evolution. In: Jones S, Martin RD, Pilbeam D (Hg) The Cambridge encyclopedia of human evolution. 2. Aufl, Cambridge University Press, Cambridge, pp 313–315
48. Smuts B (1985) Sex and friendship in baboons. Aldine, New York
49. Waal F de (1997) Der gute Affe – Der Ursprung von Recht und Unrecht bei Menschen und anderen Tieren. Carl Hanser, München Wien
50. Wood B (1992) Origin and evolution of the genus *Homo*. Nature 355: 783–790

KAPITEL 2

# Gene und Baupläne – Evolution von Entwicklungsprogrammen

HORST KRESS

In den letzten zwanzig Jahren eröffneten die modernen Methoden des experimentellen Umgangs mit der Erbsubstanz DNA\* (Desoxyribonukleinsäure) einen einzigartigen Einblick in die komplexen molekularen Mechanismen der Entwicklung vielzelliger Organismen. Sie haben faszinierende Enthüllungen der Übereinstimmung von Entwicklungsprozessen in den verschiedensten Tierstämmen zutage gebracht, die man vorher nicht für möglich gehalten hatte und die auch die Stellung des Menschen, der sich von Alters her als Besonderheit der Schöpfung betrachtet hat, in ein neues Licht rückt.

Zu Beginn dieses Jahrzehnts hatte man mit relativ groben Methoden bereits die Erkenntnis gewonnen, daß z.B. die Genome\*, also die Gesamtheit aller Gene bzw. der gesamten DNA von Schimpanse und Mensch zu 99% übereinstimmen.[23] Wir müssen daraus schließen, daß offenbar nicht die Natur der molekularen Bausteine den Unterschied zwischen den beiden Spezies macht, sondern die Art ihrer funktionellen Verknüpfungen. Diese werden im Verlauf der Individualentwicklung durch vorgegebene Entwicklungsprogramme gebahnt, die artspezifisch im Genom eines jeden Organismus verankert sind und von Generation zu Generation weitergegeben werden.

Entwicklungsprozesse spielen sich auf zellulärer Ebene ab. C.H. Waddington hat in seinem berühmten Modell der epigenetischen Landschaft[25] die Entwicklungsschicksale von Zellen als Abfolge binärer Entscheidungen links oder rechts entlang von sich gabelnden Tälern veranschaulicht, die letztlich zum Verschiedenartigwerden von Zellen, also zur Differenzierung führen. Für die von Zellen zu treffenden binären Entscheidungen sind zwei Strategien relevant:

1. Bei Zellteilungen werden zelleigene Faktoren asymmetrisch an Tochterzellen weitergegeben, so daß diese qualitativ verschieden werden und divergente Entwicklungsrichtungen im Sinne eines „molekulares Gedächtnisses" einschlagen.
2. Äußere Faktoren, die im Umfeld von Zellen vorliegen, wirken auf diese ein und bestimmen deren Entwicklungsschicksal, d.h. diese Faktoren wirken induktiv[10].

Die intrazelluläre Verarbeitung von Signalen erfolgt über Signalketten. Als externe Signale fungieren z.B. Proteine. Sie docken als „Liganden" an Zellmembran-gebundene Rezeptorproteine und aktivieren ins Zellinnere gerichtete Kaskaden von Proteininteraktionen. Dies führt entweder im Cytoplasma der Zellen zu spezifischen Reaktionen, beispielsweise zur Veränderung des Ionenmilieus, oder die Signalübertragung setzt sich bis in den Zellkern fort, in dem letztlich auf Proteine Einfluß genommen wird, die die Aktivität von Genen steuern. Diese als Transkriptionsfaktoren bezeichneten Moleküle beeinflussen grundlegend die Lebensäußerungen einer jeden Zelle.

Das Verständnis dieser äußerst komplexen und vielfältigen Zusammenhänge setzt die umfassende Kenntnis von Struktur und Funktion der beteiligten Reaktionspartner voraus. Da es sich dabei im wesentlichen um Proteine handelt, die nur in geringsten Mengen in Zellen vorliegen, ist ihre Analyse nur durch vervielfältigende Methoden möglich, die es gestatten, diese Proteine in präparativen Quantitäten herzustellen. Diese Möglichkeit wurde durch die genbiologische Technologie eröffnet. Sie macht sich die Tatsache zunutze, daß bestimmte Bakterienstämme neben ihrer Genom-DNA kleine, ringförmige DNA-Moleküle enthalten, die in unterschiedlicher Kopienzahl vorliegen und sich selbst vermehren, also replizieren können.

Diese als Plasmide* bezeichneten Makromoleküle wurden von den Molekularbiologen so modifiziert, daß man in sie routinemäßig DNA-Fragmente, d.h. also auch Gene, integrieren und in Bakterienzellen vermehren kann. Dieser als Genklonierung (Klon*) bezeichnete Prozeß ermöglicht die anschließende Aufklärung nicht nur der Struktur, sondern auch der Funktion von Genen. Für diese Zwecke war neben den Plasmiden die Schaffung einer Vielzahl verschiedener sogenannter Vektoren notwendig (vgl. Kap. 5 und 7), die als Transportvehikel für die betreffenden DNA-Fragmente dienen. Sie sind ebenfalls viraler Herkunft, wie z. B. der Bakteriophage *Lambda*. Man kann diese Vektoren so gestalten, daß die klonierten Gene in Bakterienzellen aktiviert und über die abgelesene mRNA\* (= Boten-Ribonukleinsäure) die von ihnen kodierten Proteine zur weiteren Analyse gebildet werden können. Da die integrierten Gene sich nicht nur auf bakterielle Herkunft beschränken müssen, sondern beliebiger Herkunft sein können, eröffnet diese Technologie das Potential der Analyse einer Vielzahl von Genen und ihrer Produkte im Tier- und Pflanzenreich.

Für die Entwicklungsbiologie brachte die genbiologische Technologie in den letzten Jahren atemberaubende Erkenntnisse. Ihren Ausgangspunkt nahm diese Entwicklung von der Obstfliege *Drosophila\* melanogaster*. Diese war Anfang dieses Jahrhunderts von dem amerikanischen Entwicklungsbiologen und Genetiker Thomas Hunt Morgan als Modell in die genetische Forschung an höheren Organismen eingeführt worden. In der Folge wurden weltweit von einer sich stets vergrößernden Zahl von „Drosophilisten" immer mehr Mutationen isoliert, die u. a. in spezifischer Weise in die Entwicklung eingreifen, deren molekulare Ursachen aber zunächst verborgen bleiben mußten. Erst die molekulare Analyse der betroffenen Gene brachte Licht in die Dunkelheit.

Die faszinierende Konsequenz dieser Arbeiten bestand darin, daß mit Hilfe der bei *Drosophila* isolierten Gene nun die abstammungsmäßig verwandten, sogenannten homologen Gene bei anderen Tierarten isoliert werden konnten und damit eine vergleichende Entwicklungsgenetik auf molekularer Ebene initiiert wurde, die auch den Menschen mit einschloß. Die allgemeine Bedeutung der Arbeiten an *Drosophila* kommt zweifelsfrei darin zum Ausdruck, daß drei der Pioniere auf diesem Gebiet, Ed Lewis, Eric Wieschaus und Christiane Nüsslein-Volhard 1995 mit dem Nobelpreis für Medizin ausgezeichnet wurden.

### Körperachsen und Segmente werden von Genprodukten der Mutter und des Embryos bestimmt

Im folgenden sollen die wesentlichsten Schritte der frühen Embryonalentwicklung von vielzelligen Lebewesen ganz allgemein skizziert werden. Anschließend werden am Modellsystem *Drosophila* deren molekulare Grundlagen vorgestellt und im Vergleich mit anderen Spezies in wenigen Fallbeispielen deren evolutive Aspekte präsentiert. Die Beschreibung kann im Rahmen dieses Buches nur sehr kursorisch erfolgen. Der interessierte Leser sei daher an eine Reihe sehr guter Zusammenfassungen verwiesen.[8, 17, 28]

Nach der Befruchtung erfährt das Ei zunächst eine Vermehrungsphase, in deren Verlauf durch rasch aufeinander folgende Zellteilungen ein vielzelliges, einschichtiges, zumeist kugeliges Gebilde, die Blastula, entsteht. In der sich anschließenden sogenannten Gastrulationsphase stülpt sich, von einer bestimmten Region ausgehend, Zellmaterial ins Keimesinnere, so daß der Keim nun zweischichtig wird. Gleichzeitig oder später wird zwischen der äußeren Schicht, dem Ektoderm und dem innen liegenden Entoderm ein drittes Keimblatt, das Mesoderm angelegt. Aus diesen drei Keimblättern entstehen sämtliche Strukturen des sich entwickelnden Embryos. Am Ende dieser Phase wird auch das Nervensystem als Abkömmling des Ektoderms angelegt.

Mit diesen gestaltbildenden Prozessen verknüpft bzw. ihnen vorausgehend, verläuft die Festlegung der Körperachsen vorne-hinten und Rücken–Bauch. Diese werden wissenschaftlich als anteroposteriore und als dorsoventrale Achsen bezeichnet. Als weiteres Charakteristikum der Gastrulationsphase ist die ekto- und mesodermale Segmentierung des Embryos zu beobachten, wie sie sich beispielsweise in den Hinterleibsringen der Insekten oder in der Wirbelsäule des Menschen manifestiert. Die letzte Phase der frühembryonalen Entwicklung ist die Organogenese, in deren Verlauf lokale Bildungen, wie z.B. innere Organe, sensorische Strukturen der Haut oder die Extremitäten entstehen. Im letzten Fall wird eine weitere Körperachse etabliert, welche über die körpernahe oder körperferne Lage (proximal/distal) von Strukturen entscheidet. Dies erfolgt in Verbindung mit der Individualisierung der Körpersegmente, d.h. der Bildung segmentspezifischer Strukturen.

Die Mechanismen der Festlegung von Körperachsen sind vielfältig[9] und molekular bei *Drosophila* am besten analysiert. Die Anlage der Körperachsen wird bereits während der Eireifung im Eierstock der Mutter, dem sogenannten Ovar, vorbereitet. Aus den über Kanäle mit jeder Eizelle verbundenen 15 Nährzellen wird die von mütterlichen (maternalen) Genen abgeschriebene mRNA in die Eizelle eingeschleust und dort regionsspezifisch deponiert. Nach der Befruchtung des Eis wird die maternale mRNA in Protein übersetzt, wobei entlang der Körperlängsachse in beiden Richtungen gegenläufige Konzentrationsgradienten der entsprechenden Proteine entstehen (Abb. 2-1 *oben*). Dies sind die anterioren und posterioren Systeme. Diese werden durch das „terminale System" ergänzt, das die vorderen und hinteren, nichtsegmentierten Endstrukturen inklusive des Darms des Embryos definiert.

Bei der Ausbildung der Bauch- und Rückenseite des Keims spielen die etwa 700 das Ei umhüllenden Follikelzellen die wesentliche Rolle. Sie bilden nur in dem Bereich, der später die Bauchseite des Embryos werden wird, Liganden, die in den Raum zwischen Dotter- und Eimembran sezerniert werden. Dort interagieren diese mit Rezeptoren, die nach der Befruchtung im Ei synthetisiert und in die Eimembran integriert werden. Dadurch wird ausschließlich im Bauchbereich eine komplexe Signalkaskade aktiviert, die letztlich dazu führt, daß der maternale Transkriptionsfaktor DORSAL aus dem Cytoplasma in den Kern übertritt und jeweils an die Regulationsstruktur, dem Promotor von Zielgenen binden kann.

In diesem Fall haben wir es somit nicht mit einem Gefälle der cytoplasmatischen Konzentration einer gestaltbildenden Substanz entlang einer Körperachse zu tun, sondern mit der zunehmenden Konzentration eines Transkriptionsfaktors im Kern entlang der dorsoventralen Achse. Da alle Produkte der maternalen Gene, die am Aufbau der beiden Körperachsen beteiligt sind, die Koordinaten des werdenden Embryos festlegen, werden jene auch als *Koordinatengene* bezeichnet.

Nach einem Modell von L. Wolpert, das jedem Punkt eines solchen gestaltbildenden Gradienten eine spezifische Positionsinformation zuordnet,[27] müssen die von den maternalen Produkten gebildeten Gradienten hinsichtlich ihrer gestaltbildenden Funktion interpretiert werden. Diese Aufgabe wird von den Produkten der Gene des Embryos übernommen. Da sich dieser aus der befruchteten Eizelle, der Zygote, entwickelt, werden diese Gene auch als zygotische Gene bezeichnet.

Bei *Drosophila* sind entlang der Körperlängsachse zunächst die Produkte von acht sogenannten *Lückengenen* daran beteiligt. Im später segmentierten Bereich des Embryos werden drei davon in spezifisch lokalisierten Streifen ausgeprägt (Abb. 2-1), wobei die Grenzbildung und deren Stabilisierung durch komplexe Wechselwirkungen zwischen den Produkten von mütterlichen Genen und denjenigen der Lückengene selbst erfolgt. Auf diese Weise wird

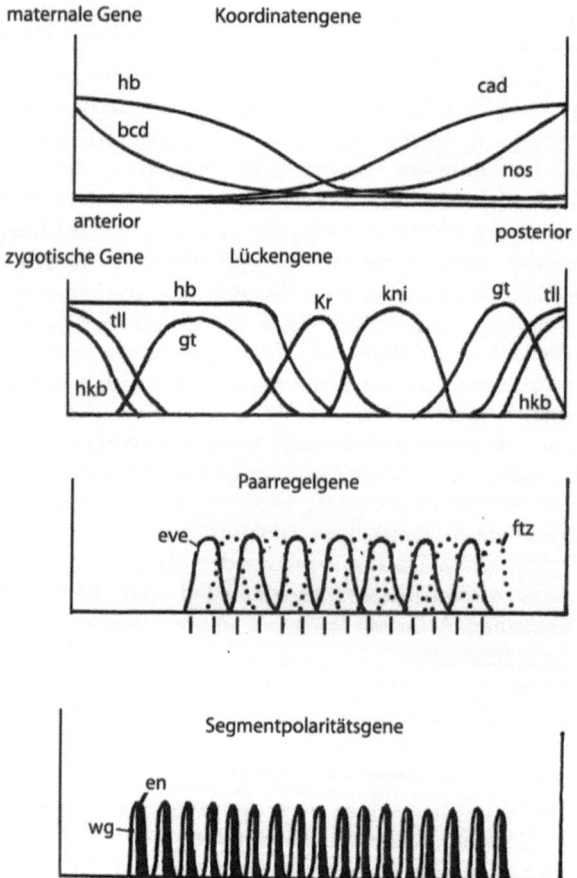

die Körperlängsachse zunächst in eine Reihe ungleicher, aperiodischer Regionen unterteilt, die die Grundlage für die nachfolgende periodische Segmentierung des Keims bildet.

Diese erfolgt zunächst durch die Aktivierung von insgesamt acht sogenannten *Paarregelgenen*. Jedes von ihnen wird in sieben Querstreifen aktiviert, wobei die streifenartige Expression im wesentlichen der komplexen Kontrolle von Produkten mütterlicher und der Lückengene unterliegt. Die Streifen der acht verschiedenen Muster stehen z. T. auf Lücke, z. T. überlappen sie sich in spezifischer Weise (Abb. 2-1). Dadurch entsteht für jede Zelle entlang der Körperlängsachse eine Art binärer Kodierung im Sinne von aktiv/inaktiv (1/0) von acht Genen, die man in Anlehnung an die Computerterminologie als Bio-Byte bezeichnen könnte. Diese Kodierungsmuster führen zur Bildung von sieben sich wiederholenden Perioden von durchschnittlich je acht Zellen. Jede dieser Perioden kann aufgrund bestimmter Kriterien in ein Paar sogenannter Parasegmente (Nebensegmente) unterteilt werden.

Diese „molekulare Segmentierung" stabilisiert sich zunächst durch Interaktionen der Paarregelgene und ihrer Produkte untereinander. Sie würde aber letztlich wieder verloren gehen, da die Paarregelgene für nur ungefähr eine Stunde vorübergehend aktiv und ihre Produkte sehr instabil sind. Außerdem laufen die bisher geschilderten Prozesse in einem Stadium ab, in dem zwar zunehmend mehr Zellkerne vorliegen, aber noch keine Zellmembranen ausgebildet sind. Somit können zwar die für die Aktivierung von

◄─────────────────────────────────►

**Abb. 2-1.** Genetisches Netzwerk der frühembryonalen Entwicklung von *Drosophila*. *Oben*: Die Produkte der vom mütterlichen Genom abgeschriebenen Gene (maternale Gene) legen die Koordinaten des Embryos fest. Die Kurven geben die Muster (Proteinkonzentrationen) der einzelnen Genprodukte entlang der Körperlängsachse von anterior (vorne) nach posterior (hinten) an. Die Höhen der Kurven sind ein idealisiertes Maß für die Intensität der Genwirkung; sie entsprechen keinem absoluten Maßstab. Als Beispiele sind gezeigt: *bicoid* (*bcd*), *caudal* (*cad*), *nanos* (*nos*) und *hunchback* (*hb*). – Darunter: Die in der Genkaskade nachfolgend wirksamen Gene werden in ihrer Gesamtheit vom Genom des Embryos (zygotische Gene) exprimiert. Lückengene: *tailless* (*tll*), *huckebein* (*hkb*), *hunchback* (*hb*, das auch maternal exprimiert wird, vgl. oben), *giant* (*gt*), *Krüppel* (*Kr*) und *knirps* (*kni*). Die bei den Paarregel- und Segmentspolaritätsgenen (*unten*) an der Abszisse angebrachte Strichmarkierung gibt Parasegmentgrenzen an. Von den Paarregelgenen sind nur die Expressionsmuster der Gene *evenskipped* (*eve*) und *fushi tarazu* (*ftz*) dargestellt. Ihre Aktivitätsbereiche stehen auf Lücke. Bei den Segmentpolaritätsgenen ist die Expression der Gene *wingless* (*wg*, hell) und *engrailed* (*en*, schwarz) dargestellt. Weitere Einzelheiten sind dem Text zu entnehmen. (Modifizierte Darstellungen aus verschiedenen Quellen)

Entwicklungsgenen nötigen Proteinfaktoren frei – und dadurch schneller – im Embryo diffundieren und die Entwicklung beschleunigen, doch kann sich in dieser Phase eine stabile Segmentierung noch nicht aufrechterhalten.

An dieser Stelle setzt nun die Wirkung der sogenannten *Segmentpolaritätsgene* ein. Sie werden im Zeitraum der Bildung von Zellmembranen im Keim unter dem Einfluß der Produkte von Paarregelgenen aktiv und legen die Grenzen zwischen den Parasegmenten fest. Bezeichnenderweise kodieren sie nicht nur die zur Expression von Genen notwendigen Transkriptionsfaktoren, sondern auch Proteine, die entweder in die Zellmembran integriert oder als Signalmoleküle aus den Zellen exportiert werden. Dies weist darauf hin, daß bei der Stabilisierung der Segmentierung nun auch die Kommunikation zwischen den Zellen eine bedeutsame Rolle spielt.

Folgende drei Polaritätsgene für die Segmentierung kommen nun zum Tragen. So aktiviert z. B. das Produkt des *wingless*-Gens, das in der letzten Zellreihe eines jeden Parasegments gebildet wird, in der dahinterliegenden, ersten Zellreihe des nächsten Parasegments die Gene *engrailed* und *hedgehog*. Das sezernierte *hedgehog*-Produkt seinerseits ermöglicht wiederum die Aktivierung des *wingless*-Gens in der davor liegenden Zellreihe.

Auf diese Weise entstehen mindestens 15 Streifen der Aktivität dieser Gene vor und hinter den Parasegmentgrenzen, die durch einen sich selbst aufrechterhaltenden Regulationskreis über sämtliche Entwicklungsstadien existent bleiben und somit die Parasegmentgrenzen stabilisieren (Abb. 2-1 *unten*). Wichtig ist hierbei, daß die später morphologisch sichtbaren Körpersegmente nicht den zuerst angelegten Parasegmenten entsprechen. Vielmehr wird jedes dieser später phasenverschoben gebildeten Körpersegmente durch eine Parasegmentgrenze in ein vorderes und ein hinteres „Kompartiment" unterteilt.

Bei der Ausbildung der Rücken-Bauch-Achse führt der bereits erwähnte, durch mütterliche Faktoren produzierte Gradient der intrazellulären Verteilung des DORSAL-Proteins zur regionsspezifischen Aktivierung von Wirkkaskaden von Genprodukten des Keims. In einem bauchseitigen, also ventralen Zellstreifen bewirkt die Aktivierung spezieller Gene eine Einstülpung der betroffenen Zellen ins Keimesinnere und anschließend die Bildung mesodermaler Strukturen. Bei den in der äußeren Hülle des Keims verbleibenden Zellen kommt es über verschiedene Zwischenschritte in der dorsalen, also der rückenseitigen Hälfte zur Ausprägung eines Gens mit dem wissenschaftlichen Kurznamen *dpp*, das ein Signalprotein DPP kodiert. Gleichzeitig erfolgt im Ventralbereich, also auf der Bauchseite, die Aktivierung eines Gens mit der Kurzbezeichnung *sog*, das ein ebenfalls sezerniertes Protein SOG kodiert. Dieses hemmt die Ausprägung des *dpp*-Gens, so daß eine klare Abgrenzung zwischen den Aktivitätsbereichen beider Genprodukte entlang der dorsoventralen Achse erfolgt.

## Selektorgene bestimmen die Identität von Körpersegmenten

Das Ergebnis der bisher geschilderten Vorgänge ist somit sowohl die Existenz eines sich wiederholenden Musters von Proteinen zur Stabilisierung von Parasegmentgrenzen entlang der Körperlängsachse zwischen den nichtsegmentierten Körperenden als auch von gegenläufigen Gradienten von zwei Proteinen entlang der dorsoventralen Achse. Abgesehen von der Einteilung in jeweils zwei Kompartimente ist über die Qualität der einzelnen Parasegmente noch keine Entscheidung gefallen. Ihre Verschiedenartigkeit entwickelt sich in der Folge während der bereits angesprochenen Gastrulationsphase als Konsequenz der Aktivierung von sogenannten *Hox*-Genen. Die Kurzbezeichnung weist darauf hin, daß sie eine Familie von strukturell und funktionell verwandten HOMEOBOX-Proteinen kodieren.

Als Transkriptionsfaktoren steuern sie die Aktivität einer Vielzahl von nachgeschalteten Genen, die in ihrer Gesamtheit die funktionelle und morphologische Identität der einzelnen Körpersegmente realisieren und daher auch als Realisatorgene bezeichnet werden. Ihre Wirkung ist bei *Drosophila* in spektakulärer Weise bei Mutationen zu erkennen: So werden bei einer Fehlexpression des Gens *Antennapedia* (*Antp*) die Fühler (Antennen) zu Beinen transformiert, oder beim Ausfall des Gens *Ultrabithorax* (*Ubx*) im dritten Brustsegment anstatt der Schwingkölbchen ein zweites Flügelpaar gebildet.

Dies heißt, daß die Aktivität dieser Gene für die Ausbildung der Individualität einzelner Segmente verantwortlich ist: Störungen ihrer Expression führen zur Bildung von Strukturen, die normalerweise anderen Segmenten zuzuordnen sind. Da sie somit die Entwicklungsschicksale einzelner Segmente durch Auswahl, also durch Selektion aus verschiedenen Möglichkeiten bestimmen, bezeichnet man sie auch als *Selektorgene*.

Bei *Drosophila* hat man insgesamt acht derartige Gene identifiziert. Jedes von ihnen wird in spezifischen Abschnitten entlang der Körperlängsachse unter dem regulativen Einfluß der Produkte von Lücken- und Paarregelgenen für ungefähr vier Stunden aktiv. In dieser Zeit werden durch komplexe Interaktionen der *Hox*-Gene und ihrer Produkte untereinander die Identitäten der einzelnen Parasegmente und damit der Körperabschnitte festgelegt (Abb. 2-2, *links oben*).

Genetische Studien belegen, daß in jedem Parasegment Art und Zahl der beteiligten *Hox*-Gene, sowie die Stärke ihrer Expression für die Identitätsgebung verantwortlich sind. Interessant war der Befund, daß die chromosomale Lokalisation dieser Gene eine auffallende Parallelität zu ihrer Wirkung im Körper aufweist. Die im Kopf wirksamen Gene liegen an einem Ende, die im Thorax wirksamen in der Mitte und die im Hinterleib wirksamen am anderen Ende der Genabfolge (Abb. 2-2, *links Mitte*).

Die Entdeckungsgeschichte der *Hox*-Gene bei *Drosophila* und ihre konsequente Weiterführung im gesamten Tierreich gehört zu den spannendsten Aspekten der molekularen Entwicklungsgenetik und war für diese auch in der Folge richtunggebend. Nachdem man bis zum Ende der 80er Jahre *Hox*-Gene auch bei anderen Insekten oder von Krebsen isoliert hatte, wurde zunächst die Vorstellung entwickelt, daß ihre Evolution eng mit derjenigen der Gliederfüßer verknüpft sei.[2] Als es seit Anfang der 90er Jahre mit der Verfeinerung der molekularen Methoden allerdings möglich wurde, *Hox*-Gene auch bei Wirbeltieren nachzuweisen, mußte dieses Bild revidiert werden. Wirbeltiere und Gliederfüßer sind Repräsentanten der beiden großen Evolutionslinien im Tierreich, den sogenannten Proto- und Deuterostomiern, die sich hinsichtlich frühembryonaler Entwicklungsprozesse und den Lagebeziehungen bestimmter Organe fundamental unterscheiden. Man vermutet, daß sich die Deuterostomier von den Protostomiern ableiten und die Trennung wahrscheinlich vor mehr als 600 Millionen Jahren erfolgte.[8]

Dies bedeutet, daß die *Hox*-Gene schon vor diesem Zeitpunkt existiert haben müssen. Heute wissen wir in der Tat, daß *Hox*-Gene bereits bei einfachsten Vielzellern vorhanden sind und ihre Zahl mit der Zunahme der Komplexität der Baupläne der Organismen und damit auch mit der Zunahme der Genome steigt. So wurden z. B. sowohl bei verschiedenen Nesseltieren[19] als auch beim Fadenwurm *Caenorhabditis elegans*[26] vier mit *Hox*-Genen höherer Vielzeller verwandte Gene nachgewiesen. Für die Protostomier, zu denen auch die Obstfliege *Drosophila* gehört, soll die Zahl acht noch einmal genannt werden.

Bei den Deuterostomiern, zu denen beispielsweise Seeigel und alle Wirbeltiere gehören, sind die Verhältnisse komplex. Im Genom des Lanzettfischchens *Branchiostoma*, das beileibe kein Fischchen ist, sondern ein viel ursprünglicheres, durch den gemeinsamen Besitz bestimmter anatomischer Merkmale mit den Wirbeltieren aber verwandtes Wesen, liegen zehn *Hox*-Gene in einer Gruppe vor.[7] Der Evolution der Wirbeltiere scheint die Erhöhung der Zahl auf 13 Gene pro Gruppe einhergegangen zu sein, gefolgt von der Vermehrung der Gruppen auf vier, die auf verschiedenen Chromosomen liegen. Im Zuge späterer funktioneller Selektionsprozesse gingen bestimmte Gene in einzelnen Gruppen wieder verloren, so daß die heute lebenden Wirbeltiere eine variable Zahl von *Hox*-Genen in der Größenordnung von ca. 30–40 besitzen.[20] Trotz dieser Vielfalt blieben grundlegende Muster der räumlichen Ausprägung einzelner *Hox*-Gene entlang der Körperlängsachse in verschiedenen Tierstämmen konserviert (Abb. 2-2).

Nachdem *Hox*-Gene auch in nichtsegmentierten Organismen, z. B. beim Süßwasserpolypen *Hydra*, anzutreffen sind, kann ihre Funktion nicht direkt mit dem Segmentierungsprozeß in Verbindung gebracht werden. Vieles spricht dafür, daß das Netzwerk der *Hox*-Gene generell die Funktion hat, entlang der Körperlängsachse für jede Körperregion eine positionale Identität aufzubauen. Diese manifestiert sich z. B. bei Insekten in der Bildung spezifischer Kopf-, Brust- und Hinterleibsstrukturen, bei Wirbeltieren in der Ausbildung unterschiedlicher Wirbelregionen vom Hals- bis zum Kreuz- und Steißbeinbereich oder der Untergliederung des Stammhirns. Als konservierte funktionale Merkmale der *Hox*-Gene fallen folgende Sachverhalte auf:

1. Die Aktivitätsbereiche der einzelnen Gene sind an ihren Vordergrenzen meistens klar definiert, laufen aber nach hinten diffus aus.
2. Die Aktivitätsbereiche überlappen sich, wobei die Produkte weiter posterior aktiver Gene weiter anterior aktive Gene unterdrücken.
3. Durch die Überlappungen der Aktivitätsbereiche ergibt sich in kombinatorischer Weise eine Abfolge regional spezifischer Aktivitätsmuster, die entlang der anteroposterioren Achse die Ab-

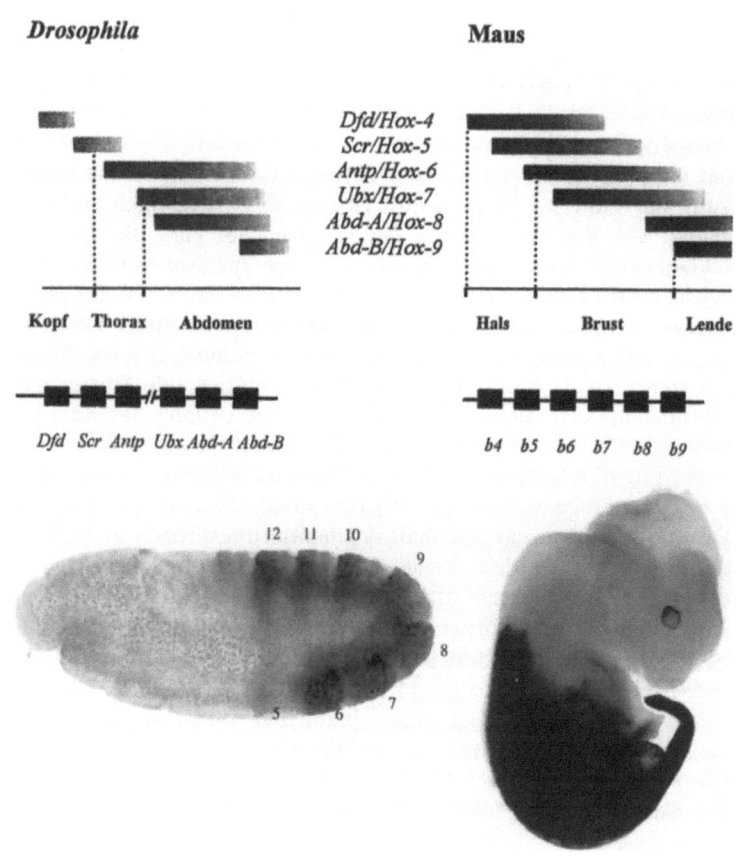

folge regionsspezifischer Körperstrukturen festlegt (Abb. 2-2). Auch blieb die oben beschriebene Übereinstimmung zwischen der chromosomalen Position einzelner *Hox*-Gene innerhalb der Gengruppe und deren Funktionsbereich im Körper im gesamten Tierreich konserviert (Abb. 2-2). Hier könnte ein Zeit-Raum-Gefüge dergestalt vorliegen, daß entlang einer *Hox*-Gengruppe die Ablesung der einzelnen Gene der Reihe nach erfolgt, so daß die damit verbundenen Entwicklungsprozesse entlang der Körperlängsachse von vorne nach hinten ablaufen,[24] so wie es in der Tat bei den unterschiedlichsten Tiergruppen zu beobachten ist.

## Molekulare Mechanismen der Achsen- und Segmentbildung sind im Tierreich konserviert

Die bisher dargestellten Resultate führen zur zwingenden Annahme, daß sich bereits an der Basis des Tierreichs, noch vor der Trennung der beiden großen Tiergruppen der Proto- und Deuterostomier und sogar noch vor der Entstehung von Tieren mit linker und rechter Körperseite, für die Ausbildung der Körperlängsachse ein molekularer Mechanismus der Organisation von *Hox*-Kompartimenten entwickelt haben muß. Wie wir bei *Drosophila*

**Abb. 2-2.** Expressionsmuster der homöotischen Gene von *Drosophila* (*links*) und der Maus (*rechts*). *Oben*: Expressionsbereiche von jeweils homologen Genen als Balken. Die Schattierungsgrade symbolisieren die relativen Expressionsstärken. In beiden Fällen korrelieren die sich überlappenden Aktivitätsmuster mit der Abfolge der einzelnen Körperabschnitte. Das bei der Maus dargestellte Muster ist insofern stark vereinfacht, als jedes der genannten *Hox*-Gene 4–9 nur durch eine von jeweils vier Varianten (a–d) vertreten ist. Dargestellte *Drosophila*-Gene: *Deformed* (*Dfd*), *Sex comb reduced* (*Scr*), *Antennapedia* (*Antp*), *Ultrabithorax* (*Ubx*), *Abdominal-A* (*Abd-A*) und *Abdominal-B* (*Abd-B*). Stark schematisiert und vereinfacht nach mehreren Quellen. – *Mitte*: Chromosomale Anordnung der *Hox*-Gene (*schwarze Blöcke*) von *Drosophila* und diejenige der homologen Mitglieder der *Hox B*-Gen-Gruppe der Maus. – *Unten*: Expressionsbereiche des *Ubx*-Gens von *Drosophila* und des homologen *Hox-a7* Gens der Maus. Sowohl beim Insektenembryo (dargestellt ist ein gestreckter Keim mit Numerierung der Parasegmente) wie auch im Feten der Maus beginnt die Expression der genannten Gene jeweils im Brustbereich und zieht sich bis in den Hinterleib- bzw. den Schwanzbereich hin. In beiden Fällen wurde die Genexpression durch eine hochspezifische Farbreaktion sichtbar gemacht ([1, 15] mit freundlicher Genehmigung der Company of Biologists Ltd. bzw. der CAB International)

gesehen haben, ist dieser Prozeß das Resultat einer komplexen Kette von Interaktionen übergeordneter genetischer Netzwerke, die sich aus mütterlichen Komponenten und solchen des Embryos rekrutieren.

Es stellt sich uns die Frage, inwieweit diese auch in den verschiedenen Stämmen des Tierreichs konserviert blieben. Wir sind zwar erst am Beginn umfassender diesbezüglicher Analysen, können jedoch bereits jetzt feststellen, daß die Übereinstimmungen ohne Rücksicht auf die unterschiedlichsten Baupläne frappant sind. Wir können uns allerdings an dieser Stelle nur die markantesten Beispiele vor Augen führen, wobei wir uns auf den Vergleich von *Drosophila* mit Modellsystemen der Wirbeltiere, nämlich dem Zebrafisch *Danio*, dem afrikanischen Krallenfrosch *Xenopus* und dem Hühnchen beschränken.

Bei *Xenopus* ist die mütterliche mRNA am dotterreichen, vegetativen Pol der Eizelle lokalisiert und wird durch den Spermieneintritt zur Umsetzung in Protein aktiviert. Unter dem Einfluß der gebildeten Signalproteine entsteht zunächst ein äquatoriales Band von Zellen, aus dem später ein Teil des bauchseitigen dritten Keimblattes, des Mesoderms, hervorgehen wird. Dessen Bildung bedarf der aktivierenden Wirkung des sogenannten BMP-4-Proteins, das als Produkt des Keims zunächst in einem Großteil des Eis vorliegt.

In der Folge entsteht in dem Bereich des äquatorialen Zellbands, der dem Ort des Spermieneintritts gegenüber liegt, das wichtigste Bildungszentrum des Embryos: der sogenannte Spemann-Organisator. In dieser Region werden Gene exprimiert, deren Produkte an das BMP-4-Protein binden und dieses inaktivieren. Diese Proteine, z.B. das CHORDIN, wirken somit antagonistisch zu BMP-4. Im Verlauf der eingangs erwähnten Gastrulation positionieren sich die CHORDIN-produzierenden Zellen des Spemann-Organisators im Keimesinneren in der zukünftigen Rückenseite, während die unter den Einfluß des BMP-4-Proteins stehenden Zellen des äquatorialen Zellbands im bauchseitigen Bereich des Keims zu liegen kommen. Damit sind Rücken- und Bauchseite, d.h. die dorsoventrale Achse des Keims festgelegt (Abb. 2-3).

Auf den ersten Blick scheint zwischen *Drosophila* und dem Krallenfrosch *Xenopus* beim Aufbau der dorsoventralen Achse

Gene und Baupläne – Evolution von Entwicklungsprogrammen 45

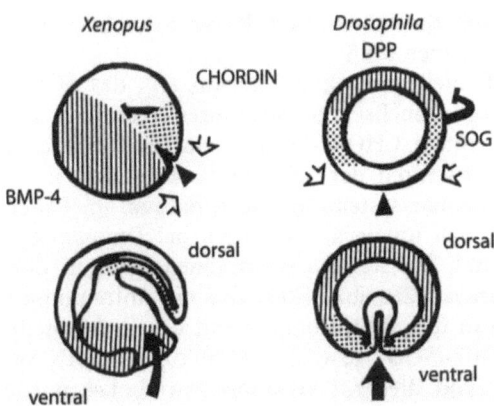

**Abb. 2-3.** Konservierung des molekularen Mechanismus der dorsoventralen Achsenbildung bei einem Protostomier (der Obstfliege *Drosophila*) und einem Deuterostomier (dem Krallenfrosch *Xenopus*). Die *offenen Pfeile* geben die Wanderungsrichtung von Zellen in Richtung des sogenannten Blastoporus (*schwarze Pfeilspitze*) an, durch den die Zellen während der Gastrulation in das Innere des Keims einwandern (*schwarze Pfeile*). Hemmende Wirkungen sind durch Symbole mit Querbalken dargestellt. (Stark schematisiert und vereinfacht nach mehreren Quellen. Einzelheiten s. Text)

kein Zusammenhang zu bestehen: Bei *Drosophila* ist die Achse bereits zu Beginn der Entwicklung durch mütterliche Komponenten orientiert, bei *Xenopus* wird sie durch den mehr oder minder zufälligen Ort des Spermieneintritts festgelegt, also erst aufgebaut.

Das Bild ändert sich allerdings auf der molekularen Ebene: Man findet zunächst eine Übereinstimmung darin, daß in beiden Fällen zwei gegenläufige Konzentrationsgradienten von Proteinen entstehen, die wir bei *Xenopus* als BMP-4 und CHORDIN und bei *Drosophila* als DPP und SOG bereits kennengelernt haben (Abb. 2-3). Die Übereinstimmung steigert sich insofern, als DPP und BMP-4 bzw. SOG und CHORDIN jeweils verwandte Proteine sind. Erstere sind Signalproteine, die von den letzteren, die ebenfalls sezerniert werden, funktionell blockiert werden. Der Aufbau der dorsoventralen Achse wird somit sowohl bei dem Proto- als auch bei dem Deuterostomier durch die gleichen molekularen Komponenten bewerkstelligt. Wir müssen somit von einem gemeinsamen molekularen Netzwerk ausgehen, das sich bereits bei der evolutiven Entstehung von Tieren mit Links-rechts-Symmetrie etabliert haben muß.

Rätselhaft bleibt allerdings, warum z. B. das SOG-Protein bei der Obstfliege bauchseitige Strukturen realisiert, während das verwandte Protein CHORDIN bei dem Krallenfrosch in die Bildung von Strukturen der Rückenseite involviert ist. Der Unterschied ist offenbar systemimmanent, da man im Experiment zeigen konnte, daß injizierte *sog*-mRNA bei *Drosophila*-Embryonen ventralisierend, bei *Xenopus*-Embryonen dagegen dorsalisierend wirkt.[14] Daraus wäre abzuleiten, daß die Abtrennung der Deuterostomier von den Protostomiern mit der funktionellen Umkehrung des DPP-/SOG- bzw. des BMP-4-/CHORDIN-Systems verknüpft war und dies zur anatomischen Umkehrung der dorsoventralen Achse zwischen Proto- und Deuterostomiern führte. Dieser fundamentale Unterschied äußert sich am deutlichsten in der ventralen Lage des Herzens bei Deuterostomiern und dessen dorsaler Lage bei Protostomiern, beziehungsweise der dorsalen Lage des Zentralnervensystems bei den Deuterostomiern und dessen ventraler Lage bei den Protostomiern.[6]

Der Aufbau der Körperlängsachse bei dem Protostomier *Drosophila* erfolgt, wie oben skizziert, durch die Abfolge spezifischer räumlicher und zeitlicher Aktivitätsmuster von Lücken-, Paarregel- und *Hox*-Genen. Gilt dies auch für Deuterostomier? Bislang gibt es bei Wirbeltieren keinerlei Hinweise auf die Aktivität von Lücken-Genen in segmentierten Körperbereichen. Ein Beleg für die Existenz von zumindest einem Paarregelgen in Wirbeltieren wurde beim Zebrafisch erbracht, wobei das betroffene Gen vor der Bildung sichtbarer Segmentstrukturen in insgesamt elf Streifen aktiv ist. Hervorzuheben ist dabei, daß die Aktivierung des Gens nicht in allen Streifen gleichzeitig erfolgt, sondern in einer Welle von jeweils drei Streifen von vorne nach hinten.[21] Abgesehen vom Unterschied im zeitlichen Verlauf der Genaktivität liegt hier somit ein erster Hinweis auf die gemeinsame Abstammung der Segmentierung von Insekten und Wirbeltieren vor.[5, 16]

Dies wird weiterhin unterstützt durch Ähnlichkeiten der Aktivitätsmuster eines mit dem *Drosophila*-Segmentpolaritätsgen *engrailed* verwandten Gens bei dem Lanzettfischchen *Branchiostoma*[13] sowie durch den molekularen Mechanismus der Festigung der Grenze zwischen dem Mittel- und Hinterhirn in Maus-Embryonen, an der die Produkte von Verwandten der Segmentpolaritätsgene beteiligt sind, die wir bei *Drosophila* bei der Fixierung der Parasegmentgrenzen kennengelernt hatten.[4] Allerdings konnte bislang bei Wirbeltieren kein Zusammenhang zwischen den eben genannten Segmentierungsgenen und der Aktivität von *Hox*-Genen hergestellt werden.

## Die Bildung von Körperstrukturen wird durch genetische Module bewerkstelligt

Trotz der Unterschiedlichkeit der Baupläne von Proto- und Deuterostomiern, scheinen nach dem bisher Dargestellten die molekularen Netzwerke der Achsenbildung miteinander verwandt zu sein. Dies ist letztlich gar nicht überraschend, da die Bildung von Körperachsen ein derart fundamentaler Prozeß der Embryogenese ist, daß man eine so frühe Entstehung im Verlauf der Evolution im Tierreich vielleicht sogar erwarten würde. Man könnte eher einen Unterschied bei der Genese von Strukturen erwarten, die charakteristisch für verschiedene Baupläne sind, z. B. bei einem Insektenflügel und einem Vogelflügel.

Sehen wir uns diesen Vergleich einmal an. Bei Insekten werden die Flügel, Beine und Fühler des erwachsenen Tiers bereits im Embryo in sogenannten Imaginalanlagen festgelegt, deren Charakter durch den über die *Hox*-Gene vermittelten Positionswert auf der Körperlängsachse festgelegt wird. Bei *Drosophila* weiß man, daß diese Imaginalanlagen an den Grenzen von Parasegmenten als sackartige Einstülpungen – den Imaginalscheiben – entstehen. Jede Anlage besteht somit aus einem vorderen und einem hinteren Kompartiment, getrennt durch eine Parasegmentgrenze. Bei der Flügelscheibe z. B. ist es die Grenze zwischen den Parasegmenten vier und fünf. Im hinteren Kompartiment wird das Gen *hedgehog* aktiviert, das wir bei der Festlegung der Parasegmentgrenzen im Körper bereits kennengelernt haben (Abb. 2-4).

Wie bei den Parasegmenten legt das von ihm kodierte Signalprotein auch den Aufbau der Polarität entlang der anteroposterioren Achse im Flügel fest. Senkrecht zu der entstehenden Kompartimentgrenze bildet sich die Grenze zwischen der rücken- und bauchseitigen Flügelfläche. Sie wird festgelegt an der Rand-

**Drosophila**

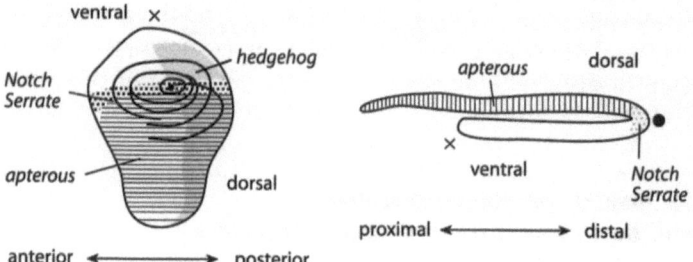

**Hühnchen**

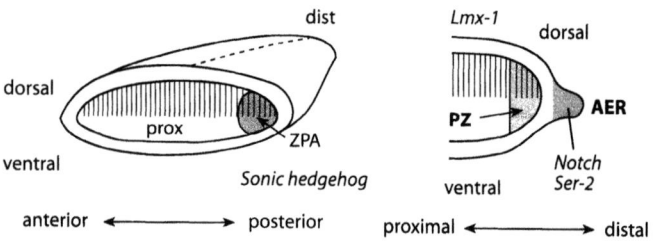

**Abb. 2-4.** Flügelanlage eines Protostomiers (*Drosophila*) und eines Deuterostomiers (Hühnchen) zur Demonstration der Konservierung der molekularen Grundlagen der Achsenbildung. Bei der Imaginalscheibe von *Drosophila* (*oben*) liegen die Bauch- und die Rückenseite (ventral – dorsal) zunächst in einer Ebene (*links*). Die äußerste Spitze des späteren Flügels liegt daher in der Nähe der Scheibenmitte (*schwarzer Punkt*), der proximale Bereich der späteren Ventralseite am Scheibenrand (*Kreuz*). Erst im Lauf der Metamorphose wird die Bauchseite nach ventral verlagert (*Schnittbild rechts*). Das posteriore Kompartiment ist grau unterlegt. Der zukünftige Flügelrand ist punktiert und die Dorsalseite schraffiert. – Bei der Flügelanlage des Hühnchens (*unten*) sind ein Querschnitt in anteroposteriorer Richtung (*links*) und ein Längsschnitt entlang der gestrichelten Linie dargestellt. Die Zone polarisierender Aktivität (ZPA) und die Progreßzone (PZ) unter dem apikalen ektodermalen Rücken (AER) sind unterschiedlich *grau unterlegt*. Das dorsale Mesoderm ist *schraffiert*. (Stark schematisiert und vereinfacht nach verschiedenen Quellen; Einzelheiten s. Text)

zone der Expression des Gens *apterous*, das spezifisch im dorsalen Ektoderm aktiv ist. Unter Beteiligung noch anderer Genprodukte kommt es in der Randzone letztlich unter anderem zur Aktivierung der Gene *Serrate* und *Notch*, deren Produkte Signalproteine darstellen. Diese sind maßgeblich an der Entwicklung des Flügelrands zu einem Organisationszentrum beteiligt,[3] das für das Auswachsen des Flügels aus dem Körper heraus verantwortlich ist. Die Wissenschaftler sprechen hier von einem Wachstum von proximal (körpernah) nach distal (körperfern).

Beim Hühnchenembryo wird die Bildung der Flügelanlage an der vorderen Grenze der Expression von zwei bestimmten *Hox*-Genen im Mesoderm eingeleitet. Im weiteren Verlauf wird am Hinterrand der Anlage zunächst die „Zone polarisierender Aktivität" initiiert, von der aus die anteroposteriore Achse aufgebaut wird (Abb. 2-4). In ihr wird das mit dem Gen *hedgehog* von *Drosophila* verwandte Gen *Sonic hedgehog* aktiv. Die dorsoventrale Achse wird aufgebaut unter Mitwirkung des mit dem Gen *wingless* von *Drosophila* verwandten Gens *Wnt-7a* im Ektoderm und derjenigen des mit dem Gen *apterous* von *Drosophila* verwandten Gens *Lmx-1* im Mesoderm.

Im Verlauf dieser Achsenfestlegung entsteht an der Dorsoventralgrenze in der Haut eine kielartig herausragende Struktur, der sogenannte apikale ektodermale Rücken, abgekürzt AER. In ihm kommt es zur Bildung verschiedener Signalproteine, die mit den Produkten der Gene *Serrate* und *Notch* von *Drosophila* verwandt sind. Diese Signalproteine sind am Aufbau der unter dem AER im Mesoderm liegenden Proliferationszone beteiligt, aus der heraus der Flügel in proximodistaler Richtung auswächst.

Wir finden somit in der Flügelanlage des Hühnchens das gleiche molekulare Netzwerk der Kontrolle des Flügelwachstums in den drei Raumkoordinaten wie in der Flügelscheibe der Fliege vor. Wir können aus diesem Befund den einfachen Schluß ziehen, daß dieses Netzwerk wahrscheinlich älter ist als die spezialisierten Extremitäten von Insekten und Wirbeltieren.[22] Es ist unwahrscheinlich, daß die Wirbeltiere, die sich ja – wie das entfernt verwandte Lanzettfischchen *Branchiostoma* – von extremitätenlosen Vorfahren ableiten, dieses genetische Netzwerk unabhängig noch einmal „erfanden". Dafür besteht es aus zu vielen Komponenten mit zu vielen spezifischen Wechselwirkungen. Wir sind somit mit der unerwarteten Tatsache konfrontiert, daß funktionell vergleichbare morphologische Strukturen, die man aufgrund der bisherigen anatomischen und phylogenetischen Bewertungskriterien als unabhängig voneinander entstanden betrachtet hat und damit als Analogien interpretierte, auf der molekularen Ebene nun eine gemeinsame Abstammung aufweisen und eigentlich, so der Fachbegriff, als Homologien betrachtet werden müssen.

Ein weiteres, sehr spektakuläres Beispiel soll diese Schlußfolgerung noch untermauern. Niemand würde bezweifeln, daß das Facettenauge eines Insekts, das aus hunderten von wabenförmig zusammengesetzten Einzelaugen besteht, in der Evolution unabhängig von dem in Morphologie und Entwicklung völlig anders gearteten Linsenauge der Wirbeltiere entstanden sein muß. Aber auch hier mußten wir uns eines Besseren belehren lassen.

Im Labor des Schweizer Entwicklungsbiologen Walter Gehring isolierte man von *Drosophila* das Gen *eyeless*, bei dessen Mutation Fliegen mit stark reduzierten Augen entstehen. Um zu testen, inwieweit dieses Gen tatsächlich für die Augenbildung notwendig ist, produzierten Gehrings Mitarbeiter Fliegen, in deren Genom das *eyeless*-Gen künstlich eingebracht worden war. Das Experiment war so angelegt, daß dieses auch in den Imaginalscheiben für Beine, Antennen oder Flügel aktiv sein konnte. Was erwartet wurde, trat tatsächlich ein: Aus den Puppengehäusen schlüpften Fliegen mit Facettenaugen an Beinen, Antennen oder Flügeln![11] Man hatte somit erstmals ein steuerndes Gen an der Hand, das für die Bildung eines optischen Organs, bei dem schätzungsweise 2000 untergeordnete Gene zum Einsatz kommen, verantwortlich ist. Man spricht daher beim *eyeless*-Gen auch von einem „Meistergen".

Die Überraschung war aber noch nicht zu Ende. Bei der Analyse der DNA des *eyeless*-Gens stellte man fest, daß es mit einem *Pax-6* genannten Gen der Maus verwandt ist, dessen Mutation zu Störungen der Augenentwicklung führt. Waren die beiden Gene etwa funktionell gleichwertig? Um diese Frage zu klären, produzierten die Schweizer Forscher nun Fliegen, in deren Genom das *Pax-6*-Gen der Maus eingebracht worden war. Und das Erstaunliche geschah: Unter dem Einfluß des Mausgens entstanden ebenfalls Facettenaugen an den verschiedensten Stellen der genetisch veränderten Fliegen![11] Das *Pax-6*-Gen der Maus ist somit in der

Lage, das genetische Netzwerk einer Fliege zur Bildung von Facettenaugen zu steuern.

Diese Austauschbarkeit ist ein starkes, funktionelles Indiz für die Homologie, also für die unmittelbare stammesgeschichtliche Verwandtschaft beider „Meistergene". Der genetischen Verwandtschaft stellt sich eine schon lange bekannte, funktionelle an die Seite: Alle lichtsensorischen Organe im Tierreich nutzen die Fähigkeit einer als „Opsine" bezeichneten Familie von Proteinen, Lichtquanten zu absorbieren. Man spekuliert daher, daß bereits sehr früh in der Evolution des Tierreichs die lichtempfindlichen Eigenschaften der Opsine für den Aufbau einer Signalkaskade und damit eines genetischen Netzwerks genutzt wurde, das später bei der unabhängigen Bildung der verschiedensten Augentypen als Substrat für eine Vielzahl von molekularen, funktionellen und anatomischen Modifikationen diente.[12]

## Der Evolution der Vielfalt steht eine große genetische Einheitlichkeit gegenüber

Angesichts der vorgestellten Zusammenhänge kann für uns kein Zweifel mehr darüber bestehen, daß im Tierreich für die grundlegenden morphogenetischen Prozesse der Achsenbildung, der Segmentierung und der Bildung spezifischer Strukturen bereits sehr früh in der Evolution genetische Netzwerke oder Module entstanden, die bei der Bildung der verschiedenen Baupläne der Vielzeller variiert, adaptiert oder in unterschiedlichsten Kombinationen eingesetzt wurden.

Diese Flexibilität mag vielleicht der Grund dafür gewesen sein, daß die Mehrzahl der heute existierenden Tierstämme während der „kambrischen Explosion" vor 530–520 Millionen Jahren, d.h. also in einem relativ kurzen Zeitraum, entstand.[8] Wie lange der Aufbau dieser Netzwerke dauerte, entzieht sich unserer Kenntnis. Nachdem die ältesten versteinerten Embryonen mit Zweiseitensymmetrie auf rund 570 Millionen Jahren datiert werden,[18, 29] müssen diese Netzwerke damals zumindest teilweise schon existiert haben. Man wird für deren Etablierung einen sehr langen Zeitraum, wahrscheinlich in der Größenordnung von einer Milliarde Jahre und mehr veranschlagen müssen.

Es besteht weiterhin kein Zweifel darüber, daß die Molekularbiologie uns völlig neue Dimensionen der Interpretation von Evolutionsprozessen eröffnet hat. Die seit Darwin und Haeckel angewandte historische Analyse des Phänotyps, also des äußeren Erscheinungsbilds von Tieren, die mit den vergleichenden Methoden der Morphologie und Embryologie arbeitete, wird nun ergänzt durch die Analyse des Genotyps, bei der Genstruktur und Genexpression im Vordergrund stehen. Sie ermöglicht die Durchführung analytischer Experimente und damit eine vergleichende funktionelle Analyse, die der deskriptiven Analyse an Aussagekraft weit überlegen ist.

Die bisherigen Ergebnisse haben bereits jetzt zu einem völlig neuen Bild der phänotypischen Variabilität geführt. Wir befinden uns derzeit in der aufregenden Phase, langsam aber sicher zu erkennen, daß der großen Zahl an Bauplänen und der damit verbundenen Fülle physiologischer und morphologischer Eigenheiten ein hoher Grad an Stabilität und Konservierung auf der molekularen Ebene gegenüber steht. Damit haben wir u. U. auch einen Schlüssel zur Erklärung der merkwürdigen Tatsache, daß die Baupläne der heute existierenden Tierstämme bereits vor rund 500 Millionen Jahren „konstruiert" waren und grundsätzlich neue Bauplan-Prinzipien nicht mehr dazu kamen.

Hatten sich die Kombinationsmöglichkeiten der bis dahin entstandenen genetischen Netzwerke in der kurzen Phase der „kambrischen Explosion" erschöpft? Gestattet die Robustheit der damals etablierten genetischen Netzwerke zwar evolutive Variation, setzt aber der Entstehung von grundsätzlich Neuem Grenzen? Es ist vorauszusehen, daß die evolutionäre Entwicklungsbiologie in Zukunft eine zentrale Stellung bei der Beantwortung derartiger Fragen einnehmen und damit auch zwangsläufig in die verschiedensten Disziplinen moderner biologischer Forschung eingreifen wird.

## Literatur

1. Akam M (1987) The molecular basis for metameric pattern in the *Drosophila* embryo. Development 101:1–22
2. Akam M, Dawson I, Tear G (1988) Homeotic genes and the control of segment diversity. Development, Supplement 123–133

3. Blair SS (1997) Limb development: marginal fringe benefits. Current Biology 7:R686–R690
4. Danellian PS, McMahon AP (1996) *Engrailed*-1 as a target of the *Wnt*-1 signalling pathway in vertebrate midbrain development. Nature 383:332–334
5. De Robertis EM (1997) The ancestry of segmentation. Nature 387:25–26
6. De Robertis EM, Sasai Y (1996) A common plan for dorsoventral patterning in Bilateria. Nature 380:37–40
7. Garcia-Fernandez J, Holland PWH (1994) Archetypal organization of the amphioxus *Hox* gene cluster. Nature 370:563–566
8. Gerhart J, Kirschner M (1997) Cells, embryos and evolution: toward a cellular and developmental understanding of phenotypic variation and evolutionary adaptability. Blackwell, Malden
9. Goldstein B, Freeman G (1997) Axis specification in animal development. BioEssays 19:105–115
10. Greenwald I, Rubin GM (1992) Making a difference: the role of cell-cell interactions in establishing separate identities for equivalent cells. Cell 68:271–281
11. Halder G, Callaerts P, Gehring WJ (1995) Induction of ectopic eyes by targeted expression of the *eyeless* gene in *Drosophila*. Science 267:1788–1792
12. Halder G, Callaerts P, Gehring WJ (1995) New perspectives on eye evolution. Current Opinions in Genetics and Development 5:602–609
13. Holland LZ, Kene M, Williams NA, Holland ND (1997) Sequence and embryonic expression of the amphioxus *engrailed* gene (AmphiEn): the metameric pattern of transcription resembles that of its segment-polarity homolog in *Drosophila*. Development 124:1723–1732
14. Holley SA, Jackson PD, Sasai Y, Lu B, De Robertis EM, Hoffmann FM, Ferguson EL (1995) A conserved system for dorsal-ventral patterning in insects and vertebrates involving *sog* and *chordin*. Nature 376:249–253
15. Kim MH, Kessel M (1993) Homeobox genes as regulators of vertebrate development. AgBiotech News and Information 5:189–194
16. Kimmel CB (1996) Was *Urbilateria* segmented? Trends in Genetics 12:329–331
17. Lawrence PA (1992) The making of a fly: the genetics of animal design. Blackwell, Oxford
18. Li CW, Chen JY, Hua TE (1998) Precambrian sponges with cellular structures. Science 279:879–882
19. Martinez DE, Bridge D, Masuda-Nakagawa LM, Cartwright P (1998) Cnidarian homeoboxes and the zootype. Nature 393:748–749
20. Meyer A (1998) *Hox* gene variation and evolution. Nature 391:225–228
21. Müller M, Weizsäcker E von, Campos-Ortega JA (1996) Expression domains of a zebrafish homologue of the *Drosophila* pair-rule gene *hairy* correspond to primordia of alternating somites. Development 122:2071–2078
22. Shubin N, Tabin C, Carroll S (1997) Fossils, genes and the evolution of animal limbs. Nature 388:639–648
23. Sibley CG (1992) DNA-DNA hybridisation in the study of primate evolution. In: Jones S, Martin RD, Pilbeam D (eds) The Cambridge encyclopedia of human evolution. Cambridge University Press, Cambridge, pp 313–315
24. Simon J, Pfeifer M, Bender W, O'Connor M (1990) Regulatory elements of the *bithorax* complex that control expression along the anterior-posterior axis. EMBO J 9:3945–3956

25. Waddington CH (1957) The strategy of genes. Allen & Unwin, London
26. Wang BB, Müller-Immergluck MM, Austin J, Robinson T, Kenyon C (1993) A homeotic gene cluster patterns the anteroposterior body axis of *C. elegans*. Cell 74:29-42
27. Wolpert L (1992) Musterbildung. In: Entwicklung und Gene. Spektrum, Heidelberg Berlin New York, pp 10-18
28. Wolpert L, Beddington R, Brockes J, Jessell T, Lawrence P, Meyerowitz E (1998) Principles of development. Oxford University Press, Oxford New York
29. Xiao S, Zhang Y, Knoll AH (1998) Three-dimensional preservation of algae and animal embryos in a neoproterozoic phosphorite. Nature 391:553-558

KAPITEL 3

# Biodiversität – Globale Dimension und Verteilung genetischer Vielfalt

WILHELM BARTHLOTT, JENS MUTKE, GEROLD KIER

*Our planet's essential goods and services depend on the variety and variability of genes, species, populations and ecosystems. Biological resources feed and clothe us and provide housing, medicines and spiritual nourishment ... (Konferenz der Vereinten Nationen, Rio de Janeiro, 1992: Agenda 21, Kap. 15.2)*

## Die große Vielfalt – weitgehend unbekannt

Noch vor 20 Jahren war die Fachwelt überzeugt, daß die Artenvielfalt unseres Planeten in Grundzügen bekannt sei. Seit Carl von Linné vor 250 Jahren sein „Systema Naturae" erarbeitete, hatten Naturforscher schließlich systematisch die Lebewesen in unserer Umwelt beschrieben und klassifiziert. Bis heute sind rund 1,7 Millionen Tier-, Pflanzen- und Mikroorganismenarten wissenschaftlich erfaßt. Schon Anfang der achtziger Jahre zeigten aber Forschungen v. a. im Kronendach tropischer Regenwälder, daß der weitaus größte Teil der auf unserer Erde lebenden Arten noch unentdeckt ist.

Große, auffällige oder für uns besonders attraktive Lebewesen – Säugetiere, Vögel oder Schmetterlinge – sind relativ gut bekannt.[26] Dagegen kennen wir von den artenreichsten Gruppen, wie v. a. den Insekten und Mikroorganismen, bisher vermutlich weniger als zehn Prozent ihrer Arten. Schon heute stellen die Insekten fast die Hälfte aller bekannten Organismenarten.

Einen wesentlichen Anstoß zu neuen Forschungen auf dem Gebiet der Artenvielfalt lieferte 1982 der Amerikaner Terry Erwin. Er hatte mit dem Insektizid Pyrethrum die Kronen von 19 Regenwaldbäumen der Art *Luehea seemannii* in Panama eingenebelt und dabei mehr als 1200 Insektenarten gefunden, worauf er aufsehenerregende, wenn auch teilweise spekulative Hochrechnungen zu weltweiten Artenzahlen veröffentlichte.[10, 28] Der heutige Forschungsstand legt nahe, daß über zwölf Millionen Arten – möglicherweise sogar weit über 30 Millionen – der Wissenschaft noch unbekannt sind (Abb. 3-1).

Auch die weiteren Forschungen zeigen, daß wir in den tropischen Regenwäldern und speziell in ihren Baumkronen noch viel Neues erwarten dürfen. In den Kronen der Bäume eines gerade einmal vierhundert Hektar großen Schutzgebietes im ecuadorianischen Bergregenwald fanden Mitarbeiter unseres Institutes eineinhalb mal so viele Orchideenarten wie in ganz Deutschland heimisch sind.

Die Österreichische Akademie der Wissenschaften finanziert im Regenwald von Venezuela einen 40 m hohen Baukran, der den Forschern einen besseren Zugang zu den Baumkronen und damit eine eingehendere Erforschung dieses faszinierenden Systems ermöglicht. Weltweit wurden in den letzten Jahren mehrere solcher Projekte vorangetrieben – mit Luftschiffen, Kränen oder alpinistischer Kletterausrüstung rücken Botaniker, Zoologen und Klimaforscher in diesen verschachtelten Grenzbereich zwischen Bio- und Atmosphäre vor (Abb. 3-2).

Doch nicht nur in luftigen Baumkronen, auch in großer Tiefe erwarten Experten neue Entdeckungen. Die Ozeane bieten 32 von den 33 bekannten Tierstämmen eine Heimat, 15 davon sind auf die Weltmeere beschränkt.[25] Noch 1995 wurde mit den Cycliophora ein neuer Stamm des Tierreichs entdeckt.[12, 19] Dabei sind bisher z.B. die Sedimente der Tiefsee erst ansatzweise erforscht. Die gesamte bislang untersuchte Fläche beträgt zusammengenommen wahrscheinlich weniger als fünf Quadratkilometer.[30]

Eine ähnliche Situation findet sich bei Mikroorganismen sogar zu unseren Füßen mitten in Europa. Weltweit sind bisher erst rund viertausend Bakterienarten wissenschaftlich beschrieben worden.[16] Doch wir können annehmen, daß es für jede Tierart mindestens ein Bakterium gibt, das auf diesen Wirt spezialisiert ist.[29] Falls die Hochrechnungen stimmen, daß es rund 15 Millionen Tierarten gibt, so müssen wir von ebenso vielen Bakterienarten ausgehen. Angesichts der wichtigen Rolle, die Bakterien z.B. bei der industriellen Produktion von Antibiotika und Enzymen spielen, läßt sich erahnen, welches Potential hier noch verborgen liegt. Es ließe sich z.T. schon durch Forschung vor unserer eigenen Haustür erschließen: Ein einziges Gramm Waldboden kann 4000–5000 Bakterienarten enthalten.[16]

a) **Bekannte Artenzahlen: ca. 1,75 Mio.**

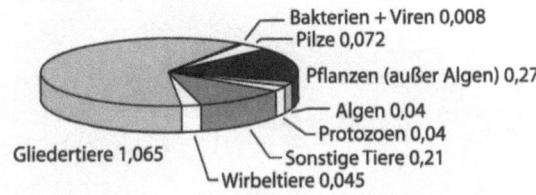

b) **Geschätzte Artenzahlen 1995: ca. 14 Mio.**

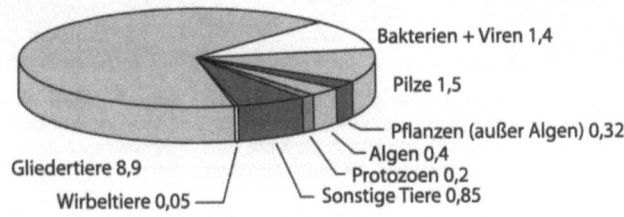

c) **Geschätzte Artenzahlen 1999: ca. 35 Mio.**

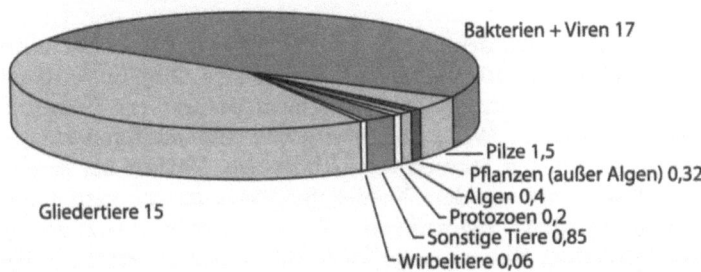

**Abb. 3-1 a–c.** Bereits beschriebene und geschätzte Zahlen von Organismenarten (in Mio.). **a** Bei den bekannten Arten[16] und **b** der Schätzung einer Expertengruppe der UNEP[16] dominieren die Gliedertiere (Insekten u.a.). Berücksichtigt man die Überlegung, daß es für jede Tierart vermutlich mindestens eine Bakterienart gibt, die auf diesen Wirt spezialisiert ist, könnte man die in (**c**) dargestellte Verteilung voraussagen. Dabei gehen wir zudem von einer etwas höheren Artenzahl der Insekten aus, als sie 1995 abgeschätzt wurde

**Abb. 3-2.** Tropische Regenwälder sind globale Diversitätszentren. Besonders artenreich sind ihre Baumkronen. Es sind nicht nur die Insekten und andere Tiere, sondern auch die Fülle von „Überpflanzen" oder Epiphyten. Ein Blick in die Krone eines Regenwaldriesen im atlantischen Brasilien zeigt die Äste überkrustet mit diesen Aufsitzerpflanzen

## Biodiversität – Abhängigkeitsfaktor und Chance für den Menschen

Gut 500 Jahre nach den ersten Berichten über das Gold der Inkas und Azteken und 100 Jahre nach dem ersten Ölboom wird die Bedeutung der Biodiversität, des „grünen Goldes", erst heute zunehmend erkannt. Wir profitieren schon seit Jahrhunderten in unterschiedlichsten Formen von biologischer Vielfalt. Sei es eine Tasse Kakao, der aus dem Norden Brasiliens zu uns kam, Geranien aus Südafrika, die Antibabypille mit ihrem Wirkstoff aus einem tropischen Yamswurzelgewächs oder Seidenhemden – viele unserer alltäglichen Nutzpflanzen und -tiere wurden aus fernen Ländern zu uns gebracht und haben seitdem unser Leben und unsere Kultur bereichert. Doch auch unsere einheimische Natur bietet nicht nur Grundnahrungsmittel wie Kohl, Möhren und Äpfel, sondern zudem Ausgangsstoffe für die Medizin. Erinnert sei daran, daß Acetylsalicylsäure – besser bekannt unter dem Handelsnamen Aspirin – ein Derivat der Salicylsäure ist, die als Schmerzmittel in Form eines Aufgusses aus Weidenrinde (Gattung *Salix*) schon seit der Antike genutzt wird.

Erst heute jedoch, da diese Vielfalt durch zunehmenden Konsum- und Bevölkerungsdruck der rapide wachsenden Menschheit einer drastischen Aussterbekrise ausgesetzt ist, entdecken wir unter anderem im Zuge der modernen pharmazeutischen Forschung von neuem, welches Potential noch unentdeckt in unserer natürlichen Umwelt schlummert. Die Naturstoffdatenbank NAPRALERT der University of Illinois dokumentiert Substanzen (Alkaloide, Antibiotika, Phytoalexine, Steroide, Wehrsekrete) aus über 130000 Organismenarten. Ein von R. Mansfeld begründetes „Verzeichnis landwirtschaftlicher und gärtnerischer Nutzpflanzen" listet über viertausend kultivierte Arten weltweit auf.[8] Die Zahl der potentiell noch zu nutzenden Pflanzen wird wesentlich höher geschätzt.

Trotz solcher Vielfalt hängt heute die Ernährung der fast sechs Milliarden Menschen zu 50% von nur drei Pflanzen ab – Weizen, Reis und Mais. Insgesamt decken gerade einmal 30 Arten 90% der aus Pflanzen gewonnenen Nahrungsenergie. Diese Konzentration auf wenige hochproduktive Nutzpflanzen findet auch innerhalb der Arten statt. Beispielsweise wurden in China 1949 noch rund zehntausend Reissorten genutzt, heute wird nur noch etwa ein Zehntel davon angebaut.[7]

Große Anbauflächen mit einheitlichen Sorten bergen jedoch erhebliche Risiken großflächiger Schädlingsbefalle, die meist beträchtliche Ernteausfälle mit sich bringen. Dies zeigt etwa das Beispiel des Kaffeerostes, der 1970 in Brasilien und Mittelamerika große Teile der Kaffeeplantagen zerstörte und zu einer wirtschaftlichen Bedrohung wurde. Die Kaffeepflanzen stammten fast alle von einem einzigen aus Ostafrika importierten Baum ab. Im Ursprungsgebiet des Kaffees im Südwesten Äthiopiens fanden sich dann glücklicherweise Wildformen, die Resistenzen gegen den Kaffeerost aufwiesen und in die Kulturarten eingekreuzt werden konnten.

Ein weiteres Beispiel ist das Rice-grassy-stunt-Virus, das in den 70er Jahren die Reisproduktion von Indien bis Indonesien bedrohte. Damals fand sich nur bei einer – erst 1966 entdeckten

- von 6273 untersuchten Reissorten eine Resistenz gegen diese Krankheit.[34] In diesen Problemen liegt eine wichtige Motivation, mit großangelegten Screening-Programmen vorwiegend in den Tropenländern nach neuen Arten, aber insbesondere auch nach Wildsorten bereits genutzter Arten zu fahnden. Vor allem die pharmazeutische Industrie hat dieses Feld verstärkt für sich wiederentdeckt. Fast 30% des weltweiten Umsatzes an Arzneimitteln basieren nach wie vor auf Naturstoffen.[14, 34]

Im Jahre 1989 wurde in Costa Rica das „Instituto Nacional de Biodiversidad" (INBio) gegründet. Dieses Institut soll in den nächsten Jahren die gesamte Biodiversität des kleinen mittelamerikanischen Landes erfassen, inventarisieren und wissenschaftlich wie wirtschaftlich nutzbar machen. Bereits 1991 schloß Costa Rica mit dem US-Pharmakonzern Merck einen Vertrag, der die Lieferung von mehreren Tausend Tier- und Pflanzenproben zu Bioprospektionszwecken umfaßt. Neben direkten Zahlungen an INBio ist der Technologietransfer zum Aufbau der Forschungsmöglichkeiten im Institut in Costa Rica ein wichtiger Teil des Vertrages. Zusätzlich wurde eine Beteiligung Costa Ricas am eventuellen Gewinn aus der Verwertung der gefundenen Inhaltsstoffe festgelegt.

Ein solcher Vorteilsausgleich ist eines der zentralen Elemente des Übereinkommens über die Biologische Vielfalt, das 1992 neben der Klimarahmenkonvention und der Agenda 21 auf der UN-Konferenz in Rio de Janeiro verabschiedet wurde. Die beiden weiteren Hauptziele des Übereinkommens, das bis heute von über 170 Staaten unterzeichnet wurde, sind der Erhalt und die nachhaltige Nutzung der biologischen Vielfalt. Die Nutzungsrechte an der biologischen Vielfalt haben dabei die jeweiligen Ursprungsländer.

Aber nicht nur von einzelnen Pflanzenarten oder Nutztieren ist der Mensch abhängig. Die „Leistungen", welche die Ökosysteme unseres Planeten erbringen, wurden von einer internationalen Wissenschaftlergruppe auf durchschnittlich über dreißig Billionen Dollar pro Jahr geschätzt[8]. Der wirtschaftliche Nutzen eines als Wassereinzugsgebiet der australischen Stadt Melbourne fungierenden Waldes wird auf 250 Millionen Dollar jährlich veranschlagt. Der finanzielle Schaden durch Degradierung, wie etwa Erosion oder Versalzung, beläuft sich in Australien dagegen auf eine Milliarde Dollar pro Jahr.[25]

Nicht vernachlässigt werden dürfen aber auch der Erholungswert oder die ästhetischen Funktionen der uns umgebenden Natur. Auch wenn sich diese Werte nur schwer in Geld fassen lassen, spielen sie in unserem Leben und unserer Kultur eine entscheidende Rolle. Daß die Inspiration aus der Natur dabei durchaus auch wieder handfeste ökonomische Aspekte mit sich bringt, zeigt das Forschungsfeld der Bionik. Von selbstreinigenden Oberflächen,[3] besonders aerodynamischen Tragflächen für Flugzeuge bis hin zu extremen Leichtbaukonstruktionen reichen die Anwendungsgebiete der Erfindungen, die in diesem jungen Wissenschaftszweig der Natur abgeschaut wurden.[22]

## Wie kann man Biodiversität messen und bewerten?

Oft wird die Frage aufgeworfen, wie groß die Biodiversität eines Gebiets ist und welchen Wert sie hat. So könnte man z.B. fragen: welche Länder der Erde haben die höchste Biodiversität? Oder: Sind hundert Quadratkilometer der Sahara so „wertvoll" wie hundert Quadratkilometer der Wüste Namib?

Um Antworten auf solche Fragen zu finden, muß man zunächst überlegen, nach welchen Kriterien man Biodiversität messen und bewerten kann und möchte. Im Folgenden werden die sieben wichtigsten Kriterien vorgestellt und anschließend kurz erläutert, welche Konsequenzen die Vielzahl der Kriterien für das Messen und Bewerten von Biodiversität hat.

1. *Artenzahlen*: Im Sahara-Gebiet kommen insgesamt mehr Pflanzenarten vor als in Finnland.[32, 35] Aber wie sieht der Vergleich aus, wenn man aus beiden Gebieten ein gleich großes Stück, z.B. 10 000 km$^2$, betrachtet (Abb. 3-3)? Für manche Fragestellungen kann es hingegen zweckmäßiger sein, eine höhere beziehungsweise niedrigere systematische Ebene zu betrachten. So kann die Vielfalt oberhalb der Artebene z.B. durch Gattungs- oder Familienzahlen beschrieben werden, während man innerhalb einer Art etwa die Anzahl der Unterarten oder Sorten heranziehen kann.

2. *Individuenzahlen*: Wenn wir wissen, daß in einem Wald die Baumarten Eiche, Rotbuche und Weißbirke wachsen, so liegt die Frage nahe, ob sie in gleichen Verhältnissen vorkommen,

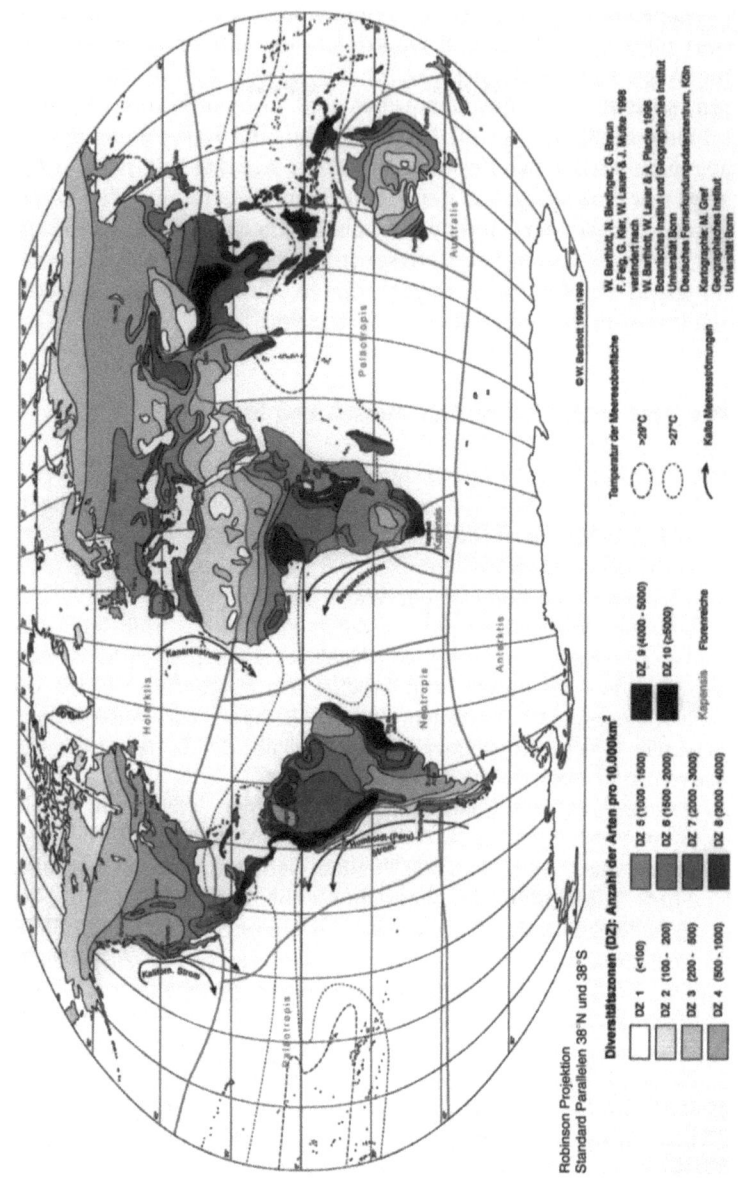

oder ob möglicherweise die Buche dominiert und nur ein paar Exemplare der beiden anderen Baumarten zu finden sind.

3. *Verwandtschaftliche Vielfalt*: Je näher die in einem Gebiet vorkommenden Arten miteinander verwandt sind, um so geringer ist auch ihre verwandtschaftliche Vielfalt. So hat eine Wiese, auf der ausschließlich Gräserarten wachsen, eine geringere verwandtschaftliche Vielfalt als eine andere Wiese, auf der zwar weniger Gräserarten, dafür aber Orchideen und Rachenblütler zu finden sind. Als einfacher Indikator für verwandtschaftliche Vielfalt kann beispielsweise die Anzahl der Familien (s. oben) verwendet werden, während eine genauere Beschreibung abstraktere und in der Berechnung aufwendigere Maßzahlen erfordert.

4. *Seltenheit*: Ob ein Gebiet überregionale oder gar globale Bedeutung hat, hängt entscheidend von der Seltenheit seiner Arten ab. So wachsen z. B. auf den Kapverdischen Inseln etwa 220 heimische Pflanzenarten, von denen rund 80 endemisch sind, also nur dort vorkommen.[6, 15, 17] Das Saarland, das nur unwesentlich kleiner ist als die Kapverden, beherbergt über 1100 Pflanzenarten, von denen aber keine endemisch sind. Folglich ist der Artenreichtum im Saarland zwar größer als auf den Kapverden, letztere sind aber nach dem Kriterium der Seltenheit deutlich höher einzustufen.

5. *Ökologische Bedeutung*: Die in einem Gebiet vorkommenden Arten können eine sehr unterschiedliche Bedeutung für das ökologische Gleichgewicht einer Region oder sogar der gesamten Erde haben. So hat ein Stück tropischen Regenwalds einen anderen Einfluß auf die Produktion von Sauerstoff und auf die Bindung von Kohlenstoff als ein gleich großes Stück Sandwüste. Dies hat v. a. im Hinblick auf Phänomene des globalen Wandels, wie z. B. des Treibhauseffekts, große Bedeutung.

6. *Anteil nichtheimischer Arten*: Vor allem durch den motorisierten Massen- und Ferntransport verschleppt der Mensch in zunehmendem Maße Arten. So kamen vor Ankunft des Menschen auf den Kapverden nur rund 220 Pflanzenarten vor. Mittlerweile wurden weit über 300 fremde Arten einge-

**Abb. 3-3.** Karte der globalen Verteilung der Artenvielfalt von Gefäßpflanzen[1]

schleppt.[6] Oftmals werden heimische durch eingeschleppte Arten verdrängt, z.B., wenn letztere konkurrenzstark sind oder als Fraßfeinde agieren. Dies reduziert auch den Anteil der seltenen Arten (s. oben) und führt langfristig zu einer biologischen Globalisierung.

7. *Ökonomischer Nutzwert*: Aus rein menschzentrierten Gesichtspunkten ist dies das zentrale Kriterium für die Bewertung von Biodiversität. Während jedoch viele Aspekte des aktuellen Nutzwerts, z.B. der heutige Marktwert des Holzes in einem Wald, verhältnismäßig leicht zu fassen sind, kann der potentielle ökonomische Wert im Hinblick auf heute noch nicht absehbare Nutzungen meist nur schwer abgeschätzt werden. Hierzu zählen z.B. die zukünftige Verwendung als Nutzpflanzen oder von Pflanzeninhaltsstoffen für pharmazeutische Zwecke.

Diese Liste ließe sich noch um einige, z.T. sehr schwierig in Zahlen zu fassende Kriterien, wie z.B. Eigenwert und ästhetischer Wert, erweitern. Viele Kriterien stehen in einer engen Verbindung zueinander. So können nichtheimische Arten, wie bereits gezeigt, langfristig einen erheblichen Einfluß auf die Anzahl seltener Arten haben.

Das sicherlich meistverwendete der oben genannten Kriterien ist die Artenzahl, die oftmals sogar synonym zu Biodiversität gebraucht wird. Ein Grund hierfür ist, daß für Artenzahlen die meisten Daten vorliegen, die für vergleichende Analysen verwendet werden können. Dies liegt wiederum daran, daß die Erfassung nach anderen Kriterien meist erst erfolgen kann, wenn die in einem Gebiet vorkommenden Arten vollständig bekannt sind. Ein weiterer Grund für die Beliebtheit des Kriteriums der Artenzahl ist sicherlich die größere Anschaulichkeit im Vergleich zu den relativ abstrakten Maßzahlen, wie sie z.B. für das Verhältnis der Individuenzahlen berechnet werden können.

Die oben unter den Punkten 4.-7. aufgeführten Kriterien beschreiben keine Aspekte von Diversität im engeren Sinne. So würde man üblicherweise nicht sagen, daß zwei Gebiete eine unterschiedlich hohe biologische Vielfalt aufweisen, weil die Seltenheit ihrer Arten unterschiedlich ist.[33] Dennoch sind es wichtige Qualitätskriterien bei der vergleichenden Bewertung der Biodiversität von Gebieten.

## Die ungleiche Verteilung der globalen Biodiversität

Biologische Vielfalt ist sehr ungleichmäßig auf unserem Globus verteilt. Abb. 3-3 zeigt die Artenzahlen der Gefäßpflanzen (Blütenpflanzen und Farne), die auf zehntausend Quadratkilometern Festlandsfläche zu finden sind.[1, 2] Diese Kartierung war nur deshalb möglich, weil Blüten- und Farnpflanzen in zweierlei Hinsicht vergleichsweise gut erforscht sind. Zum einen wird die Anzahl der noch unentdeckten Arten in dieser Gruppe als relativ gering geschätzt: mehr als achtzig Prozent sind wahrscheinlich bereits bekannt (s. Abb. 3-1). Zum anderen ist ihre geographische Verbreitung unter anderem in mehreren tausend Florenwerken verhältnismäßig gut dokumentiert.

Eine vergleichbare Erfassung der gesamten biologischen Vielfalt unseres Planeten inklusive der Tiere und Mikroorganismen wird wegen der schlechten Datenlage – wenn überhaupt – auf Jahrzehnte nicht zu erreichen sein. Die Vielfalt der Pflanzen dürfte aber aufgrund ihrer Rolle als wichtigste Strukturbildner und Produzenten organischen Materials in praktisch allen Landökosystemen sehr gute Hinweise auf die gesamte Biodiversität geben. Auf der Basis von Literaturdaten konnten wir erst kürzlich zeigen, daß bei wichtigen Tiergruppen wie den Landwirbeltieren und den Insekten eine enge Korrelation zu den Artenzahlen der Gefäßpflanzen im jeweiligen Gebiet besteht.[1] Bezüglich der Biomasse dominieren die Pflanzen weltweit deutlich.[27]

Schon lange ist bekannt, daß die Artenvielfalt auf dem Land von den Polen zum Äquator hin zunimmt – nur innerhalb weniger Organismengruppen beziehungsweise in wenigen Regionen sind einzelne Ausnahmen dieses generellen Trends zu beobachten. Vor allem Gebiete in den feuchten Tropen und Subtropen zeichnen sich in Abb. 3-3 als Zentren der globalen Artenvielfalt ab. Neben der Chocó-Region im westlichen Kolumbien und Ecuador sind dies in Südamerika der amazonische Ostabhang der Anden, der atlantische Regenwald Brasiliens sowie das Hochland von Guyana. In Asien ist es v. a. das Ost-Himalaya-Yunnan-Gebiet im Süden Chinas, der Norden Borneos, Neuguinea und die Malaiische Halbinsel.

Das tropische Afrika beherbergt im Vergleich zu den Tropen Amerikas und Asiens deutlich weniger Pflanzenarten. Zentren der Artenvielfalt sind hier der Kamerunberg und die Gebirge entlang des Afrikanischen Grabenbruches. Ein ganz besonderes Diversitätszentrum Afrikas ist die Kapregion an der Südspitze des Kontinents. Obwohl sie nur ungefähr so groß ist wie Österreich, wird sie aufgrund der Einzigartigkeit ihrer Flora als eigenständiges Florenreich eingestuft und damit auf eine Stufe mit Kontinenten wie Australien oder Südamerika gestellt. Von den fast 8600 Arten höherer Pflanzen, die in der Kapregion vorkommen, sind mehr als zwei Drittel endemisch, also in ihrem Vorkommen auf dieses Gebiet beschränkt. Ganze Pflanzenfamilien kommen nur dort vor. Allein die Kaphalbinsel mit ihrer Heidevegetation beherbergt auf einer Fläche von 470 Quadratkilometern fast so viele Pflanzenarten wie Deutschland und über 150 sind endemisch, d. h. nirgendwo anders auf der Welt zu finden. In der vom Menschen geschaffenen Lüneburger Heide wachsen hingegen auf einer halb so großen Fläche nur ein Zehntel der Arten – und keine einzige endemische Pflanze.

Gemeinsam ist allen genannten Diversitätszentren eine hohe Geodiversität – eine Vielfalt der abiotischen Faktoren wie z.B. Temperatur, Niederschlag oder Bodentyp. Gebirge weisen dementsprechend auf der Ebene größerer Landschaftsausschnitte meist höhere Artenzahlen auf als die umliegenden Tiefländer. Dagegen sind in kleinräumigen Inventaren v. a. tropische Tieflandregenwälder besonders artenreich. Den „Rekord" an Baumarten auf einem Hektar Fläche hält der amazonische Regenwald im Osten Ecuadors. Die auf dieser Fläche in Cuyabeno gefundenen über 470 Baumarten[31] entsprechen dem Achtfachen der Zahl in Deutschland heimischer Bäume oder drei Viertel der Baumartenzahl Gesamt-Nordamerikas. Zusammen mit den anderen untersuchten Pflanzengruppen zeichnet sich eine Zahl von über 900 Gefäßpflanzenarten ab – ein Drittel der Artenvielfalt der Bundesrepublik auf einer Fläche von 100×100 m!

## Der globale Wandel

Aus der im vorherigen Abschnitt beschriebenen Ungleichverteilung der biologischen Vielfalt ergeben sich konkrete Notwendigkeiten und Probleme bezüglich ihres Schutzes. Myers benannte

Anfang der neunziger Jahre weltweit 18 hochgradig durch den Menschen bedrohte Gebiete, die auf 0,5% der Landoberfläche zusammen etwa 20% der Pflanzenvielfalt als Endemiten beherbergen.[20, 21] Die Regenwälder West-Ecuadors, einer dieser sogenannten „Hot Spots" und Teil eines der sechs Hauptzentren der Pflanzenvielfalt in Abb. 3-3 sind in den letzten 40 Jahren zu über 90% abgeholzt worden. Diese Fläche von knapp 50 000 Quadratkilometern bot einmal über 6000 Pflanzenarten eine Heimat – doppelt so viele, wie im siebenfach größeren Deutschland heimisch sind. Ein Viertel der Arten kam nur dort vor.[13] Es ließe sich nur sehr grob abschätzen, wieviele von ihnen mit der Zerstörung der Wälder bereits unwiederbringlich ausgestorben sind.

Eine Tatsache, die leider viel zu wenig wahrgenommen wird, ist, daß solche Aussterbeprozesse unwiederbringlich sind! „Extinction is forever" war schon 1978 der Titel eines Buches von Sir Ghillean Prance und Thomas Elias.[23] Aussterbeereignisse und das Entstehen von neuen Arten sind zwar auch natürliche Prozesse, die seit dem Beginn des Lebens auf unserem Planeten vor knapp vier Milliarden Jahren in einem ewigen Wechselspiel unsere belebte Umwelt bestimmen – durch Klimaschwankungen, Eiszeiten oder Meteoriteneinschläge hat es in der Erdgeschichte dabei auch mehrere große Massensterben gegeben. Aber sowohl das gleichmäßig über die Zeit stattfindende natürliche Artensterben, als auch die großen erdgeschichtlichen Katastrophen werden von dem menschgemachten Artensterben in ihrer Geschwindigkeit bei weitem übertroffen. Verschiedene Berechnungen zeigen, daß ohne umfangreiche Gegenmaßnahmen voraussichtlich die Hälfte aller Vogel-, Säugetier- und Reptilienarten in den nächsten 200 bis 300 Jahren aussterben wird. Für die nächsten 25 Jahre wird mit dem Aussterben von bis zu einem Zehntel der Organismenarten auf unserem Planeten gerechnet.[16]

Vergleicht man damit die durchschnittliche Überlebenszeit der Arten von fünf bis zehn Millionen Jahren, wie sie für die Zeit vor Auftreten des Menschen aufgrund von Fossilfunden berechnet werden kann, sind die derzeitigen Aussterberaten um das Tausend- bis Zehntausendfache höher. In den letzten zwei Jahrtausenden sind im Zuge der Ausbreitung und des Bevölkerungszuwachses des Menschen allein über zweitausend Vogelarten ausgestorben – nur knapp 10 000 sind insgesamt bekannt.[16]

Die genaue Quantifizierung von ausgestorbenen Arten ist allgemein schwierig. Zum einen gilt eine Art nach den Regeln der IUCN (Weltnaturschutzunion, weltgrößter, an die UNO assoziierter Naturschutzdachverband) erst dann als ausgestorben, wenn sie 50 Jahre lang nicht mehr nachgewiesen worden ist. Hierauf basierende Statistiken können dem aktuellen Stand folglich um ein halbes Jahrhundert oder mehr hinterherhinken. Zum anderen verschwinden mit jedem Tag der Zerstörung der Regenwälder und anderer natürlicher Systeme unzählige Arten, bevor wir sie überhaupt wissenschaftlich dokumentiert haben. Bis sich die Natur von dieser hausgemachten Katastrophe erholt haben wird, wird der Mensch möglicherweise selber zu den ausgestorbenen Arten zählen.

Eine Hauptursache des Artensterbens ist neben der Umwandlung der natürlichen Lebensräume, der Bejagung, dem internationalen Handel mit bedrohten Arten und der Umweltverschmutzung auch die Verdrängung durch vom Menschen eingeschleppte Arten. So wurden fast 40% der Aussterbeereignisse von Tieren seit 1600, deren Ursache bekannt ist, durch solche „Eindringlinge" verursacht.[35]

Daß uns viele der Aussterbeereignisse gar nicht interessieren müßten, weil die spezielle Art vielleicht keinen Nutzwert hatte oder es noch mehrere nah verwandte Arten gibt, die sie ersetzen könnten, ist dabei ein Trugschluß. Jede einzelne Art ist in ein kompliziertes Geflecht von Interaktionen eingebunden. Wie eng diese Interaktionen sind, wurde unlängst in einer Studie gezeigt, welche die beträchtliche Artenvielfalt der Käfer als das Produkt der gemeinsamen Evolution mit den Samenpflanzen in den letzten 65 Millionen Jahren erklärt.[11] Genauso wie viele Insekten auf eine ganz bestimmte Pflanzenart als Nahrungsquelle angewiesen sind, haben viele Pflanzen ihre spezifischen Bestäuber oder Samenausbreiter, ohne die ihre Populationen nicht überleben können.

Andere Zusammenhänge sind nicht immer so offensichtlich: Etwa 80% aller höheren Pflanzen sind von Symbiosen mit Wurzelpilzen abhängig.[24] Wenn also eine für den Menschen „unwichtige" Art ausstirbt, so ist doch oftmals kaum absehbar, welche erheblichen Konsequenzen dies für das Überleben „wichtiger" Arten oder gar für ein ganzes Ökosystem haben kann.

## Schlußfolgerungen

Unser Umgang mit Biodiversität wird sich zunehmend an zwei Erkenntnissen orientieren müssen, die beide erst seit wenigen Jahren in die Diskussion eingegangen sind. Zum einen ist dies unser erschreckend geringer Kenntnisstand über die Mitbewohner unseres Planeten. Zum anderen ist es der rapide Schwund natürlicher Lebensräume und das damit einhergehende massive Artensterben.

Hieraus resultiert zum einen eine außerordentliche Herausforderung für die Erforschung globaler Biodiversität. Zum anderen ergibt sich daraus eine besondere Verantwortung, Biodiversität zu erhalten und so nachhaltig wie möglich zu nutzen.[5] Einen großen Beitrag zum Erhalt biologischer Vielfalt leisten Sammlungen wie z.B. Samenbanken sowie zoologische und botanische Gärten. Die Botanischen Gärten weltweit beherbergen immerhin rund ein Drittel der bekannten Gefäßpflanzenarten – etwa ein Fünftel findet sich vermutlich allein in den deutschen Gärten.[4] Doch ein großer Teil der Arten läßt sich vom Menschen nicht kultivieren beziehungsweise halten, einmal abgesehen von dem reichhaltigen Beziehungsgeflecht der Arten, das zum größten Teil nur am natürlichen Standort vorhanden ist, und ganz zu schweigen von den unschätzbaren Qualitäten, die nur einem intakten Ökosystem eigen sind. Der Erhalt biologischer Vielfalt an ihrem natürlichen Standort bleibt somit auch in Zukunft eine besondere Verantwortung der Menschheit.

## Literatur

1. Barthlott W, Kier G, Mutke J (1999) Globale Artenvielfalt und ihre ungleiche Verteilung. Courier Forschungsinstitut Senckenberg (im Druck)
2. Barthlott W, Lauer W, Placke A (1996) Global distribution of species diversity in vascular plants: towards a world map of phytodiversity. Erdkunde 50:317-327
3. Barthlott W, Neinhuis C (1998) Lotus-Effekt und Autolack: Die Selbstreinigung mikrostrukturierter Oberflächen. Biologie in unserer Zeit 28:314-321
4. Barthlott W, Rauer G, Ibisch PL, von den Driesch M, Lobin W (1999) Biodiversität und Botanische Gärten. In: Bundesamt für Naturschutz (Hrsg) Botanische Gärten und Biodiversität. Erhaltung Biologischer Vielfalt durch Botanische Gärten und die Rolle des Übereinkommens über die Biologische Vielfalt (Rio de Janeiro, 1992). Landwirtschaftsverlag, Münster: 1-24

28. Stork NE (1988) Insect diversity: facts, fiction and speculations. Biological Journal of the Linnean Society 35:321–337
29. Trüper HG (1992) Prokaryotes: an overview with respect to biodiversity and environmental importance. Biodiversity and Conservation 1:227–236
30. Türkay M (1998) (persönliche Mitteilung)
31. Valencia R, Balslev H, Paz y Mino CG (1994) High tree alpha-diversity in Amazonian Ecuador. Biodiversity and Conservation 3:21–28
32. White F (1983) The vegetation of Africa: a descriptive memoir to accompany the Unesco/AETFAT/UNSO vegetation map of Africa. Natural Resources Research 20. UNESCO, Paris
33. Williams PH, Humphries CJ (1994) Biodiversity, taxonomic relatedness, and endemism in conservation. In: Forey PL, Humphries CJ, Vane-Wright RI (eds) Systematics and conservation evaluation. Clarendon, Oxford, pp 269–287
34. Wilson EO (1992) The diversity of life. Harvard University Press, Cambridge/MA
35. World Conservation Monitoring Centre (WCMC) (1992) Global biodiversity. Status of the earth's living resources. Chapman & Hall, London

KAPITEL 4

# Pflanzenzüchtung und Gentechnik –
# Neue Wege zur Ernährung der Menschheit?

JOHANNES SIEMENS

Österreich und Luxemburg verbieten den Import von genmanipuliertem Mais. In Frankreich stoppt ein Gericht den Handel mit diesem Mais, und gleichzeitig verweigert die französische Regierung transgenem, also in der Erbsubstanz verändertem, Raps die Zulassung, obwohl dieser von der EU bereits zugelassen war. Die politische Stimmung in Europa scheint 1998 feindlich gegenüber Gentechnologie an Pflanzen zu sein, während in den USA genmanipulierte Sorten von Mais, Sojabohne, Raps und Baumwolle 1997 und 1998 von den Farmern so sehr nachgefragt wurden, daß das Saatgut einiger Sorten knapp wurde.

Die genmanipulierten *Flavr-Savr*-Tomaten waren in den USA Anlaß, Cocktailparties mit Tomaten zu geben. Dort, im selbst ernannten Brotkorb der Welt, gilt Gentechnologie an Pflanzen als Basis einer zweiten Grünen Revolution, die die Welternährung auch in zwanzig Jahren noch sicherstellen wird. Das Schweizer Unternehmen *Novartis* kann dort den Mais erfolgreich vertreiben, der in Frankreich gerichtlich gestoppt wurde. Ist dies übertriebener US-amerikanischer Fortschrittsoptimismus und gibt es einen begründeten Anlaß zur Besorgnis, oder ist diese Situation nur ein Ausdruck des stark politisch beeinflußten Agrarsystems in Europa?

## Möglichkeiten der Gentechnologie

Die klassische Züchtung basierte auf der Kreuzung von zwei Pflanzen und der Selektion von Pflanzen mit den gewünschten Eigenschaften in der Nachkommenschaft. Der klassische Züchter kann dabei immer nur auf der Ebene der Einzelpflanze mit all ihren Genen, also ihrem Genom, und entsprechenden Eigenschaften selektieren. Er kann die Vielzahl der Gene nur neu mischen, indem er aus der Vielzahl der unterschiedlichen Nachkommen die gewünschte Neukombination aussucht. Aus dieser Art der Züchtung sind insbesondere in den letzten fünfzig Jahren die heutigen Hochleistungssorten hervorgegangen. Mit dieser Züchtung benötigt man heute etwa 10–15 Jahre für eine neue Sorte. Gentechnologische Methoden schaffen diese langwierige Arbeit des Züchters keineswegs ab, sondern ergänzen diese.

Die Kunst der Gentechnologie besteht darin, einzelne isolierte Gene, die neue Eigenschaften vermitteln sollen, im Reagenzglas zurechtzuschneidern und danach diese Konstrukte in Pflanzenzellen einzuschleusen. Aus solchen transformierten Pflanzenzellen müssen dann zunächst die Zellen mit den neuen Eigenschaften selektiert werden. Schließlich gilt es, aus diesen selektierten Zellen wieder vollständige, nun transgene Pflanzen zu regenerieren.

Aufgrund der sehr hohen Regenerationsfähigkeit der meisten Pflanzen und mit Hilfe von zwei wichtigen Gentransfer-Methoden kann dies heute bei mehr als 120 Pflanzenarten, darunter allen wichtigen Kulturpflanzen, in der Gewebekultur erreicht werden.[1, 16] Allerdings gelingt dies in der Regel nur für einige Sorten einer Art und keineswegs für alle Sorten. Wo Gentechnologie angewendet wird, verengt sich somit oft das Spektrum der verwendeten Sorten.

Ein Gen bedeutet in diesem Zusammenhang ein Stück DNA, das in der Sequenz der Nukleinsäurebasen die Kodierung für zwei wesentliche Elemente enthält. Zum einen besitzt es die Information für das Protein, das die neue Eigenschaft vermittelt, also das Strukturgen, zum anderen die Information, wann und wo dieses Protein in der Pflanze gebildet werden soll, den sogenannten Promotor. Für die Eigenschaft „Herbizidresistenz" besteht das vollständige Gen aus dem Strukturgen, das die Information für ein Herbizid-abbauendes Protein trägt, und aus dem Promotor, der das Protein in allen Pflanzenteilen zu allen Entwicklungsphasen der Pflanzen ablesen läßt. Das verzögerte Weichwerden der Tomate oder anderer Früchte ist für die Transport- und Lagerfähigkeit von ausschlaggebender Bedeutung. Hierfür muß das entsprechende Gen in der Frucht nur während der Reifung aktiv sein. Für die Ölqualität beim Raps muß ein Gen nur in den Samen bei der Samenausbildung abgelesen werden. Alle diese regulierenden Promotoren sind neben vielen weiteren bekannt und stehen dem Gentechnologen für Neukombinationen zur Verfügung.

Die beiden wesentlichen Methoden, solche Konstrukte in Pflanzenzellen einzubringen, sind heute der Gentransfer per Partikel-Kanone und der *Agrobacterium*-vermittelte Gentransfer. Mit der Partikel-Kanone werden Gene auf kleinen Goldkügelchen mittels Luftdruck in Zellen hineingeschossen. Dabei werden zwar einige Zellen zerstört, aber andere nehmen die Gene auf und zeigen die neue Eigenschaft.[10] Beim *Agrobacterium*-vermittelten Gentransfer macht sich die Gentechnologie ein natürliches Bodenbakterium zu Nutze, das Pflanzen transformieren kann. Das Bakterium *Agrobacterium tumefaciens* ist der Erreger der Wurzelhalstumore und kann wenige Gene in Pflanzenzellen einschleusen, wenn es an eine Wunde der Pflanze gelangt.[17, 18] Dieser natürliche Gentransfer stimuliert die Pflanzenzellen um und führt zu einem Tumorwachstum an der Wundstelle. Innerhalb des Tumors wachsen und gedeihen die Bakterien, weil die Pflanzenzellen diese mit Nährstoffen versorgen. Die Gentechnologie „entwaffnete" das Bakterium, indem die tumorvermittelnden Gene aus der übertragenden Bakterien-DNA herausgeschnitten wurden. Der Gentransfer-Mechanismus des Bakteriums ist davon unberührt und kann nun genutzt werden, um gewünschte Gene an die Stelle der Tumor-Gene zu setzen und in Pflanzen einzuschleusen.

Dieses Verfahren wurde in den 80er Jahren entwickelt und verfeinert und ist zur Zeit das bedeutendste Verfahren der Gentechnologie an Pflanzen, da die meisten transgenen Pflanzen, die jetzt auf den Markt drängen, derart manipuliert wurden. Die Partikelkanone wurde später entwickelt, bekommt aber zunehmend Bedeutung aufgrund ihrer breiten Verwendbarkeit.

Ein weiteres zukunftsträchtiges Verfahren könnte der virusvermittelte Gentransfer werden. Dieses Verfahren hat heute in der Pflanzengenetik quantitativ keine Bedeutung, aber es ist einfach und billig.[5, 6, 11] Ähnlich wie beim Agrobakterium werden bei diesem Verfahren in der Natur auffindbare Genfähren, eben Pflanzenviren, verwendet. Die Viren werden ebenfalls „entwaffnet", also die krankheitsverursachenden Gene entfernt. An deren Stelle werden neue Genkonstrukte eingebaut. Ein derart manipuliertes Virus kann die Pflanze noch infizieren, sich im gesamten Pflanzenkörper verbreiten und die Pflanze zu neuen Eigenschaften umstimulieren.

Der wesentliche Unterschied zu den beiden anderen Verfahren besteht darin, daß das Virus die Fremd-DNA nicht in das Pflanzengenom einbaut. Es entstehen keine stabil transformierten Pflanzen, denn die Samen sind virusfrei und zeigen die neue Eigenschaft nicht mehr. Der bedeutende Vorteil des virusvermittelten Gentransfer besteht in der Unabhängigkeit von der Gewebekultur und den Sorten. Virus-vermittelter Gentransfer kann direkt auf dem Feld des Bauern ausgeführt werden, indem die Pflanzen mit einem geeigneten manipulierten Virus besprüht werden. Ein bis zwei Wochen danach zeigen alle Pflanzen auf dem Feld die neue Eigenschaft.[5,6] Diese Virus-Genfähren sind bisher nur bei wenigen Pflanzenarten, z.B. Tabak und Tomate, etabliert worden, so daß die Bedeutung des Verfahrens bisher noch gering ist, aber potentielle Virus-Genfähren sind für nahezu alle Kulturarten bekannt.

## „Terminatortechnologie" – ein Beispiel

Im März 1998 erhielt das Saatgutunternehmen *Delta and Pine Land Company* (USA), eine Tochterfirma von *Monsanto* (USA), in den Vereinigten Staaten ein Patent auf eine gentechnologische Manipulation, die Saatgut chemisch induzierbar keimunfähig macht. Die Leistungsfähigkeit der Gentechnologie läßt sich am Beispiel dieser Technologie aufzeigen, die von den Kritikern griffig „Terminatortechnologie" getauft wurde. Gleichzeitig verdeutlicht sie auch die unterschiedlichen Interessen von Züchtern bzw. von Gentechnologen einerseits und von Anwendern andererseits.

Die Terminatortechnologie basiert auf drei Genen, die unterschiedlich reguliert werden (Abb. 4-1). Das Repressor-Gen *(1)* wird konstitutiv, also ohne Eingriff regulierender Gene abgelesen, so daß stetig Repressor-Protein gebildet wird. Über das Repressor-Protein wird das Rekombinase-Gen *(2)* reguliert. Ohne Zugabe von Tetracyclin bindet das Repressor-Protein an einer be-

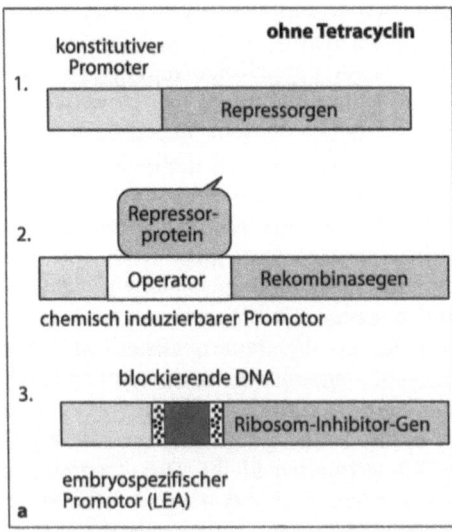
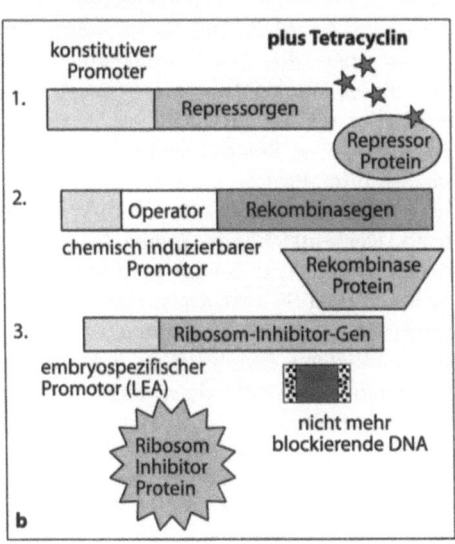

stimmten Stelle des Rekombinase-Gens, die Operator genannt wird, und unterbindet damit die Produktion des Enzyms Rekombinase. Das Gen bleibt demzufolge inaktiv. Das dritte Gen kodiert ein Ribosom-Inhibitor-Protein (3). Es wird reguliert von einem Promotor, der nur in der sehr späten Embryonalentwicklung der Pflanze aktiv ist. Zwischen Promotor und Strukturgen dieses Gens wurde eine blockierende DNA eingesetzt. Damit ist dieses Gen ebenfalls inaktiv. Solange das Gen für das Ribosom-Inhibitor-Protein nicht abgelesen wird, produziert eine solche transgene Pflanze normalen keimfähigen Samen. Saatgut kann vom Züchter in großer Menge produziert werden.

Die zum Verkauf an die Bauern anstehenden Samen werden nun mit Tetracyclin, einem chemisch synthetisierten Antibiotikum, behandelt. Tetracyclin bindet am Repressor-Protein, das dadurch seine Gestalt, seine Konformation, verändert und nicht mehr an die DNA gebunden bleibt. Das Rekombinase-Gen kann jetzt abgelesen werden, und das Enzym Rekombinase entsteht. Dieses Enzym ist in der Lage, sequenzspezifisch DNA-Stücke aus einer DNA herauszuschneiden. Die blockierende DNA im Ribosom-Inhibitor-Gen trägt die Erkennungssequenzen für die Rekombinase, und dieses Stück DNA wird jetzt entfernt.

Das Gen wird aber erst in der nächsten Generation abgelesen, und zwar beim Embryo im Samen. Erst zu diesem Zeitpunkt entsteht Ribosom-Inhibitor-Protein und wirkt als Zellgift. Weil es die Proteinbiosynthese in den Zellen inhibiert, tötet es wichtige Embryozellen ab. Der entstehende Samen hat alle Eigenschaften eines guten Ernteproduktes, z. B. Backqualität von Weizen, Futterqualität von Mais, Ölqualität von Raps, aber er ist nicht mehr in der Lage, zu einer neuen Pflanze auszukeimen.

Eine solche komplizierte Kombination von Strukturgenen und regulierenden Sequenzen muß für diese Technologie in eine Pflan-

**Abb. 4-1 a, b.** Die „Terminatortechnologie": Solange die Pflanzen nicht mit Tetracyclin in Kontakt kommen (**a**) bilden sie keimfähige Samen und können vermehrt werden. Wenn Pflanzen mit Tetracyclin behandelt werden (**b**), bindet Tetracyclin am Repressor-Protein, wodurch dieses sich vom Operator ablöst. Die Rekombinase wird gebildet und entfernt die blockierende DNA vor dem Ribosom-Inhibitor-Gen. Solche Pflanzen bilden Samen mit Embryonen, die in einem sehr späten Embryonalstadium durch das Ribosom-Inhibitor-Protein abgetötet werden. Die Samen sind nicht mehr keimfähig (weitere Erläuterungen s. Text)

ze eingebracht werden, damit einerseits der Züchter seine Sorte noch beliebig oft vermehren kann. Andererseits kann der Bauer diese Sorte nicht mehr nachbauen, aber er kann trotzdem aus diesem Saatgut oft ein gutes Produkt ernten. Der Züchter muß nur noch das Saatgut vor dem Verkauf chemisch behandeln. Aus der Sicht eines Züchters bietet die Terminatortechnologie die Möglichkeit, den Bauern jedes Jahr zum Kauf des Saatgutes zu zwingen.

Bisher mußten die Züchter den Bauern überzeugen, daß von ihnen geliefertes Saatgut gegenüber dem Nachbau Vorteile bietet. Deutliche Vorteile hat Züchter-Saatgut oft aber erst nach ein bis zwei Jahren Nachbau. Daher nutzen viele Bauern selbst in den Industrienationen einen Teil ihrer Ernte im nächsten Jahr als Saatgut. In Entwicklungsländern liegt die Quote des Nachbaus deutlich höher als in den Industrienationen und erreicht bei einigen Kulturarten nahezu hundert Prozent. In den Augen eines Züchters bedeutet dies einen großen Gewinnausfall, wenn seine Sorten vom Bauern derart entgeldlos weiter genutzt werden können. Deshalb konnte *Delta and Pine Land Company* die Technologie auch als Mittel zum Schutz US-amerikanischer Erfindungen anpreisen und zumindest bei Züchtern viel Beifall ernten.

## Grenzen der Methodik

Im Prinzip erscheint heute die genetische Manipulation von Kulturpflanzen, einschließlich der beiden Hauptnahrungspflanzen Weizen und Reis, mit einzelnen Genen weitgehend unbeschränkt möglich zu sein. Allerdings besteht dieses Potential vorerst nur für Eigenschaften, die durch einzelne oder nur wenige Gene bestimmt werden. Genetisch komplexere Merkmale wie Kälteverträglichkeit, Vegetationszeit, Dürre- und Salztoleranz bleiben bisher der klassischen Selektion und Züchtung vorbehalten. Gentechnologie in Kombination mit Informationstechnologie kann heute sehr viele Gene sehr schnell analysieren, aber nicht Pflanzen mit vielen Genen, die in komplexen Wechselwirkungen stehen, sinnvoll manipulieren.

Nicht zuletzt deshalb betrachten selbst Gentechnologen zunehmend ihr Repertoire nur mehr als Ergänzung zur klassischen Züchtung und nehmen Abschied von ihren allzu vollmundigen

Versprechungen vergangener Tage. Nur wenn wertvolle Gene, die ein oder wenige Merkmale bestimmen, in Sorten mit vielen weiteren guten Eigenschaften eingebracht werden können, haben diese genmanipulierten Pflanzen auf dem Markt eine Absatzchance.

Zur Zeit ähnelt sich das Spektrum der transferierten Gene daher auch für die meisten Pflanzen stark. Pflanzen mit transferierten Genen für Herbizidresistenz, für Insektenfraßschutz mittels *Bacillus thuringiensis*-Toxin (Bt-Toxin) und für Virusresistenz dominieren den Markt (Tabellen 4-1 a, b).[4] Es gibt auch bereits einige Sorten mit Krankheitsresistenzen gegen Pilze oder Bakterien. Zunehmend kommen auch Sorten auf den Markt, die mehrere neue transgene Eigenschaften kombiniert haben, z. B. Herbizidresistenz und Virusresistenz. In der Entwicklung befindet sich die zweite Generation transgener Pflanzen, bei der komplexere Merkmale wie Qualitätseigenschaften für die Weiterverarbeitung verändert werden, wie beispielsweise Ölqualität vom Raps als technischer Rohstoff, farbige Fasern der Baumwolle, Eigenschaften der Stärke in der Kartoffel zur Erzeugung von kompostierbarem Kunststoff. Das Spektrum der manipulierten Eigenschaften wird sich ohne Zweifel auffächern, aber auf absehbare Zeit wird Gentechnologie nur wenige Gene gleichzeitig manipulieren können.

## Gefahren der Gentechnologie

Gefahren für Mensch und Umwelt zwingen den Gesetzgeber zu handeln, und entsprechend werden die ökologischen Gefahren der Gentechnologie von den Kritikern in den Vordergrund gestellt. Eines der Hauptargumente ist die Unumkehrbarkeit einer Freisetzung von transgenen Organismen. Das Kardinalkriterium einer fehlertoleranten Technologie, die „Rückholbarkeit", kann die Gentechnologie nicht erfüllen, und insofern ist Vorsicht geboten. Darauf bauen einige Szenarien der Kritiker auf, die mögliche Gefahren der Gentechnologie skizzieren, die sich u. U. erst in Jahrzehnten zeigen.

Die Ausbreitung von Genen in Wildkräutern wird als wahrscheinlich dargestellt und als Gefahr im Zusammenhang mit Herbizidresistenz und dem Bt-Toxin angesehen. Der Transfer von

**Tabelle 4-1.** Weltanbaufläche transgener Pflanzen nach **a** Eigenschaften und **b** Artenaufschlüsselung. Die Hauptanbauländer transgener Nutzpflanzen waren die USA, Kanada, China und Argentinien. Der relative Anteil transgener Sorten am Gesamtmarkt ist in der Regel niedrig. Für die Sojabohne betrug er weltweit 1997 etwa 8%, wobei in den USA (4 Mio. ha) der Anteil 1997 bereits bei ungefähr 20% lag. Die Zahlen in diesen Tabellen sind trotz der neuen Statistik bereits veraltet, weil der Markt sehr dynamisch ist und die Steigerungsraten auch 1998 ähnlich hoch waren wie 1997 (Quelle: James 1998). Eine aktuelle Übersicht ist für den nordamerikanischen Markt sehr schnell aus dem Internet zu erhalten, für die USA: (http://www.aphis.usda.gov/bbep/bp/database.html) und (http://www.nbiap.vt.edu), für Kanada: (http://www.cfia-acia.agr.ca/english/plant/pbo/home_e.html)

|  | 1996 [Mio. ha] | 1997 [Mio. ha] |
|---|---|---|
| **a) Eigenschaften** | | |
| Herbizidresistenz | 0,6 | 6,9 |
| Insektenfraßschutz | 1,1 | 4,0 |
| Virusresistenz | 1,1 | 1,8 |
| Insektenfraßschutz und Herbizidresistenz | – | <0,1 |
| Qualitätsveränderungen | <0,1 | <0,1 |
| **Gesamt** | 2,8 | 12,8 |
| **b) Arten** | | |
| Tabak | 1 | 1,6 |
| Mais | 0,3 | 3,2 |
| Sojabohne | 0,5 | 5,1 |
| Kartoffel | <0,1 | <0,1 |
| Tomate | 0,1 | 0,2 |
| Raps | 0,1 | 1,2 |
| Baumwolle | 0,8 | 1,4 |
| **Gesamt** | 2,8 | 12,8 |

Pflanzengenen auf Bodenbakterien wird problematisiert im Zusammenhang mit den Antibiotikaresistenzgenen, die in vielen transgenen Pflanzen als Markergene noch Verwendung finden. Das allergene Potential einiger Eigenschaften wird thematisiert und dient als Argument für die Kennzeichnungspflicht der Produkte.

Gentechnologen halten dem entgegen, daß die jeweiligen Wahrscheinlichkeiten verschwindend klein sind und in Relation zu anderen von der Gesellschaft tolerierten Gefahren vernachlässigbar seien. Aus der Sicht eines Gesetzgebers, der einem Gleichheitsgrundsatz verpflichtet ist und Maß zu halten hat, wenn er Gefahren durch Verbote einschränken will, haben die Gentechnologen in den meisten Fällen Recht, wenn man die bisherige Erfahrung mit der Gentechnologie zugrunde legt.[1]

Auskreuzung wird es mit den verwandten Wildkräutern unserer Kulturarten in geringem Maße geben, so daß Gene in diese Arten transferiert werden. Für die Herbizidresistenz bedeutet dies, daß der Bauer auf längere Sicht mit resistenten „Unkräutern" konfrontiert sein wird. Herbizidresistenzgene werden deshalb beim Reis nicht vorrangig eingebracht, weil Reis in Regionen angebaut wird, wo viele Kreuzungspartner zu finden sind. Aber was ist der ökologische Schaden neben der wirtschaftlichen Einbuße für die entsprechenden Firmen? Bt-Toxin-Gene werden ebenfalls durch Auskreuzung auf Wildkräuter übertragen, aber ein nennenswerter ökologischer Schaden kann nur dann angenommen werden, wenn nahezu alle Fraßpflanzen für einen bestimmten Organismus resistent werden und dieser damit aussterben würde, sofern sich nicht toxinresistente Formen entwickeln würden.

Dieser Fall ist nicht wahrscheinlich angesichts der Zeiträume, die notwendig wären, bis sich solche Gene ausgebreitet hätten, zumal bereits heute toxinresistente Formen einiger Fraßschädlinge der Sojabohne bekannt sind. Antibiotikaresistenzgene werden vermutlich von Bakterien im Maisacker aufgenommen, wobei es dem Bakterium gleichgültig sein wird, ob dieses Gen von der Vielzahl anderer Bodenorganismen stammt, die solche Resistenzgene als Schutz gegen antibiotikaproduzierende Pilze entwickelt haben, oder aber von den transgenen Maispflanzen beziehungsweise deren Resten. Mit dem Mais wird ein winziger Bruchteil solcher Gene der natürlichen Menge im Boden zugefügt. Darüber hinaus sind die Genkonstrukte im Mais mit einem Promotor kombiniert, der in den meisten Bakterien nicht zu einem abgelesenen Gen führt.

---

[1] Zwei leicht zugängliche Beispiele für eine solche Auseinandersetzung mit jeweils eindeutigen Positionen bilden die Internet-Seiten des Schweizer Konzerns *Novartis* (http:/www.novartis.com/biotech/bio_e.html) und *Greenpeace* (http:/www.greenpeace.org/~geneng/reports/biosafety1.html).

Der Weg dieser Gene aus den Bodenbakterien in Humanpathogene ist denkbar aber wiederum unwahrscheinlich. Dieses „Mehr" auf dem Acker wird zu einer irrelevanten Gefahr, wenn man sie in Relation zur Selektion auf Antibiotikaresistenz in Krankenhäusern stellt. Hier treten vielfachresistente Formen von Pathogenen aufgrund des übermäßigen Gebrauchs von Antibiotika sowohl bei Patienten als auch in den Abwässern auf.

Mißstände in anderen Bereichen bilden keine Rechtfertigung für Fehlentwicklungen, und es soll hier kein Freibrief für die Gentechnologie ausgestellt werden. Gentechnologie arbeitet mit vermehrungsfähigen Produkten, eben mit Organismen, und Biologen müssen sich immer wieder eingestehen, daß sie viele komplexe Wechselwirkungen in der Natur noch nicht durchschaut haben. Der virusvermittelte Gentransfer könnte zu neuen, problematischen Virusformen führen. Impfstoffe, so z.B. Hüllproteine von humanpathogenen Viren in transgenen Bananen[8,9] könnten problematisch werden, weil man solchen Bananen den Impfstoff nicht ansehen kann. Eine behördliche Kontrolle der Gentechnologie ist daher durchaus sinnvoll, ebenso wie eine intensive Einzelfallprüfung der transferierten Eigenschaften.

Aber diese starke Betonung der zunächst einmal hypothetischen ökologischen Gefahren in der Diskussion verstellt den Blick für die unbestreitbaren und heute schon realen sozioökonomischen Gefahren, die mit der Gentechnologie einhergehen. Für die meisten dieser Prozesse ist die Gentechnologie selbst nicht ursächlich, sondern verstärkt nur Tendenzen, wie die starken Konzentrationsprozesse im internationalen Saatguthandel und auf dem Agrarchemikalienmarkt.[14] Auch die Verarmung des Arten- und Sortenspektrums im landwirtschaftlichen Anbau ist eine Tendenz der industriellen Landwirtschaft, die durch die Gentechnologie erheblich verstärkt wird. Allerdings wäre die Ausweitung des Patentrechtes auf Lebewesen ohne den technologischen Schub der Genmanipulation kaum denkbar gewesen, und das Patenrecht ist zentraler Gegenstand der aktuellen politischen Auseinandersetzungen im Rahmen der Landwirtschaft.[12]

Denn es hängt von vielen Faktoren ab, ob das unbestrittene Potential der Gentechnologie genutzt wird, um Designer-Pflanzen für den zahlungskräftigen Markt der Industrienationen zu entwickeln, oder aber nutzbringend für viele Menschen eingesetzt werden wird und ein Instrument gegen den Welthunger sein kann. Die realen technologischen Möglichkeiten sind bisher ebensowenig vollständig ausgelotet wie mögliche Gefahren. Ob Gentechnologie wirklich hilfreich sein kann oder aber eher in eine Sackgasse mündet, gilt es noch herauszufinden.

Welche Fragestellungen als wertvoll und forschungswürdig angesehen werden (Herbizidresistenz oder Krankheitsresistenz, Hochleistungssorten oder die sogenannten „Low-input"-Sorten für weniger intensive Bewirtschaftung), werden einerseits vom Markt sowie von ökonomischen Bedingungen bestimmt und andererseits von der öffentlich-finanzierten Forschung, beispielsweise in den Internationalen Agrarforschungszentren. Inwieweit die öffentliche Agrarforschung aber Potentiale ausschöpfen kann, ist nicht zuletzt von internationalen Verträgen abhängig wie z. B. der *Convention on Biological Diversity*, dem *International Undertaking* der FAO (Food and Agricultural Organization der Vereinten Nationen), dem Patentrecht oder auch den TRIPS-Verhandlungen (*Trade Related Aspects of Intelectuell Property Rights*) und der *World Trade Organisation* (WTO).[12, 15]

## Internationale Verträge und Gentechnologie

Von zentraler Bedeutung für die sozioökonomischen Auswirkungen der Gentechnologie sind die damit verbundenen Schutzrechte des geistigen Eigentums, insbesondere das Patentrecht und der Sortenschutz. Das Sortenschutzwesen gesteht dem Sortenzüchter ein Alleinvertriebsrecht zu, stellt aber sowohl dem Bauern die Nutzung eines Teils seiner Ernte als Saatgut im nächsten Jahr ausdrücklich frei, als auch den anderen Züchtern die Nutzung jeder Sorte zur weiteren Züchtung. Das Patentrecht ermöglicht demgegenüber, dies zu verbieten oder dafür Lizenzgebühren zu verlangen.

Darüber hinaus eröffnet das Patentrecht die Möglichkeit, auch Konsumgüter, wie Früchte, Gemüse, Viehfutter, pflanzliche Industrierohstoffe und anderes, in die Ansprüche einzubeziehen. Durch die Bestimmungen internationaler Abkommen und bilateraler Verträge sind die Entwicklungsländer verpflichtet, diese Schutzrechtssysteme in nationales Gesetz umzusetzen und hierbei auch die ökonomisch wichtigste Ebene der Nutzpflanzen zumindest mit einem Mindestmaß einzubeziehen. Die TRIPS-Bestimmungen verpflichten die Staaten, einen Sortenschutz für Pflanzen einzuführen. Die *Convention on Biological Diversity* zwingt die Unterzeichnerstaaten, bei der Umsetzung des angestrebten Technologietransfers einen angemessenen und wirkungsvollen Schutz für die transferierten Technologien zu gewährleisten.

Alle internationalen Verträge sind durchzogen von den Aspekten Schutz der Technologie (des Nordens) und Transfer der Technologie von Nord nach Süd im Austausch gegen einen freien Zugriff auf die genetischen Ressourcen, die überwiegend im Süden zu finden sind oder aber in internationalen Genbanken eingelagert werden.[12,15] Die Lagerbestände in den Kühlhäusern der Genbanken und auch die Bestände der Botanischen Gärten sind nicht Gegenstand der Konvention. Die Zugriffsrechte auf dieses umfassende Material sind Gegenstand des *International Undertaking* der FAO, das von sehr ähnlichen politischen Diskussionen geprägt ist und sich an die Konvention anlehnen soll. Im Rahmen der *Convention on Biological Diversity* wurde (Vorgabe: bis April 1999) ein *Biosafety*-Protokoll ausgearbeitet, das künftig international einen Mindeststandard für gentechnologische Freisetzungen vorgeben wird. Für die Länder des Südens ist dies ein kleines Bollwerk gegen den Mißbrauch als Experimentierfeld des Nordens.

Eine spezielle Überprüfungskonferenz wird sich 1999 dem Thema des Schutzes geistigen Eigentums an lebender Materie widmen. Die Ergebnisse dieser Konferenz werden in TRIPS Eingang finden, und es wird allgemein erwartet, daß die Industrienationen ihre Normen verstärkt durchsetzen können.[12]

Die zentralen Verhandlungsforen für die Ausgestaltung dieser Regelwerke sind die WTO, die *Convention on Biological Diversity* und die FAO. Der Ausgang dieses politischen Tauziehens wird wesentlich darüber entscheiden, in welchen Rahmenbedingungen Gentechnologie eingebettet sein wird. Diese Rahmenbedingungen werden die Spielräume sowohl der Privatwirtschaft als auch der öffentlichen Forschung begrenzen.

## Gentechnologie und Welthunger – das Beispiel Reis

Wenn die Rahmenbedingungen es denn zulassen, könnte Gentechnologie an Pflanzen als Basis einer 2. Grünen Revolution die Welternährung auch in zwanzig Jahren noch sicherstellen? Am Beispiel Reis läßt sich diese Frage nicht endgültig beantworten, aber verschiedene Aspekte lassen sich am Reis verdeutlichen, nicht zuletzt weil Reis für die 1. Grüne Revolution enorme Bedeutung hatte.

Für nahezu die Hälfte der Menschheit bildet Reis die wesentliche Nahrungsgrundlage. In Asien ist er die wichtigste Nahrungspflanze. Reis kann aufgrund der Vielfalt der verschiedenen Sorten zwischen dem 45. nördlichen und dem 35. südlichen Breitengrad in unterschiedlichsten Klimaten und Bodenqualitäten in Trocken- oder Wasserreiskultur angebaut werden. Über 90% der Welternte werden in Asien erzeugt, etwa 55% allein in China und Indien.

Reis war lange Zeit ein Stiefkind der Gentechnologie, weil es schwierig war, die Pflanze zu transformieren und weil ein großer Teil der Weltanbauflächen von Subsistenzbauern bestellt wird, die an sogenannten Low-input-Sorten mit geringem Pflegeaufwand interessiert sind. Aber insbesondere japanische Firmen arbeiten seit längerem an der Manipulation von Reis, und die Pflanze kann heute mit mehreren Verfahren transformiert werden. Die meisten transgenen Reispflanzen zeigen Eigenschaften, wie sie von den anderen Pflanzen bekannt sind.[7]

Eine Besonderheit der Pflanze besteht aber darin, daß viele Forschungsprojekte in Kooperation mit den Internationalen Agrarforschungsinstituten laufen, insbesondere dem *International Rice Research Institute* (IRRI, Philippinen). Selbst große Konzerne suchen den Kontakt zum IRRI. Beispielsweise überließ Novartis dem IRRI das patentierte Bt-Toxin-Gen, allerdings mit dem Recht, eine Kommerzialisierung bestimmter Formen unterbinden zu können.[7] Das IRRI ist prädestiniert, bei einer zukünftigen 2. Grünen Revolution eine ähnliche zentrale Rolle zu spielen wie in der 1. Grünen Revolution. Durch die Verteilung seiner Hochleistungssorten war es damals der Hauptpromotor. Gleichzeitig sammelte es mit umstrittenen Mitteln die traditionellen Landsorten, die von den Hochleistungssorten verdrängt wurden.[2,13] Dadurch wurde es zur größten Genbank für Reis, mit ca. 21% der eingelagerten Weltbestände, was seine heutige Bedeutung teilweise begründet. Wie stehen nun die Chancen für einen Erfolg und welche Rolle spielt die Gentechnologie?

Seit dem Beginn der Grünen Revolution, d.h. der Einfuhr von Hochertragssorten aus den *International Agricultural Research Centers* (IARCs) und der Industrialisierung der Landwirtschaft, entwickelte sich beispielsweise Indien vom Nahrungsmittelimporteur zu einem bedeutenden Exporteur. Der Mehrertrag der konventionell gezüchteten Hochleistungssorten gegenüber traditionellen Sorten wurde auf durchschnittlich 50–100% geschätzt. Er ließ sich aber nur mit einem deutlich gesteigerten Einsatz von chemischem Dünger, Pestiziden sowie Bewirtschaftungs- und Bewässerungstechnik erlangen.

Die Kombination aus industrialisierter Landwirtschaftstechnik und besseren Sorten erlaubte in der Summe in einigen Regionen eine Vervierfachung der Erträge. Der Erfolg der Hochertragssorten beruhte im wesentlichen darauf, daß diese Sorten chemische Düngung in Kornertrag und nicht in Strohertrag umsetzten. Der Kornertrag wurde zum Hauptmerkmal. Dadurch produziert Indien als siebtgrößtes Land der Erde heute von den beiden bedeutendsten Kulturpflanzen ungefähr 20% (Reis) und ungefähr 10% (Weizen) der Weltproduktion. Drastische soziale Veränderungen wie die Verarmung der Kleinbauern und Landflucht gingen einher mit diesem Erfolg. Die industrialisierte Landwirtschaft verdrängte eine Vielzahl lokaler Landsorten und die traditionellen Anbaumethoden in vielen Gebieten. Maschinen und Chemikalien ersetzten die menschliche Arbeitskraft.

Gemäß einer IRRI-Studie[3] muß die Ertragssteigerung der 1. Grünen Revolution nochmals wiederholt werden, wenn z.B. die indische Reisproduktion mit dem Bevölkerungswachstum Schritt halten soll und pro Kopf 300 kg Reis pro Jahr produziert werden sollen. Der durchschnittliche Ertrag aller agrarökologischen Regionen in Indien müßte von heute etwa 2,7 t/ha auf 5,4 t/ha im Jahre 2020 ansteigen. Der maximal mögliche Ertrag wird auf etwa 5,9 t/ha geschätzt. Indien könnte somit, ähnlich wie die Philippinen und Vietnam, gerade noch Selbstversorger bleiben. Im Gegensatz dazu klafft im Jahre 2020 in China eine Lücke zwischen maximal möglichem Ertrag mit 7,6 t/ha und dem zu erwartenden Bedarf von 8,9 t/ha.

Gemäß dieser IRRI-Studie[3] werden die Ertragssteigerungen im wesentlichen aber keine Folge der Gentechnologie sein. Die 2. Grüne Revolution wird vielmehr, sofern sie Realität wird, durch eine Optimierung des Anbaus und der Verwendung von Dünger und Pestiziden bedingt sein. Dabei wird eine Ausweitung der Hochleistungssorten auf alle verfügbaren Anbauflächen einschließlich der damit verbundenen Produktionsformen projiziert. Der Beitrag der Gentechnologie wird klein sein, weil Genmanipulation Ertragsverluste durch biotische Faktoren möglicherweise beeinflussen kann, aber für die abiotischen Faktoren wie Wasserverfügbarkeit und Bodenqualität, die über achtzig Prozent der Ertragsverluste bedingen, bisher keine Manipulationsmöglichkeiten kennt.

Eine solche 2. Grüne Revolution würde vermutlich ähnliche soziale Konsequenzen wie die erste hervorrufen. Ebenso bedeutet dieses Szenario eine Verdrängung von „Low-input"-Technologien, wie kleinräumiger Mischanbau einheimischer, angepaßter Arten oder die Aufbesserung von proteinarmen aber zuckerreichen Pflanzen durch hauseigene Fermentierung. Im Gegensatz zur modernen Landwirtschaft, wo die Maximierung des Ertrags enorm wichtig ist, zielen Subsistenzbauern durch die Mischung ihrer Kulturen auf maximale Ertragssicherheit. Diese Herangehensweise und die vielfältigen Formen des kleinbäuerlichen Anbaus waren Voraussetzung für die Entstehung und den Erhalt des genetischen Reichtums im Feld. Eine Realisierung dieser 2. Grünen Revolution bedeutet also ein großes Risiko in bezug auf die genetischen Ressourcen, denn sie sind die Basis zukünftiger Pflanzenzüchtung.

## Fazit

Gentechnologie besitzt ein umfassendes Potential, das mit den heute auf den Markt drängenden Pflanzen nicht ausgeschöpft ist. Alle Aussagen über eine zwanzig Jahre entfernte Zukunft sind aber sehr unsicher. Eine eindeutige Antwort auf die Bedeutung der Gentechnologie für die Welternährung kann man nicht geben. Wenn man fortschrittsoptimistisch denkt, dann ist ein solcher Zeitraum angefüllt mit neuen vielversprechenden Forschungsergebnissen. Gentechnologie ist eine Querschnittstechnologie, die sich auch in der Landwirtschaft beziehungsweise in bezug auf die Welternährung nicht auf Pflanzen zu beschränken braucht. Die Möglichkeiten der Gentechnologie können aber nicht losgelöst von den ökonomischen und sozialen Bedingungen betrachtet werden.

Die politische Diskussion, die in Europa die Auseinandersetzung über die technologieimmanenten Gefahren der Gentechnologie überlagert, ist insofern richtig und berechtigt. Die Instrumente und Foren dieser Diskussion mögen manchmal fraglich und wissenschaftsfremd erscheinen, weil Wissenschaftler es nicht gewohnt sind, sich einer Öffentlichkeit und deren andersartigen Argumentationen zu stellen. Gentechnologie ist aber keine reine, hehre Wissenschaft und ihre Lösungsansätze müssen im gesellschaftlichen Kontext bewertet werden.

## Literatur

1. Birch RG (1997) Plant transformation: Problems and strategies for practical application. Annual Review of Plant Physiology: Plant Molecular Biology 48:297-326
2. Dogra B (1991) The life and work of Dr. R. H. Richharia. Social Change Papers, New Delhi
3. Hossain M (1997) Rice supply and demand in Asia: a socioeconomic and biophysical analysis. In: Teng PS, Kropff MJ, ten Berge HFM, Dent JB, Lansigan FP, van Laar HH (eds) Applications of systems approaches at the farm and regional levels. Kluwer, Dordrecht. – [Diese und viele weitere Informationen zum Reis sind auf den Internet-Seiten des International Rice Research Institute (http://www.cgiar.org/irri/riceweb) leicht zugänglich]
4. James C (1998) Global status and distribution of commercial transgenic crops in 1997. Biotechnology and Development Monitor 35:9-12
5. Kumagai MH, Keller Y, Bouvier F, Clary D, Camara B (1998) Functional integration of non-native carotenoids into chloroplasts by viral-derived expression of capsanthin-capsorubin synthase in *Nicotiana benthamiana*. Plant Journal 14 (3):305-315
6. Kumagai MH, Donson J, Dellacioppa G, Harvey D, Hanley K, Grill LK (1995) Cytoplasmic inhibition of carotenoid biosynthesis with virus derived RNA. Proceedings of the National Academy of Science, USA 92:1679-1683
7. Martinez i Prat A (1998) Genetech preys on the paddy field. Seedling 15 (2):10-20
8. Mason HS, Ball JM, Shi JJ, Jiang X, Estes MK, Arntzen CJ (1996) Expression of Norwalk virus capsid protein and its oral immunogenicity in mice. Proceedings of the National Academy of Science, USA 93:5335-5340

9. May GD, Afza R, Mason HS, Wiecko A, Novak FJ, Arntzen CJ (1995) Generation of transgenic banana plants (*Musa acuminata*) via *Agrobacterium*-mediated transformation. Biotechnology 13:486–492
10. Sanford JC, Smith FD, Russell JA (1993) Optimizing the biolistic process for different biological applications. Methods in Enzymology 217:483–509
11. Scholthof HB, Scholthof KBG, Jackson, AO (1996) Plant virus gene vectors for transient expression of foreign proteins in plants. Annual Review of Phytopathology 34:299–323
12. Seiler A (1998) Biotechnologie und Dritte Welt. Wechselwirkung 92:32–45
13. Siemens J (1995) Der große Gen-Raub. Wechselwirkung 75:45–49
14. Vellvé R (1992) Saving the seed. Earthscan, London
15. Visser B (1998) Effects of biotechnology on agro-biodiversity. Biotechnology and Development Monitor 35:3–7
16. Walden R, Wingender R (1995) Gene-transfer and plant-regeneration techniques. Trends in Biotechnology 13:324–331
17. Zambryski P (1988) Basic processes underlying *Agrobacterium*-mediated DNA transfer to plant-cells. Annual Review of Genetics 22:1–30
18. Zambryski PC (1992) Chronicles from the *Agrobacterium*-plant cell-DNA transfer story. Annual Review of Plant Physiology and Plant Molecular Biology 43:465–490

## KAPITEL 5

# Viren – Werkzeuge in den Biowissenschaften

MICHAEL F. G. SCHMIDT

*Hundestaupe, Schweinepest,*
*Klauenseuche, Vogelgrippe,*
*übrig bleibt ein kleiner Rest*
*als knöchernes Gerippe.*
*Viren haben diese Macht*
*über Tod und Leben,*
*doch können sie auch nützlich sein*
*für des Forschers Streben.* (elel/mfgs)

Vielleicht als Kontrapunkt zu einigen anderen Kapiteln dieses Buches, die eher zur kritischen Reflexion und zu „schweren" Gedanken Anlaß geben, möchte ich meine vorsichtige Begeisterung für die molekulare Forschung nicht verstecken, diese vielleicht sogar auf den Leser übertragen.

Da wir die Viren oft mit Leid und Angst in Verbindung bringen, mag der Versuch, diesen kleinen Ungetümen etwas Positives abzugewinnen, überraschen, vielleicht sogar hoffnungslos klingen. Mit Bakterien kann man wenigstens Yoghurt machen und mit Hefen Bier, aber mit Viren? Wenn das Vorhaben jedoch gelingt und der Leser die differenzierte, auch positivere Betrachtungsweise zum Virus übernimmt, könnte das dazu beitragen, auch mit all den anderen Themen dieses Buches etwas entspannter umzugehen. Das heißt, freilich nicht, daß hier die Kritikfähigkeit eingeschläfert oder gar geopfert werden soll, nein! Aber jegliche Absolutheitsansprüche der möglichen Interpretationen sollten zu Hause gelassen werden. Es wird immer zwei Seiten geben, sogar bei den so bösen Viren – wie Sie mir am Ende der Betrachtungen hoffentlich zustimmen werden.

Mit diesem Beitrag möchte ich ein wenig Entspannung bringen und dabei *drei* Ziele verfolgen:
1. das Phänomen „Virus bei Mensch und Tier" verständlich näherzubringen,
2. Interesse für die Grundlagenforschung zu wecken und darüber zu informieren,
3. dem Leser freudige Unterhaltung zu bieten.

Die beiden erstgenannten Ziele sollten erreichbar sein, denn sie sind deckungsgleich mit denen meines bisherigen Berufslebens, dessen „Überthema" immer das Virus im Kontext mit molekularen Vorgängen in der Zelle oder im Organismus war. Aber keine Angst! Niemand braucht zu befürchten, daß hier eine erschöpfende Darstellung aller fruchtbaren Verflechtungen zwischen Virus und biomedizinischer Forschung gegeben wird; das wäre einem allgemein interessierten Publikum angesichts der Fülle und Komplexität des Stoffes kaum zuzumuten. Statt dessen werden sich die Ausführungen v.a. auf die Forschungsfelder beschränken, mit denen ich selbst praktisch oder theoretisch befaßt war und die heute in meinen Labors im Abderhaldenhaus am historischen City Campus Veterinärmedizin der Freien Universität Berlin bearbeitet werden.

Problematischer ist das dritte Ziel, den zuweilen komplizierten Stoff so darzustellen, daß auch ein „normaler" Mensch ihn nicht nur verstehen kann, sondern zudem beim Lesen Spaß hat. Hierzu gibt es kein Patentrezept. Ich muß auf die positiven Erfahrungen aus meinen Bemühungen hoffen, den durch den Kultursog der Stadt abgelenkten und mittelmäßig motivierten Berliner Studenten den komplizierten Stoff der Veterinärimmunologie und Virologie schmackhaft zu machen (Ich kenne meine Studenten, die verzeihen mir diese Feststellung mit Sicherheit!).

## Über die Eigenschaften der Viren und deren Erforschung

### Viren sind „mausetot"!

Stellen Viren die primitivsten Lebensformen dar? Nein, nichts an der Grenze zwischen Leben und Tod, demnach also auch ungeeignete Objekte zur direkten Untersuchung des Übergangs von toter Materie zur Lebendigkeit – wie wir jetzt wissen. Auch wenn diese Frage früher ein wichtiger philosophisch fundierter Anreiz zur Virusforschung war,[29] für mich allemal, muß man heute klarstellen, daß im Laufe der Evolution lebende Zellen vor den Viren existierten, letztere sich also aus gewissen Teilen lebender Materie ableiten. Aber diese interessante Frage nach der Herkunft soll an anderem Ort diskutiert werden, wir wollen uns lieber diesen bizarren Objekten selbst zuwenden. Wie sehen sie nun aus, diese Viren, und woraus sind sie aufgebaut?

Winzige Knäuel, Bällchen oder Stäbchen meist aus ein paar bestimmten Eiweißen und verdrillten Fädchen mit der „software" zur eigenen Vervielfältigung, dem genetischen Material aus Nukleinsäure (entweder DNA oder RNA). Nur 20–100 nm im Durchmesser, d.h. von den kleineren müßten wir 50 000 Stück nebeneinander legen, um einen einzigen Millimeter abzudecken, weniger als die Kommata in diesem Text.

Häufig sind solche kernigen Strukturen schalenförmig angeordnet und von einem Fettbläschen umgeben, in dem charakteristische Eiweißstacheln, oft auch als „Spikes" bezeichnet, verankert sind. Von dieser Membranumhüllung aus Lipiden und v. a. von den darin steckenden Spikes werden wir noch einiges Spannendes hören.

All diese oben beschriebenen Viren stellen zwar tote Materie dar – aber wehe, wenn sie auf Leben treffen, in welches sie sich erfolgreich einschleichen! Wie wir alle aus hoffentlich nicht zu leidvoller persönlicher Erfahrung wissen, befallen Viren Mensch und Tier und verursachen eine Vielzahl von Krankheiten. Auch Pflanzen erkranken infolge von Virusbefall, und selbst Bakterien bleiben nicht ungeschoren. Letztere werden von winzigen Viren infiziert, die als Bakteriophagen bezeichnet werden, was u. U. zur Folge hat, daß die Wirtsbakterien ganz einfach in nichts aufgelöst werden.

Hier könnte nun unendlich weiterberichtet werden über die verschiedensten Symptome von Rinder-, Hühner-, Schweinepest, über die Tollwut, Lungenentzündungen, Grippe, den Hoppegarten-Pferdehusten bis hin zu Aids und manchen Krebsarten, die alle von Viren verursacht werden können. Aber wir müssen „zurück ins Labor" und zu den Viren, wenn wir verstehen wollen, wie Forschung und der Erkenntnisgewinn in der Biomedizin durch diese Gebilde vorangebracht wurden. Als Einstieg soll ein Phänomen behandelt werden, von dem sicher alle Leser schon gehört haben.

## Prione und Rinderwahnsinn

Neben den oben erläuterten herkömmlichen Viren aus Protein und Nukleinsäuren gibt es auch ungewöhnliche virusartige Strukturen, die ebenfalls Wirtszellen befallen können und so die Empfänger krank machen: zum Beispiel nackt vagabundierende „software" in Form von extrem dicht verknäuelter RNA, den Viroiden, die bisher nur bei Pflanzen gefunden wurden.[23]

Das andere Extrem scheint ebenfalls zu existieren: blanke Proteine, die als so etwas wie Viren verstanden werden können. Es sind dies die Prione, über die werte Kollegen ständig streiten, nicht immer nur freundschaftlich. Diese vermeintlich selbstreplizierenden Eiweiße halten Presse, Funk und Fernsehen in Atem, weil sie im Verdacht stehen, Verursacher des Rinderwahnsinns und der Creutzfeld-Jakob-Erkrankung zu sein. Auch wenn vieles für diese Hypothese spricht und obwohl für die Arbeiten um die Prione kürzlich ein Nobelpreis an Stanley Prusiner vergeben worden ist, so sind immer noch viele Fragen um die geheimnisvollen, virusartigen Prionproteine offen.

Nur eines ist schon jetzt klar, anders als von Prusiner ursprünglich postuliert, können sich diese Proteine doch nicht selbst vermehren. Um identische Nachkommen zu bekommen, benötigen sie Gene mit der entsprechenden Erbinformation („software" in Form von DNA) so wie jedes gewöhnliche Eiweiß aller Lebewesen. Und die Prion-Gene sind in jedem Menschen und Tier, also auch in Ihnen, lieber Leser, als Teil des genetischen Materials in jeder einzelnen Zelle vorhanden. So ist es nicht verwunderlich, daß sie in uns allen wie auch in unseren Haustieren an ihrem typischen Ort, nämlich in den Membranen der Nervenzellen, zu finden sind und dort vermutlich ihren alltäglichen, normalen „Job" machen, z.B. wenn wir denken, sehen oder empfinden. Freilich ist noch gänzlich unbekannt, welche genaue Funktion die Prione im gesunden Organismus ausüben.

Warum diese normalen Prionproteine zuweilen aber „Krankformen" bilden können, ist völlig unklar. Intensivste weltweite Forschungsbemühungen mit Stan Prusiner an der Spitze haben aber zutage gefördert, wie es nach diesem ersten noch unaufgeklärten Schritt weitergeht und wie die Krankheitssymptome entstehen. Das war in seiner Einfachheit sehr überraschend. Wenn erst einmal ein paar Exemplare der „Krankform" – wodurch auch immer ausgelöst – entstanden sind, regen diese wenigen Kopien ihre massenhaften, noch „normalen" Prionkollegen in der Umgebung dazu an, ebenfalls die kranke Form einzunehmen.[6] Ganz so wie die Aloha-Welle beim Heimspiel im Fußballstadion, die, von einer kleinen Gruppe von Fußballfans spontan ausgehend, alsbald das ganze Stadion erfaßt.

Nur, die Aloha-Welle ist in gewisser Weise reguliert. Wenn die gegnerische Mannschaft ein Tor erzielt, kehren die einzelnen Zuschauer in den Normalzustand zurück, die Aloha-Welle ist zu Ende. Nicht so bei den kondensierenden Prionproteinen! Die bleiben in der Krankform – unwiderruflich – und bilden die fatalen Ablagerungen im Gehirn, die der Pathologe dann später als schwammartig oder spongiform bezeichnet.

Ein derartiger Mechanismus für die Auslösung massiver Strukturveränderung für eine Eiweißart, wenn wenige Kopien desselben Proteins, spontan und zufällig oder durch ein noch unbekanntes Virus initiiert,[4] mit ihrer Umlagerung begonnen haben, stellt ein neues Prinzip der möglichen Umstrukturierung von Makromolekülen in der lebenden Zelle dar. Ohne das brennende Interesse von Öffentlichkeit und Forschung an BSE (von engl. „bovine spongiform encephalopathy", oder einfacher: Rinderwahnsinn), Scrapie, Creutzfeld-Jakob-Erkrankung und den vermeintlich selbstreplizierenden Prionen von Stanley Prusiner[6] wäre man diesem Prozeß der Umstrukturierung nicht auf die Spur gekommen, der bei kontrolliertem Ablauf mit Sicherheit seine bisher unverstandenen, physiologischen Normalfunktionen haben wird.

Dieser erste Ausflug in ein ganz aktuelles Gebiet der Virusforschung gibt einen Vorgeschmack auf die nachfolgenden Betrachtungen, die in der Summe sehr deutlich machen werden, daß das Arbeiten mit Viren oder virusartigen Konstrukten, wie den Prionen, zu wichtigen Erkenntnissen für die Biowissenschaften im weitesten Sinne führt. Ob das Virus im Forschungsansatz als direktes Werkzeug zur Erkenntnisvertiefung auftaucht oder (nur?) als Untersuchungsobjekt dient, ist nahezu unerheblich. Die erzielten Ergebnisse sind hier entscheidend. Haben diese die Forschung weitergebracht oder gar zu etwas geführt, was für Mensch und Tier schon nützlich ist?

## *Viren und Elektronenmikroskopie*

Als im beginnenden 20. Jahrhundert akzeptiert werden mußte, daß es Krankheitserreger gibt, die kleiner als Bakterien sind,[21] entwickelte sich bald der Wunsch, diese Mikromikroben sichtbar zu machen. Entweder vom wissenschaftlichen Ehrgeiz getrieben oder aus der naheliegenden Weisung des gesunden Menschenverstandes heraus, daß man seine „Feinde" kennen muß, wenn man gegen sie gewappnet sein möchte, entstanden interdisziplinäre Partnerschaften, die die Darstellung und Strukturaufklärung dieses unbekannten und gefährlichen Etwas zum Ziel hatten.

Mit dem von Ernst Ruska in Berlin entwickelten Elektronenmikroskop gelang schließlich 1937 erstmals die Darstellung eines Virus, des Tabakmosaikvirus oder TMV, und zwei Jahre später wurden von der gleichen Arbeitsgruppe die ersten Bakterienviren, die Bakteriophagen, sichtbar gemacht, an ihren Wirtszellen hängend.[10, 22] So hatten Viren gleichzeitig als Forschungsursache und als Untersuchungsobjekt zur Entwicklung des Elektronenmikroskops entscheidend beigetragen. Daß diese neue Möglichkeit der direkten Sichtbarmachung des Mikrokosmos gewaltige Folgen hatte, ist leicht nachzuvollziehen. Nicht nur viele andere Viren als TMV wurden in der Folgezeit in ihrer Struktur mit Hilfe der Elektronenmikroskopie aufgeklärt und konnten so klassifiziert also in verwandte Gruppen unterteilt werden. Auch die inneren Feinstrukturen von Zellen und Geweben waren nun unmittelbar darstellbar und können seither auf krankhafte Veränderungen untersucht werden.

Daß auch Bereiche des Maschinenbaus, der Flugzeug- und Autoindustrie sowie der feinmechanischen Produktion von dieser „virusinduzierten" Methodenentwicklung in hohem Maße profitieren, z. B. bei Werkstoffprüfung und Qualitätskontrolle, wird mindestens den technisch etwas bewanderten Lesern bekannt sein. Kurzum, die Forschung am Virus hat hier den ersten Meilenstein produziert, nicht nur die Entwicklung der neuen Methode selbst, sondern auch eine neue Vorgehensweise, bei der Wissenschaftler aus verschiedenen Bereichen interdisziplinär zusammenarbeiten. Biologen allein hätten das vermutlich nie geschafft und die Physiker auch kaum ohne die Biologen!

## *Erkennung und Bekämpfung von Viren*

Der Löwenanteil aller Virusforschung dient heute den ganz praktischen Problemen im Zusammenhang mit Infektionen, Epidemien, Behandlungsstrategien und der Prophylaxe. Dabei geht es etwa um die Frage, ob ein Patient nun mit einem fraglichen Virus befallen ist oder nicht und ob geimpft werden sollte, um vor einer drohenden Infektion zu schützen. Welche Impfstoffe sollten verwendet werden, die klassischen, schlecht charakterisierten Mixturen oder lieber genau definierte gentechnische Vakzine, wie die gegen das Hepatitis-B-Virus? Gibt es heute noch ein Impfrisiko? Auch das Spektrum der Behandlungsmöglichkeiten, die antivirale Chemotherapie, ist Gegenstand der Untersuchung. Welche Stoffe vermögen die Viren im Organismus zu stoppen, ohne ihn mit Nebenwirkungen zu belasten?

Dieser praxisorientierte Teil der Forschung hat gewaltige Erkenntnisse hervorgebracht, die immer auf die Erfassung und Bekämpfung des Virus als Krankheitserreger gerichtet sind. Und davon haben Mensch und Tier direkt profitiert. Daß es gelungen ist, die Pocken weltweit auszurotten,[5] die Tollwut mit gentechnischem Impfstoff zu kontrollieren[31] und die Schweinepest, beispielsweise in den Niederlanden, annähernd zu tilgen,[3] zeigt den Erfolg dieser Forschungssparte am Virus an. Auch die insgesamt rückläufige Entwicklung von Rinderwahnsinn (BSE)[20] und Aids[14] ist als willkommenes Ergebnis der angewandten virologischen Forschung anzusehen.

Viele weitere Beispiele ließen sich hier anführen und wurden sicher in der persönlichen Erfahrung mancher Leser registriert. Auch wenn niemals ein absoluter Impfschutz gegen alle möglichen Viruserkrankungen zu erreichen sein wird und viele noch nicht ursächlich behandelt werden können, wird jeder zustimmen, daß die praxisorientierte Forschung im Sinne der Gesundheitsfürsorge nützlich ist. Darauf möchte ich jetzt aber nicht näher eingehen, denn es wird häufig und überall darüber berichtet, sondern mich lieber dem weniger bekannten Feld der Grundlagenforschung zuwenden, dem von der Politik immer mehr ein Mauerblümchendasein zugemutet wird, obwohl Wissenschaftlern seit langer Zeit klar ist, daß der wirkliche Fortschritt aus den Erkenntnissen der Grundlagenforschung stammt, sozusagen von der „wissenschaftlichen Spielwiese".

Diese Feststellung wird durch die Aussagen bedeutender Naturforscher über zwei Jahrhunderte hinweg bekräftigt, von denen einige in einer aufschlußreichen Zitatensammlung des Holländers Arnold van den Hooff 1995 zusammengestellt wurden.[8] Stellvertretend sei die Aussage eines anerkannten zeitgenössischen Forschers, des Biochemikers Sir George Porter (1986), original wiedergegeben: „To feed applied science by starving basic science is like economising on the foundations of a building so that it may be built higher". Dieser Gedanke müßte sich auch von Politikern mit gesundem Menschenverstand nachvollziehen lassen, denn Sir George sagt nichts anderes, als daß Fundamente zu festigen sind oder daß man nicht von oben nach unten baut.

Louis Pasteur war sogar noch weiter gegangen, als er im Jahr 1871 zu dem Problem schrieb (frei übersetzt): „Nein, tausendmal nein! Es gibt keine Kategorie von Wissenschaft, die als angewandte Wissenschaft bezeichnet werden könnte. Es gibt Wissenschaft und deren Anwendung, verbunden wie die Frucht mit dem Baum, der sie hervorbringt!"[8] Das ist eine hochaktuelle Äußerung, wenn man die heutigen Diskussionen um den Technologietransfer, die notwendige Verbindung und Kommunikation zwischen Forschungsstätten und Industrie, verfolgt.

Aber zurück zum Virus. Wir wollten uns den Situationen in der Forschung zuwenden, wo die Verwendung des Virus oder dessen Einzelteile als Werkzeug oder Hilfsmittel zu fundamentalen Erkenntnissen oder zur Entwicklung von bahnbrechenden Methoden in den Biowissenschaften geführt hat. Der erste Donnerschlag in diesem Sinne kam aus der Ecke der Bakterienviren, der Bakteriophagen, die in der Lage sind – erinnern Sie sich? – Bakterienzellen in nichts aufzulösen.

## Viren – Schrittmacher zur Gentechnik

### Bakterienviren helfen, den genetischen Code zu knacken

Schon 1944, als man begann, die Inhaltsstoffe von Bakteriophagen als DNA und Protein zu identifizieren, hegte Avery den Verdacht, daß die DNA Träger der genetischen Information sei. Es dauerte bis 1952, daß dieses Konzept bestätigt werden konnte, als Hershey und Chase bewiesen, daß bei der Infektion von Bakterien ausschließlich der lange DNA-Faden in die Wirtszelle „geschossen" wird. Dennoch entstanden komplett neue Phagen aus Protein und DNA. Avery hatte also recht! In der DNA ist die volle Information für sämtliche Bestandteile funktionstüchtiger Nachkommen enthalten.

Schlag auf Schlag ging es dann, bis dank dieser einfachsten Informationsträger, der Bakteriophagen, und einfacher Viren, die doppelte Helixstruktur der DNA, ihre Kodierung der Information und die „Befehlsausführung" mittels Boten-RNA (engl. „messenger RNA", abgekürzt mRNA) bis hin zur informationsgerechten Eiweißherstellung, also der Proteinsynthese in der infizierten Zelle – bzw. in lebenden Zellen generell – verstanden wurden.[7] Man stelle sich vor: Eine wechselnde Abfolge von Einheiten von lächerlichen drei aus vier verfügbaren chemischen Substanzen, den Basen G, C, A, T[1] legt fest, welche Proteine gemacht werden sollen, bzw. welche zellulären, also körperlichen Funktionen und Eigenschaften in Form eines lebenden Organismus in Erscheinung treten können.

### Der goldene Schnitt

So weit, so gut! Die Sprache der genetischen Information war entschlüsselt, aber was konnten die Viren zur Entwicklung der Gentechnik beitragen? Wieder waren es die Bakteriophagen und ihre Wirtszellen, die in den siebziger Jahren die entscheidende Information an einen Schweizer, Werner Arber, und an den Amerikaner Hamilton O. Smith preisgaben, der herausfand, daß sich

---

[1] *G* Guanin; *C* Cytosin; *A* Adenin; *T* Thymin.

Bakterien gegen den Phagenangriff wehren können, indem sie deren Informationsstrang, die Phagen-DNA, gezielt zerschneiden. Dazu verfügen die Bakterien über Batterien von Enzymen, die ganz bestimmte Reihenfolgen von bis zu zehn Basen (G, C, A, T, s. oben) erkennen und durch den folgenden Schnitt genau im symmetrischen Zentrum des jeweiligen Strangabschnittes ein Informationschaos bewirken.

Das hat zur Folge, daß keine Nachkommen der Phagen gebildet werden können. Werner Arber und andere Biochemiker gewannen diese Enzyme, genannt Endonukleasen, aus den Bakterien und machten sie für den gezielten Schnitt isolierter DNA-Stränge im Reagenzglas verfügbar.[15] Das war im Grunde die Geburtsstunde der Gentechnik, denn erst die definierte Fragmentierung der gewissermaßen unendlich langen DNA-Stränge (ca. zwei Millionen Basen gibt es im Bakterienchromosom, ca. drei Milliarden im menschlichen Genom) erlaubt das Lesen der Gesamtinformation, in ein paar Jahren auch der menschlichen DNA.

Auch die Gewinnung einzelner Gene und deren gezielte Neukombination ist auf den Einsatz der von Werner Arber und anderen erforschten DNA-Schneideenzyme, der Restriktionsendonukleasen, ebenso angewiesen wie die Handhabung der Gene im Labor mit dem Ziel, ihre Information in für den Menschen nützliche Eiweiße umzumünzen.

## *Vervielfältigung von Genen und Genprodukten im Labor*

Wieder mit Hilfe von Bakteriophagen – und heute auch mit verschiedenen animalen Viren – lassen sich die auf DNA-Fragmenten befindlichen Gene und deren Proteinprodukte kontrolliert vermehren. Man nennt die Genvermehrung Klonieren, weil viele identische Kopien eines bestimmten Gens erzeugt werden. Es ist also wieder festzuhalten, daß wir die Entwicklung der Gentechnik v. a. den Viren beziehungsweise der Virusforschung zu verdanken haben. Zu „verdanken"? Ist hier nicht eher Unheil geschehen, mag sich der Leser fragen, passend zu den gut bekannten leidbringenden Virusinfektionen? Viele Diabetiker würden dieser Sichtweise sicher nicht zustimmen, sie sind über die Klonierung des menschlichen Insulingens glücklich, weil dessen Reagenzglasprodukt, das menschliche Eiweiß Insulin, ihnen das Leben erleichtert.

Auch die mit rekombinantem Hepatitis-B-Protein geimpften und damit vor Hepatitis-B-Virus-Infektion geschützten Personen werden dankbar sein. Besonders deutlich werden die Vorteile bei der Behandlung der Bluterkrankheit, wenn gentechnisch hergestellter Faktor VIII statt des Eiweißes aus noch immer nicht risikofreiem menschlichem Blut zur Therapie weite Anwendung findet. Mir ist in der Tat kein Fall bekannt, in dem gentechnische Produkte erwiesenermaßen Schaden verursacht hätten. Warum auch – sie sind ja mit den natürlichen Proteinen identisch.

Aber die Wertung der Gentechnik zwischen Hoffnungen und Ängsten wird in den anderen Beiträgen dieses Werkes diskutiert. Ich möchte v. a. informieren und gemeinsam mit Ihnen zu verstehen versuchen, wie und in welchem Bereich Viren und die Virusforschung zu Erkenntnisgewinn oder wichtigem Durchbruch in den Biowissenschaften beigetragen haben. Erst verstehen – dann werten, lautet die Devise, und zwar ohne Anspruch auf Allgemeingültigkeit, aber in der Hoffnung auf Überzeugungskraft. – Nun aber zurück zu unseren kleinen Biestern, von denen wir noch viel mehr gelernt haben, als bisher besprochen wurde.

## Etappensiege des Virus in der Biochemie

### *Virusstacheln schmerzen nicht – eine neue Krebstherapie?*

Wir alle haben schon mit Grippe Bekanntschaft gemacht, die durch stachelige Influenzaviren von etwa 1/1000 mm Durchmesser verursacht wird. Den Krankheitserreger beginnt man nun langsam in den Griff zu bekommen, seit Rott, Scholtissek und andere seine Struktur und Wirkungsweise im Laufe der letzten 30 Jahre aufgeklärt haben.[11]

Dabei hat sich herausgestellt, daß die Stacheln der hübschen Viruspartikel, im internationalen Fachjargon als „Spikes" bezeichnet, eine zentrale Rolle spielen. Ganz besonders bei den ersten Schritten der Infektion kommt den Spikes, wie wir jetzt wissen, die Funktion einer Initialzündung zu. Sie vermitteln die Haftung des Virus an die Zellen in den Atemorganen oder der Mund- und Rachenschleimhaut bei Mensch und Tier, und dann bohren sie ihre Wirtszellen mit den Spikes so an, daß schließlich die virale genetische Information in die befallenen Zellen eindringt und sich letztlich massenhaft neue Viruspartikel bilden – tödlich für die Zellen. Diese Ereignisse und die tobende Abwehrschlacht zwischen der „egoitistischen" Virusvermehrung und dem Immunsystem im eigenen Körper bewirken schließlich die Grippesymptome mit Kopf- und Gliederschmerzen, Fieber und Atembeschwerden, die die meisten von uns schon kennengelernt haben. Zum Glück gewinnt meist der befallene Organismus.

Welchen Nutzen haben nun solche Viren? Wozu können die Spikes gut sein? Es hat sich gezeigt, daß sie neben der Bindung an Rezeptoren ein Ereignis auslösen können, das im gesunden Organismus milliardenfach in fein regulierter Weise abläuft, nämlich die Verschmelzung von Lipidmembranen. Schon unsere Existenz beginnt mit einer Membranverschmelzung, wenn sich Ei- und Samenzelle treffen. Jede ihrer Wahrnehmungen oder Empfindungen ist von Membranverschmelzungen an ihren Nervenzellen abhängig, die zur Freisetzung von Botenstoffen für die Reizleitung führen, auch jetzt in diesem Moment, während Sie lesen.

Bis vor wenigen Jahren war es ein Rätsel, wie Membranfusionen kontrolliert werden können. Erst die Erkenntnisse um die Funktion und Wirkungsweise der weltweit eifrigst untersuchten Spikes von Influenzaviren machten deutlich, daß die Natur offenbar Proteine hervorbringen kann, die die Verschmelzung von Membranen je nach den Umgebungsbedingungen einschalten können. Das Hämagglutinin (HA), aus dem die Spikes der Grippeerreger gebaut sind, ist der Prototyp fusionsauslösender Proteine. Es ist deshalb Vorreiter und Orientierungspunkt für alle Forschungen zur proteininduzierten Membranfusion.[29] Es ist das erste eukaryontische Membranglykoprotein, dessen Kristallstruktur aufgeklärt wurde.[32]

Daß solche Erkenntnisse auch einen direkten Nutzen haben können, zeigen eigene Experimente mit dem Gen des Influenzavirus HA, das vor einigen Jahren isoliert wurde und nun allen Wissenschaftlern weltweit verfügbar ist. Wir koppelten ein bestimmtes, kurzes Genstückchen, von dem krebshemmende Wirkung zu erwarten war, an das Ende des HA-Gens und verbrachten diese DNA-Konstruktion in krebsig entartete Zellen, die vorher in Petrischalen kultiviert worden waren. Die Zellen produzierten nun ein etwas verändertes $HA^x$, das, wie für das normale HA üblich, auf der Zellmembran erschien und – anders als gewöhnliches HA – dort krebshemmend wirkte, die Zellen also wieder normalisierte.[32] Das funktionierte vermutlich deshalb so gut, weil das hemmende Fragment mit Hilfe des HA in den behandelten Krebszellen genau dorthin gebracht worden war, wo die entscheidenden Schritte der Wachstumsregulation über Signalvorgänge ablaufen, nämlich an die Innenseite der Zellmembran.[18]

Wir sind wie viele andere ganz am Anfang einer neuen Krebstherapie. Aber unser Weg hat möglicherweise einen wichtigen Vorteil, über den wir vorhin gesprochen haben: Wie der ursprüngliche HA-Spike der Grippeviren, löst auch das $HA^x$ Membranfusion aus. Wenn es gelingt, Liposomen (das sind winzige Lipidbällchen) herzustellen, die unser verändertes $HA^x$ als Spikes tragen, dann lassen sich diese mit beliebigen Zielzellen verschmelzen und so das im $HA^x$ enthaltene krebshemmende Fragment an die wirkungsvollste Position, die Plasmamembranen der Krebszellen dirigieren. Diese Strategie ist in der Abb. 5-1 schematisch dargestellt.

Im Labor hergestellte, winzige Lipidbällchen mit Spikes aus Viruspartikeln, also *ohne* die gefährliche Informationsfracht der Viren, haben wir und andere schon hergestellt.[17] Allerdings stammten die fusionsauslösenden Spikes, die F-Proteine, aus dem Sendai-Virus, das dem Influenzavirus ähnlich ist. Die tumorhemmenden Spikes aus $HA^x$ werden gegenwärtig erst für den Einbau in therapeutische Liposomen, auch als Virosomen bezeichnet, fit gemacht.

### *Zuckersüße und fette Proteine – und nochmals das Krebsproblem*

Ein weiteres Beispiel für nützliche Beiträge von Viren in den Biowissenschaften ist wiederum ihre Avantgarde-Rolle bei der Erforschung von chemischen Veränderungen, die Eiweißstoffe im Verlauf ihrer Entstehung in lebenden Zellen erfahren können und

Viren – Werkzeuge in den Biowissenschaften 103

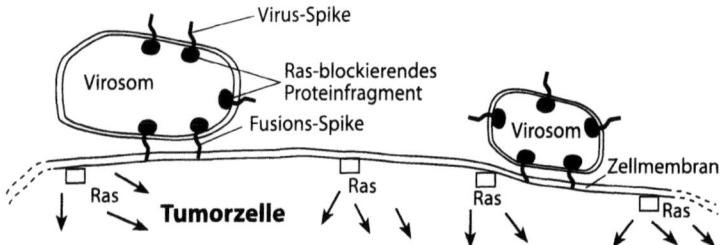

Die Tumorzelle teilt sich unbegrenzt wegen der ständigen Wachstumssignale (Pfeile), die von mutierten ras-Protein an der Unterseite der Zellmembran ausgehen. Das ras-Protein gilt es zu blockieren
**a**

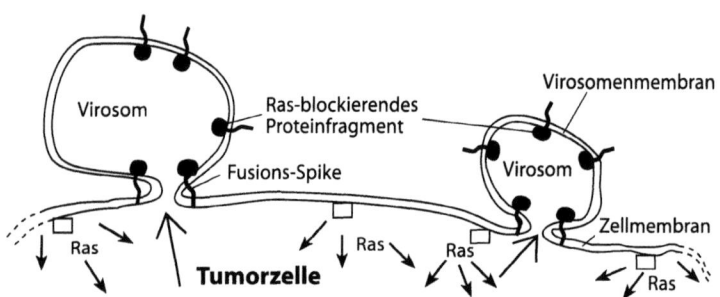

An den durch lange Pfeile markierten Membranstelle wird die Fusion eingeleitet. Danach sind die Spikes (wie auch das ras-Protein) in der nun gemeinsamen Zellmembran relativ frei beweglich
**b**

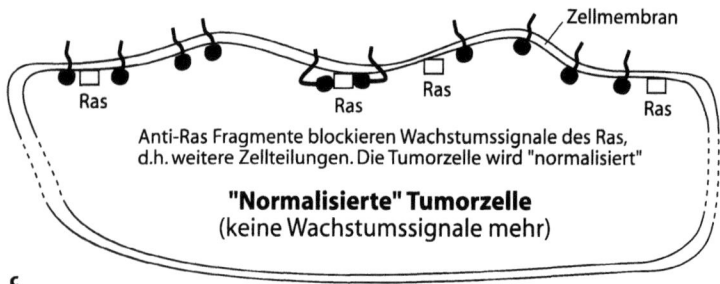

**c**

**Abb. 5-1. a** Virosomen binden über ihre Virusspikes an die Tumorzelle. **b** Membranen von Virosomen und Tumorzellen verschmelzen (fusionieren). **c** Virusspikes docken am ras-Protein an und stoppen die Signalgebung. Virusspikes als Werkzeuge in der Krebsbekämpfung – ein neuer Therapieansatz?

die für deren vielfältige zelluläre Funktion wichtig sind. Wie im vorigen Kapitel stehen die Spikes einer Reihe von Viren im Mittelpunkt, so das G-Protein der tollwutähnlichen vesikulären Stomatitis-Viren (VSV), die Spikes der Aids verursachenden Viren (HIV) und wieder das HA, diesmal von Geflügelviren. Sicher schon 100 Jahre weiß man, daß Zucker als Bestandteil von Eiweißen vorkommen.

Aber wie die Kohlenhydrate an die Aminosäureketten der Proteine geknüpft werden und welche Rolle die fertigen, proteingebundenen und oft verzweigten Zuckerketten bei der biologischen Funktion solcher Glykoproteine spielen, war bis vor etwa 20 Jahren noch offen. Erst die modellhafte Forschung mit den oben genannten Spikes von Viren beflügelte den Fortschritt,[1,13,27] so daß heute

1. die zahlreichen Einzelschritte der Zuckeranheftung, der sogenannten Glykosylierung, bekannt sind,
2. in vielen Fällen die form- und stabilitätverleihende Wirkung der gebundenen Zuckerketten gesichert ist und
3. Hemmstoffe der Glykosylierung entwickelt wurden, die in Forschung und Therapie gleichermaßen bedeutsam sind – nicht zuletzt in der flankierenden Aids-Therapie.[26]

Daß Eiweißstoffe höherer Organismen auch Fette, genauer gesagt Fettsäuren, enthalten können, ist an viralen Spikes überhaupt erst entdeckt worden und wurde inzwischen für eine große Zahl zellulärer Proteine bestätigt.[25,28] Besonders aufregend hierbei war die Erkenntnis, daß Fettsäuren in Proteinen der zellulären Kommunikationssysteme in oder an der Zellmembran gefunden wurden, also z.B. an Hormon- und Lichtrezeptoren, und daß die Signalübermittlung oft nicht mehr funktioniert, wenn die proteingebundenen Fettsäuren fehlen.[19,24] Es ist also nicht auszuschließen, daß Proteinfehlleistungen im Hormonhaushalt auch etwas mit einer fehlerhaften Fettsäurebesetzung wichtiger Proteine der Zellmembran zu tun haben könnten. Auch einige Proteine der Nervenleitung und der Nervenzellentwicklung tragen diese Fette, die an Virusspikes zuerst gefunden worden waren.

Ebenso interessant waren die Befunde amerikanischer Kollegen, die zeigten, daß krebsauslösende Eiweißstoffe von Tumorviren, beispielsweise das sogenannte src-Protein (auch als pp60$^{src}$

bezeichnet), am Beginn der Aminosäurekette eine bestimmte Fettsäure, die Myristinsäure, trugen und daß keine Entartung des Wachstums mehr zu beobachten war, sobald diese Fettsäure am Protein fehlte. Dies war mit Hilfe gentechnischer Tricks im Labor von Janice Buss und Bartholomew Sefton in Kalifornien gezeigt worden.[16] Leider ist es bisher aber noch nicht möglich, diese spezielle Fettsäureanheftung im Organismus gezielt zu unterbinden, weil es noch keine spezifischen Hemmstoffe gibt. Daran wird heftig gearbeitet – eine Frage der Zeit.

Für das bei Tumorviren entdeckte ras-Protein, ein beim Menschen für verschiedene Tumorarten mitverantwortlicher wachstumsregulierender Eiweißstoff, ist man einen Schritt weiter. Beim ras-Protein sitzt eine fettsäureähnliche Substanz, ein Farnesylrest, ziemlich am Ende der Aminosäurekette, und diese ist für die tumorinduzierende Wirkung des ras-Proteins essentiell. Seit einiger Zeit gibt es Wirkstoffe, die die Farnesylierung hemmen können. Erste Serien von Hemmversuchen sind vielversprechend ausgegangen, weil bei Labortieren – hier gibt es leider keine Alternativen! – die Vergrößerung von Tumoren nicht nur gestoppt werden konnte, sondern sich die Wucherungen sogar zurückbildeten.

Entscheidend dabei war die Beobachtung, daß die Tiere keinerlei Nebenwirkungen auf die Verabreichung der Substanzen zeigten.[2, 9] Die Wirksubstanzen unterbinden gezielt die enzymatische Anknüpfung der lipidartigen Farnesylketten an Proteine, also auch an das mit der Tumorbildung ursächlich verbundene ras-Protein. Sie werden deshalb als Farnesylprotein-Transferaseinhibitoren (FPTI) bezeichnet und gehen zur Zeit in den USA und in den Niederlanden in die klinische Prüfung.[12]

## Schlußbetrachtung

Ich hoffe nun, dem Leser einen Eindruck darüber vermittelt zu haben, was Viren überhaupt sind und in welcher Weise die Arbeit mit ihnen während der letzten 100 Jahre dazu beigetragen hat, mit dem tieferen Einblick in Lebensvorgänge unser Weltbild zu verändern und durch die wissenschaftlichen Fortschritte unsere Lebensqualität zu verbessern. Ohne die Forschung an und mit den Viren wäre unser Wissen um die biologische Wirklichkeit vermutlich um Jahrzehnte zurück, vielleicht auf dem Stand der zwanziger Jahre. Wir wüßten wenig von der materiellen, molekularen Grundlage genetischer Information und ihrer Verbreitung oder über die der beobachteten Evolution zugrundeliegenden Vorgänge. Vermutlich wären wir den Geheimnissen und den schmerzlichen Konsequenzen viraler Infektionen ebenso ausgeliefert wie die Menschen früherer Zeiten der Pest. Impfungen gäbe es zwar schon, aber vielleicht nur auf dem empirischen Niveau des Zeitalters der großen Immunologen wie Louis Pasteur, Robert Koch und Emil von Behring.

Was nun, sollen wir nun dankbar sein, daß es Viren gibt? Wäre es nicht besser gewesen, wenn es gar keine Fortschritte in der biomedizinischen Forschung gegeben hätte und uns dafür das moderne Gespenst der Gentechnik erspart geblieben wäre?? – Nein! Es geht nicht darum zu verherrlichen oder zu verteufeln. Vielmehr war es mein Anliegen, deutlich zu machen, daß Viren neben ihrem allbekannten Krankheitspotential auch eine andere Seite haben. Und dies ist ihre in diesem Beitrag dokumentierte Eigenschaft, beim Erkenntnisgewinn in der Biomedizin als hervorragende „Katalysatoren" zu wirken.

Wie der Leser dieses Textes die weltweiten Forschungsbemühungen im weitesten Sinne bewerten möchte, als etwas Gutes oder Böses, muß er selbst entscheiden. Es wäre nur wünschenswert, daß dabei realistisch verfahren wird und das Verstehen von Sachverhalten der Wertung vorgeschaltet ist. Man sollte auch ehrlich mit sich selbst sein, indem man sich daran erinnert, welch zahlreiche Errungenschaften der Forschung und Technik für jeden von uns schon zur angenehmen, täglichen Selbstverständlichkeit geworden sind.

Auf die Jahrzehnte eigener Arbeit mit Viren blicke ich mit Freude, Dankbarkeit und Respekt vor diesen kleinen Ungetümen zurück. Wenn hier und da Begeisterung für die biowissenschaftliche Forschung durchklingt, dann ist es diejenige, die mir meine Lehrer aus der Gießener Virologie, Christoph Scholtissek und Rudi Rott, in den 70er Jahren „vererbt" haben. Ich hoffe, daß vielleicht ein Funken davon auf die Leser dieses Kapitels überging und damit mein kurzer Schlußvers eine positive Resonanz findet:

*Das Virus hat uns viel gelehrt
vom Gen, von Proteinen.
Es dient als Schlüssel zum Verstehen,
wie Lebensdinge vor sich gehen.
Auch heute gilt: an manche Fragen
kann man sich dank der Viren wagen.
So bleiben Viren weiterhin
für Tier und Mensch **auch** ein Gewinn!* *(mfgs)*

## Literatur

1. Bareesel KH (1997) Verwendung von nativen viralen Glycoproteinen zur Herstellung fusogener Vesikel. Veterinärmed. Dissertation, Freie Universität Berlin
2. Bishop B (1998) Typical farnesyl transferase inhibitors: how can preclinical studies guide their clinical development. FASEB Summer Conference, August 8-13, 1998, Snowmass, Colorado
3. De Smit H, Stegemann A, Eblé P, Bouma A, Moormann R (1997) The 1997-1998 classical swinefever epizootic in the Netherlands. Annual Report 1997, DLO-Institute for Animal Science and Health, Lelystad, Niederlande
4. Diringer H, Gelderblom HR, Hilmert H, Özel M, Edelbluth C, Kimberlin RH (1983) Scrapie infectivity, fibrils and low molecular weight proteins. Nature 306:471-478
5. Gelderblom HR (1997) Die Ausrottung der Pocken. Spektrum der Wissenschaften 3:14-20
6. Grady D (1996) Ironing out the wrinkles in the prion strain problem. Science 274:2010
7. Hershey AD, Chase MD (1952) Independent functions of viral protein and nucleic acid in growth of bacteriophage. Journal of General Physiology 36:39-59
8. van den Hoof A (1995) Applied science vs. basic science, In: Peter van den Hoof (ed) A propos of science. AmstelScience, Doetinchem, pp 2-3
9. Kamps MP, Buss JE, Sefton BM (1986) Rous sarkoma virus transforming protein lacking myristic acid phosphorylates most known polypeptide substrates without inducing transformation. Cell 45:105-112
10. Kausche GA, Pfankuch E, Ruska H (1939) Die Sichtbarmachung von pflanzlichem Virus im Übermikroskop. Naturwissenschaften 27:292-299
11. Klenk HD, Rott R (1988) The molecular biology of Influenza virus pathogenicity. Advances in Virus Research 34:247-281
12. Kohl NE et al (1998) Anti-tumor activities of farnesyl-protein transferase inhibitors. FASEB Summer Conference, 8.-13. August 1998, Snowmass, Colorado
13. Kornfeld S (1982) Oligosaccharide processing during glycoprotein biosynthesis. In: Horowitz MI (ed) The Glycoconjugates, vol III. Academic Press, New York, pp 1-23

14. Kurht R, Norley S (1997) Hindernisse und Fortschritte der Entwicklung eines Impfstoffes gegen AIDS. Spektrum der Wissenschaften 3:91–94
15. Linn S, Arber W (1968) Host specificity of DNA produced by *E.coli* X.: in vitro restriction of phage fd replicative form. PNAS 59:1300–1306
16. Mumby SM (1997) Reversible palmitoylation of signaling proteins. Current Opinion in Cell Biology 9:148–154
17. Nur-E-Kamal MSA, Ponimaskin AE, Schroth-Diez B, Herrmann A, Schmidt MFG (1997) Targeted delivery of human neurofibromin and c-raf-1 mutants to the cytoplasmic membrane by use of the influenza hemagglutinin. Biochimica Biophysica Acta 1338:233–243
18. Nur-E-Kamal MSA, Reverey H, Reszka R, Montague W, Schmidt MFG (1999) Reversion of v-ras induced transformation of mammalian cells by membrane expression of chimeric neurofibromin and raf-1 mutants. (Eingereicht zur Veröffentlichung)
19. Ponimaskin E, Harteneck C, Schultz G, Schmidt MFG (1998) A cystein-11 to serine mutant of $G\alpha_{12}$ impairs activation through the thrombin receptor. FEBS Letters 429:370–374
20. Prusiner SB (1997) Prion-Erkrankungen. Spektrum der Wissenschaften 3:66–81
21. Rous R (1911) Transmission of a malignant new growth by means of a cell-free filtrate. JAMA 56:198
22. Ruska H (1940) Die Sichtbarmachung der Bakteriophagenlyse im Elektronenmikroskop. Naturwissenschaften 28:45–46
23. Sänger HL, Klotz G, Riesner D, Gross HJ, Kleinschmidt AK (1976) Viroids are single-stranded covalently closed circular RNA molecular existing as highly base paired rod-like structures. Proceedings of the National Academy of Science USA 734:3852–3856
24. Schmidt MFG (1989) Fatty acylation of proteins. Biochimica Biophysica Acta 988:411–428
25. Schmidt MFG, Schlesinger MJ (1979) Fatty acid binding to vesicular stomatitis virus glycoprotein – a new type of posttranslational modification of viral glycoproteins. Cell 17:813–819
26. Schwarz RT, Datema R (1984) Inhibitors of trimming: new tools in glycoprotein research. Trends in Biochemistry 9:32–34
27. Schwarz RT, Schmidt MFG (1982) Tunicamycin in virology. In: Tamura G (ed) Tunicamycin. Japan Scientific Societies Press, Tokyo, pp 67–84
28. Walker BD, Rohrschneider LR (1987) Inhibition of human immunodeficiency virus by Castanospermin. Proedings of the National Academy of Science USA 84:8120–8124
29. Weidel W (1964) Virus und Molekularbiologie. Springer, Berlin Göttingen Heidelberg
30. White J, Helenius A, Gething MJ (1982) Haemagglutination of influenza virus expressed from a cloned gene promotes membrane fusion. Nature 300:658–659
31. Wiktor T, Plotkin S, Koporowski H (1988) Rabies vaccine. In: Plotkin S, Mortimer E (Hrsg) Vaccines. Saunders, Philadelphia Toronto, pp 474–491
32. Wilson IA, Skehel JJ, Wiley DC (1981) Structure of the hemagglutinin membrane glycoprotein of influenza virus at 3 Å resolution. Nature 289:366–373

## Kapitel 6

# Das humane Genomprojekt

Karl Sperling

Vor genau 50 Jahren konnte man lesen und hören: „Das Gen ist ein Phantasiegebilde reinsten Wassers. Die Lehre vom Gen ist eine falsche Theorie, die die Entwicklung hemmt."[14] Danach gäbe es im Sinne dieses Buches keinen Anlaß, über ein Genomprojekt überhaupt zu diskutieren, ebensowenig könnten Ängste und Hoffnungen daran geknüpft werden.

Wer jedoch als Genetiker in der Sowjetunion arbeitete und dieser Aussage widersprach, verlor – wenn er Glück hatte – seinen Arbeitsplatz, manche büßten in sowjetischen Konzentrationslagern ihr Leben ein. Das Jahr 1948, das der Gründung der Freien Universität Berlin, markiert zugleich auch die „Hochzeit" dieser Anschauung, des sogenannten Lyssenkoismus. Danach können erworbene Eigenschaften vererbt werden, eine Vorstellung, die sich nahtlos in das Menschenbild des Kommunismus einfügte. Nur in einem totalitären System und gestützt durch den Regenten Stalin konnte ein wissenschaftlicher Ignorant, wie T.D. Lyssenko zu ungehemmter Machtfülle gelangen.

Der damalige Kultusminister in Ostberlin, Wandel, bestand darauf, daß diese „Erkenntnisse" auch an der Humboldt-Universität verbreitet wurden. Dort hatte Hans Nachtsheim den Lehrstuhl für Allgemeine Biologie und Genetik inne. Er selbst war bis Kriegsende Abteilungsleiter am Berliner Kaiser-Wilhelm-Institut für Anthropologie, menschliche Erblehre und Eugenik gewesen und hatte gerade, unbelastet und ungebeugt, ein anderes totalitäres System überstanden.

Hans Nachtsheim protestierte gegen diese Zumutung, gab sein Amt an der Humboldt-Universität auf und wechselte als einer der ersten Hochschullehrer an die neu gegründete Freie Universität über. Hier erhielt er 1948 den Lehrstuhl für Allgemeine Biologie und Genetik und war ab 1953 zugleich Direktor des Max-Planck-Instituts für vergleichende Biologie und Erbpathologie.

In seiner Festrede zur Immatrikulationsfeier am 2. Juni 1951, „Ein halbes Jahrhundert Genetik", beklagt er, wie viele hervorragende Genetiker in den 30er Jahren Deutschland verlassen mußten und schließt seinen Vortrag:

*Der Kreis der noch hier Tätigen ist klein geworden. Und doch haben wir gerade heute allen Grund, Dahlem zu einer Bastion für die Genetik zu machen. Nachdem man in den verhängnisvollen zwölf Jahren durch die pseudowissenschaftliche Rassentheorie die Genetik mißbraucht hatte, sucht man jetzt auf anderem Wege vom Osten her das gleiche zu tun. Wieder versucht ein totalitäres System, unsere Wissenschaft seiner Ideologie dienstbar zu machen. Was die Genetik in einem halben Jahrhundert in zäher, oft mühseliger Arbeit zu unserem biologischen Weltbild an Erkenntnissen beigesteuert hat, paßt nicht in diese Ideologie.*

*Man leugnet die Bedeutung der Erbanlage, man möchte mit Hilfe der Umwelt den Menschen nach dem Belieben eines politischen Systems formen und propagiert eine Pseudogenetik blutiger Dilettanten, die bar jeder wissenschaftlichen Grundlage ist. Gegen diesen Terror in der Wissenschaft Front zu machen und die Freiheit in Forschung und Lehre zu verteidigen, sehe ich auch als eine Aufgabe der deutschen Genetik an. Im Wappen der Freien Universität steht das Wort Libertas. Der Kampf für die Freiheit der Wissenschaft war der Anlaß zur Gründung der Freien Universität. Diesen Kampf für das ganze Deutschland fortzuführen, betrachten wir als Gebot der Stunde.*

Hätte sich Hans Nachtsheim damals zum Stand der Analyse des menschlichen Erbgutes geäußert, wäre er mit wenigen Sätzen ausgekommen: Der Mensch hat 48 Chromosomen, auf denen die Gene linear angeordnet sind. Insgesamt sind etwa 200 Merkmale bekannt, die nach den Gesetzmäßigkeiten Mendels vererbt werden und damit auf einzelne Gene zurückgeführt werden können (Tabelle 6-1). 18 dieser Gene liegen auf dem X-, vier auf dem Y-Chromosom (hier täuschte er sich), keines kann bisher einem bestimmten Autosom zugeordnet werden, für keines ist die genaue

**Tabelle 6-1.** Zahl der bekannten Gene des Menschen im Jahr 1948 und 1998 auf den Gonosomen X und Y und den Autosomen. Der Nachweis von Genen im Jahr 1948 erfolgte ausschließlich indirekt anhand der mendelnden Vererbung eines phänotypisch sichtbaren Merkmals. Die Angaben hierzu stammen von H. Nachtsheim aus dem Jahr 1954.[19] Sie dürften angenähert auch für 1948 zutreffen. Die betreffenden Angaben für 1998 sind der Datenbank OMIM (Online Mendelian Inheritance in Man – www3.ncbi.nlm.nih.gov/Omim/) entnommen. Zu beachten ist, daß im Jahr 1948 noch kein einziges menschliches Gen kartiert war

| *Gene des Menschen* | | | |
|---|---|---|---|
| **X-chrom.** | **Y-chrom.** | **Autosomal** | **Kartiert** |
| 1948 | 18 | (4) | 166 | – |
| Juni 1998 | 329 | 24 | 5902 | 4619 |

Lage auf dem Chromosom bekannt. Eine „Welt" trennt die Humangenetik damit von der Drosophilagenetik mit ihren detaillierten Chromosomenkarten.

Die Situation heute hat sich grundlegend geändert. Wir wissen, daß der Mensch nur 46 Chromosomen aufweist, kennen aber nahezu 6000 erblich bedingter Merkmale. Viele Gene sind bereits identifiziert und isoliert, nahezu 5000 DNA-Abschnitte chromosomal lokalisiert.[23] Jede Woche werden acht bis zehn neue Gene beschrieben und mindestens ebenso viele kartiert. Dieser wissenschaftliche Fortschritt ist einmal Ausdruck eines methodischen Fortschrittes, der sogenannten „Gentechnologie" und zugleich Ergebnis des größten biologisch-medizinischen Forschungsvorhaben überhaupt, des Humangenomprojekts.

Im folgenden sollen kurz die biologischen Grundlagen des Genomprojekts behandelt und der aktuelle Stand vermittelt werden. Ganz im Vordergrund stand dabei zunächst die Erstellung genetischer und physikalischer Karten, jetzt gefolgt von der Ermittlung der vollständigen molekularen Struktur. Schließlich sollen einige Konsequenzen hieraus für den Bereich der Medizin und der Anthropologie angesprochen werden.

## Genetische Grundlagen

Sämtliche Zellen des menschlichen Körpers weisen praktisch die gleiche genetische Information von etwa 70000–100000 Genen auf, die insgesamt aber weniger als 5% des Erbgutes ausmachen. Der größte Teil besteht aus nichtkodierenden Abschnitten. Was die einzelnen Gewebe unterscheidet, ist das spezifische Muster der Genaktivität ihrer Zellen als Ergebnis von Entwicklung und Differenzierung. Diese beruhen auf einem komplexen Zusammenspiel endogener genetischer und exogener umweltbedingter Faktoren, wobei auch stochastische, also zufällige Prozesse durchaus eine Rolle spielen können.

Der Aufbau des Erbgutes aus seinen vier unterschiedlichen Bausteinen ist bei sämtlichen Organismen gleich, ebenso die Verschlüsselung in Form des genetischen Kodes. Diese Übereinstimmung läßt sich nur im evolutionären Sinne erklären. Sie macht zugleich verständlich, weshalb menschliche Erbanlagen in Bakterien eingeführt, dort in Proteine, z.B. das Insulin, übersetzt werden können, die schließlich als Medikamente wieder dem Menschen zur Verfügung stehen. Sie liefert die Erklärung für die Erstellung sogenannter Genbibliotheken.

Dabei können einzelne Fragmente des menschlichen Erbgutes, die mehr als eine Million Basenpaare lang sind, in Hefezellen vermehrt, kleinere Fragmente in Bakterien oder Viren amplifiziert und jedem Interessenten für weitergehende Untersuchungen zur Verfügung gestellt werden. Von Fragmenten, die kürzer als 1000 Basenpaare (bp) sind, kann die Basenabfolge Baustein für Baustein mit Hilfe von Sequenzierungsautomaten ermittelt werden.

Damit sollte es im Prinzip möglich sein, durch eine überlappende Folge derartiger Klone (sogenannte Contigs) das Erbgut des Menschen vollständig abzudecken, bis hinunter zu so kleinen Abschnitten, die schließlich sequenziert werden können (Abb. 6-1). Die praktische Umsetzung dieses Ansatzes mit dem Ziel der vollständigen Sequenzierung schien zunächst jedoch vermessen, was nicht zuletzt mit der ungeheuren Größe des Genoms zusammenhängt.

Insgesamt handelt es sich um jeweils drei Milliarden Bausteine, die vom Vater beziehungsweise der Mutter vererbt werden. Wollte man deren Abfolge ausdrucken und geht davon aus, daß jede Seite 3000 Buchstaben aufweist und ein Buch 1000 Seiten enthält, müßte die Bibliothek 1000 Bände umfassen.

Es hat in den 80er Jahren heftige Diskussionen darüber gegeben, ob die „Totalsequenzierung" überhaupt ein lohnenswertes

# Das humane Genomprojekt

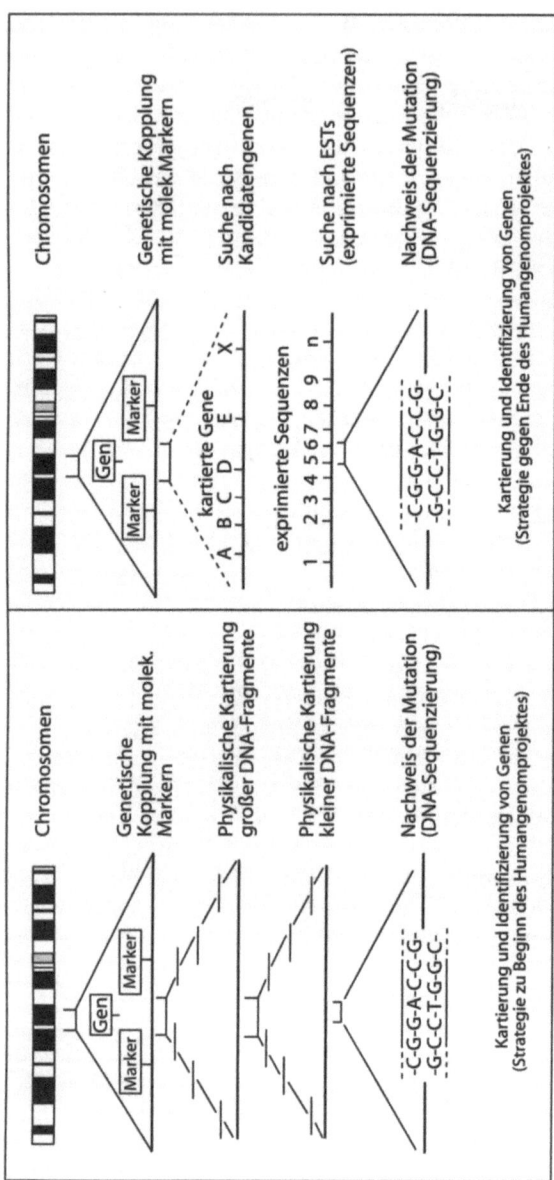

**Abb. 6-1.** Schematische Darstellung der Kartierung von Genen durch Kopplungsanalyse mit molekularen Markern. Die gemeinsame Vererbung eines bestimmten genetischen Merkmals mit bekannten Markern belegt, daß das Gen auf dem gleichen Chromosomenabschnitt wie der Marker gelegen ist. Zur Identifizierung des Gens müssen die flankierenden Marker bestimmt werden. *Links*: Zur systematischen Suche nach dem Gen wird die kritische Region durch sog. Contigs unterschiedlich großer DNA-Fragmente abgedeckt bis hin zu solchen Abschnitten, die direkt auf Mutationen hin analysiert werden können. Diese sehr aufwendige Gensuche war kennzeichnend für den Beginn des Humangenomprojekts. *Rechts*: Gegen Ende des Humangenomprojekts können durch eine Datenbankabfrage sofort sämtliche Gene bzw. kodierende Abschnitte allgemein (exprimierte Sequenzen, EST) in der kritischen Region ermittelt und anschließend auf Mutationen hin analysiert werden. (Nach[28])

(und finanzierbares) Ziel ist. Die Befürworter argumentierten, daß das Erbgut die Grundvoraussetzung menschlicher Existenz ist, seine Entschlüsselung daher eine der vornehmsten Ziele biomedizinischer Forschung überhaupt. Veränderungen der Erbanlagen, Mutationen, liegen zudem zahlreichen Krankheiten zugrunde, was den medizinischen Aspekt ausmacht. Mutationen waren es aber auch, die in der Stammesgeschichte zur Entstehung des Menschen geführt haben. Ihre Entschlüsselung betrifft den anthropologischen Aspekt des Genomprojekts.[21, 27]

Überraschenderweise ging die Initiative zu dem Humangenomprojekt jedoch nicht von Biologen oder Medizinern aus, sondern von Repräsentanten des Department of Energy in den USA, der früheren Atomic Energy Commission. Diese waren gewohnt, in derartigen Dimensionen zu denken, hatten gerade ein großes Vorhaben nahezu abgeschlossen, die Analyse der Auswirkungen der Atombombenexplosionen in Hiroshima und Nagasaki und suchten gleichsam nach einer weiterführenden wissenschaftlichen Herausforderung. Ein Komitee, dem auch Vertreter des NIH (National Institute of Health der USA) angehörten, schlug 1988 vor, sich dieser Herausforderung zu stellen, die von der Größe her mit der bemannten Weltraumfahrt gleichgesetzt wurde. James Watson wurde zum ersten Leiter des amerikanischen Genomprojekts bestimmt, das im Jahr 1991 mit mehr als 130 Millionen Dollar die erste entscheidende Förderung erfuhr.

Gleichzeitig ergab sich die Notwendigkeit, die Arbeiten auf diesem Gebiet international zu koordinieren. So wurde z.B. allein das menschliche $\beta$-Globingen mindestens 35mal unabhängig voneinander identifiziert. Diese Koordination auf freiwilliger Basis wurde von der „Human Genome Organisation (HUGO)" übernommen, die ihre Arbeit offiziell am 01.10.1990 begann. Inzwischen haben sich alle großen Industrienationen dem Humangenomprojekt angeschlossen, sehr spät, im Jahre 1995, auch Deutschland.

Die vollständige Sequenzierung des menschlichen Erbgutes stellt jedoch nicht das eigentliche Ziel des Genomprojekts dar. In formaler Hinsicht markiert es eher einen technologischen Abschluß. Das eigentliche Ziel gilt dem Verständnis der Funktion und ist damit weitaus anspruchsvoller.[16, 18] Diese läßt sich jedoch nur unter Berücksichtigung des evolutionären Kontextes erschließen. Hierbei gilt vereinfacht: Je wichtiger ein Abschnitt in der DNA ist, desto konservierter ist er in der Evolution, je unbedeutender, desto mehr mutative Abwandlungen weist er auf. Ein „Ja" zum Humangenomprojekt mußte daher auch die Bereitschaft zur Sequenzierung anderer Organismen einschließen. Die Hefe *Saccharomyces cerevisiae* war der erste Eukaryont, dessen Basenabfolge 1997 vollständig entschlüsselt wurde.[20] Bis zur Jahrtausendwende dürften die kompletten Sequenzen von etwa 50 weiteren Organismen vorliegen.

Der erste Schritt zur vollständigen Sequenzierung beruht auf der Erstellung genetischer und physikalischer Genkarten.[29] Diese bilden das unerläßliche Ordnungsprinzip, um einmal Gefundenes einzuordnen, beschreiben und wiederfinden zu können und dies über die Artgrenzen hinaus. Die Zuordnung zu einem bestimmten Chromosom entspricht dabei der Angabe des jeweiligen Bandes der Genbibliothek, die genaue Lage auf dem Chromosom der betreffenden Seiten- und Zeilenzahl. Sehr erleichtert wird die Zuordnung einzelner Abschnitte und ihr Wiederauffinden, da sich in den nichtkodierenden Bereichen molekulare Polymorphismen in großer Anzahl finden, die einfach und sehr spezifisch mittels der Polymerase-Kettenreaktion nachgewiesen werden können.

Von besonderer praktischer Bedeutung sind die sogenannten Mikosatelliten, die nahezu gleichmäßig über sämtliche Chromosomen verteilt und so variabel sind, daß in den meisten Fällen die mütterlichen und väterlichen Allele voneinander unterschieden werden können. Für mehrere tausend Marker ist die Reihenfolge und der genetische Abstand auf den einzelnen menschlichen Chromosomen bekannt, was insbesondere das Verdienst des „Centre d'Etude du Polymorphisme Humaine (CEPH)" in Paris ist.

Damit öffnet sich ein genereller Weg zur Identifizierung jedes beliebigen Gens durch Positionsklonierung.[5] Er beruht auf der systematischen Suche nach einem polymorphen Marker, der gemeinsam mit dem jeweiligen Gen vererbt wird. Hieraus kann auf seine chromosomale Lage geschlossen werden, um danach in der betreffenden Region nach dem Gen selbst zu suchen. Der entscheidende Beweis, daß es sich um das gesuchte Gen handelt, ist der Nachweis der molekularen Veränderung, die das Normalgen von dem mutierten unterscheidet (Abb. 6-1). Die praktische Vorgehensweise soll an zwei konkreten Beispielen illustriert werden. Sie verdeutlichen zugleich die grundlegende Bedeutung, die der Genkartierung im Rahmen des Humangenomprojekts zukommt.

## Kartierung und Identifizierung von Genen durch Positionsklonierung

Die Fanconi-Anämie (FA) und das Nijmegen-Breakage-Syndrom (NBS) sind zwei autosomal-rezessive* Erkrankungen, die sich unter anderem durch das gehäufte Auftreten spontaner Chromosomenbrüche auszeichnen (Abb. 6-2). Da ein einzelnes Bruchereignis das lichtmikroskopische Äquivalent eines DNA-Schadens darstellt, kann dieser so besonders empfindlich nachgewiesen werden. Treten derartige Ereignisse gehäuft bei unauffälligen Probanden auf, wird dem keine besondere Bedeutung zugemessen. Findet sich eine erhöhte Chromosomenbrüchigkeit hingegen bei Patienten mit einer genetisch bedingten Erkrankung, kommt ihr plötzlich ein großes Gewicht zu: Es weist darauf hin, daß das betreffende Gen direkt oder indirekt in die Aufrechterhaltung der DNA-Integrität involviert ist, d.h. in ein zentrales zellbiologisches Geschehen.

Die FA- und NBS-Patienten weisen ein komplexes klinisches Bild auf. Ein Symptom stellt dabei das stark erhöhte Krebsrisiko dar, was Ausdruck der stark erhöhten spontanen Mutationsrate sein dürfte. Ein weiteres, diagnostisches Kriterium ist die spezifische Empfindlichkeit der Zellen gegenüber erbgutschädigenden Noxen*. So weisen die Zellen von NBS-Patienten eine extreme Empfindlichkeit gegenüber ionisierenden Strahlen auf, die von FA-Patienten eine hohe Empfindlichkeit gegenüber Agenzien, die die einzelnen DNA-Stränge vernetzen (Abb. 6-2).

Grundlage für die Identifizierung der Gene ist zunächst ihre chromosomale Lokalisation. Das Prinzip der Genkartierung ist in Abb. 6-3 gezeigt. Die gesunden Eltern sind mischerbig und zwei ihrer drei Kinder von einer autosomal-rezessiven Erkrankung betroffen. Angegeben sind die Allele eines Mikrosatellitenlocus bei den Eltern (1, 2 und 2, 3) und ihren drei Kindern.

In Abb. 6-3a haben beide betroffene Kinder die gleiche Allelenkombination 1, 3, das unauffällige Kind hingegen 2, 3. Eine

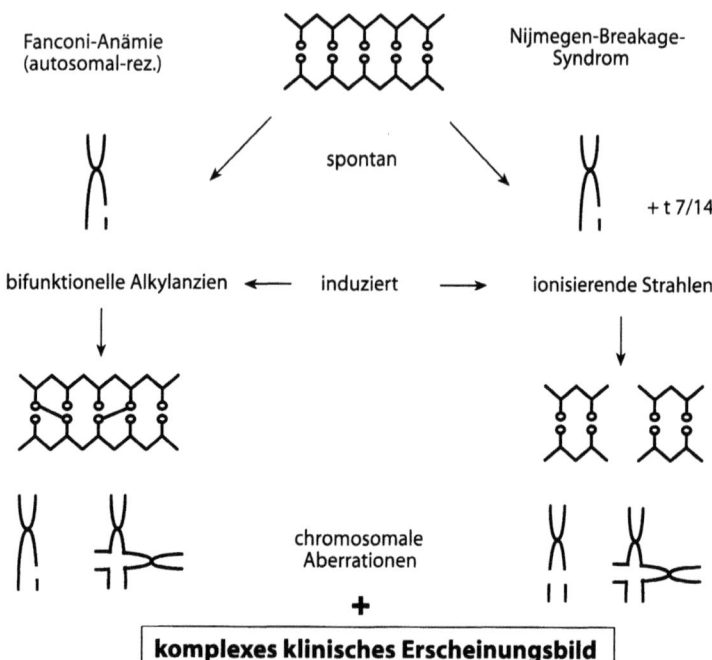

**Abb. 6-2.** Zusammenhang zwischen DNA-Veränderung und Chromosomeninstabilität bei der Fanconi-Anämie (FA) und dem Nijmegen-Breakage-Syndrom (NBS). Als Folge des genetisch bedingten Defektes ist die spontane Chromosomenbrüchigkeit erhöht. Im Falle des NBS treten noch gehäuft Translokationen zwischen den Chromosomen 7 und 14 auf (+t 7/14), die die Gene der Immunglobuline und T-Zellrezeptoren betreffen und auf einen Defekt des Immunsystems hinweisen. Die FA-Zellen reagieren nach Behandlung mit Substanzen, die die DNA-Stränge vernetzen, bifunktionellen Alkylanzien, mit einer stark erhöhten Chromosomenbrüchigkeit, während eine Einwirkung ionisierender Strahlen bei NBS-Zellen bevorzugt zu DNA-Doppelstrangbrüchen führt. (Weitere Einzelheiten s. Text)

solche Konstellation würde man im Falle gemeinsamer Vererbung dieses Mikrosatellitenlocus mit dem veränderten Gen erwarten. Natürlich kann diese Konstellation auch rein zufällig auftreten. Man geht deshalb grundsätzlich erst dann von einer Kopplung aus, wenn die Wahrscheinlichkeit für gemeinsame Vererbung 1000mal höher ist als die Wahrscheinlichkeit dagegen. Um derart gesicherte Werte zu erzielen, benötigt man große Familien mit vielen betroffenen und nicht betroffenen Mitgliedern oder man

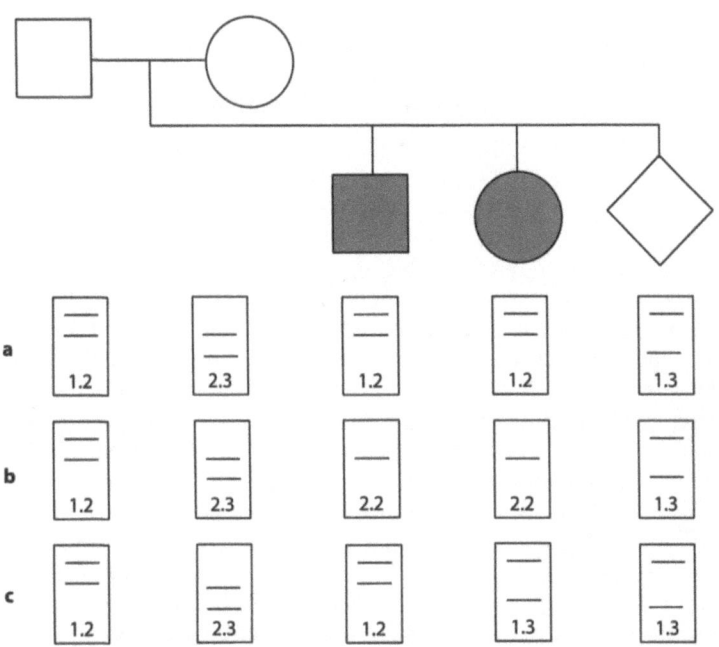

**Abb. 6-3 a–c.** Prinzip der Kopplungsanalyse mittels Mikrosatelliten. Der Stammbaum zeigt die gesunden, mischerbigen Eltern und drei Kinder, von denen zwei von einer autosomal-rezessiven Krankheit betroffen sind (ausgefüllte Symbole). Angegeben sind die Allele eines Mikrosatellitenmarkers (1–3), die unterschiedliche Längen besitzen und sich daher nach Auftrennung im elektrischen Feld als unterschiedlich weit wandernde Banden einfach nachweisen lassen; **a** genetische Konstellation bei Kosegregation von Marker und Krankheitsgen. Beide betroffenen Kinder stimmen im Hinblick auf die elterlichen Allele überein; **b** Genetische Konstellation wie unter **a** in Verbindung mit allelischer Assoziation. Beide betroffenen Kinder sind homoallelisch für den Marker und die Mutation im Krankheitsgen; **c** genetische Konstellation, die eine gekoppelte Vererbung von Marker und Krankheitsgen unwahrscheinlich macht. Die betroffenen Kinder weisen unterschiedliche elterliche Markerallele auf. (Einzelheiten s. Text)

muß die Kopplungsdaten aus mehreren kleinen Familien zusammenfassen. Dies geht aber nur, wenn jeweils das gleiche Gen betroffen, genetische Heterogenität also ausgeschlossen ist. Liegt hingegen eine Konstellation wie bei Abb. 6-3c vor, spricht dies eher gegen eine gemeinsame Vererbung.

Im Falle der Fanconi-Anämie konnte an einer großen Familie aus dem Libanon auf diese Weise die Lage des Gens auf dem kurzen Arm des Chromosoms 9 wahrscheinlich gemacht und durch Einbeziehung weiterer Familien gesichert werden.[25] Zur Kartierung des NBS-Gens standen eine Reihe kleiner Familien zur Verfügung, die allesamt aus Polen und der Tschechei stammten. Hier konnte der Genort dem langen Arm von Chromosom 8 zugeordnet werden.[24] Dabei ergab sich ein unerwarteter Befund: Für den dicht gelegensten Marker wiesen alle Betroffenen das gleiche Allel auf. Dies entspräche der Konstellation in Abb. 6-3b.

Im Gegensatz dazu zeigten die Chromosomen mit dem Normalgen eine Vielzahl verschiedener Allele. Die Erklärung für eine derartige allelische Assoziation ist einfach: Alle Patienten aus Polen und der Tschechei weisen die gleiche Ursprungsmutation auf. Sie ereignete sich auf einem Chromosom, das das spezielle Allel trug und aufgrund der engen Nachbarschaft wurden beide Loci seither gemeinsam, also gekoppelt, vererbt.[1] Gestützt auf die Lage im Genom sind bereits die Voraussetzungen gegeben, eine indirekte Diagnostik durchzuführen. Hierzu wird an einem Indexfall ermittelt, welche Allele der flankierenden Marker mit dem veränderten Gen gekoppelt sind. Danach kann z.B. im Rahmen einer vorgeburtlichen Diagnostik die Allelenkombination des zu erwartenden Kindes festgestellt werden. Weist das Kind, wie in Abbildung 6-3a, die Konstellation 2, 3 auf, hat es das normale Chromosom vom Vater und dasjenige mit der NBS-Mutation von der Mutter erhalten, es ist mischerbig und daher von der Erkrankung nicht betroffen. Ein Irrtum kann dann eintreten, wenn Marker und Gen durch meiotische Rekombination voneinander getrennt werden. Je dichter beide beieinander liegen, desto sicherer ist die Aussage. Der große Vorteil dieses Nachweises ist, daß es weder eine Rolle spielt, ob das Gen bereits bekannt ist, noch welche Veränderung innerhalb des Gens vorliegt, um zu einer Aussage zu gelangen.

Zur Identifizierung der beiden Gene wurden zwei unterschiedliche Strategien eingeschlagen. Im Falle des FA-Gens geschah dies

---

[1] Das hier beschriebene Prinzip, aus der gleichen Allelenkombination auf gemeinsame Herkunft zu schließen, liegt dem „Human Genome Diversity Program" zugrunde. Ziel dabei ist es, die Verwandtschaftsbeziehungen der verschiedenen ethnischen Gruppen zu ermitteln. Dieses Vorhaben geht nur relativ langsam voran, da es Befürchtungen gibt, daß diese Information zur Diskriminierung herangezogen werden könnte.

durch funktionelle Komplementation. Grundlage hiefür war eine Gen-Bibliothek, bei der die einzelnen Gene des Menschen (als sogenannte cDNAs) in einem Vektor enthalten sind, der in der Lage ist, sich in menschlichen Zellen zu vermehren. Mit diesen Vektorkonstrukten wurden kultivierte Patientenzellen transfiziert (Transfektionstechniken s. Kap. 4, 5 und 8) und dann diejenigen isoliert, die sich wie normale Zellen verhielten, bei denen also eine Korrektur (Komplementation) des genetischen Defektes stattgefunden hatte. Auf diese Weise konnten mehrere Vektor-Konstrukte isoliert werden, die den Defekt korrigierten. Eines der darin enthaltenen Gene war auf dem Chromosom 9 gelegen. Es handelte sich hier tatsächlich um das gesuchte FA-Gen, wie die anschließende Mutationsanalyse zeigte. Das Gen insgesamt hat 14 Exons und weist keine Verwandtschaft mit bereits funktionell charakterisierten Genen auf.[7]

Im Falle des NBS-Gens konnte durch Kopplungsanalysen bereits die kritische Region auf 300 Kilobasenpaare (kbp) eingegrenzt werden. Zunächst wurden alle Datenbanken auf bekannte Gene in dieser Region hin überprüft. Dabei wurden zwei Gene gefunden, die jedoch keine Mutationen aufwiesen und daher nicht in Frage kamen. Wenn in wenigen Jahren praktisch sämtliche Gene bekannt und kartiert sein werden, wird diese Suche nach Kandidatengenen in der kritischen Region der schnellste Weg sein, um das gesuchte Gen zu identifizieren. Im vorliegenden Fall wurde die Basenfolge dieser Region durch „Shot-gun-Sequenzierung" bestimmt.[2] Danach wurde die DNA auf das Vorliegen kodierender Bereiche hin analysiert und ein Abschnitt identifiziert, in dem sämtliche Probanden eine 5-Basenpaar-Deletion* aufwiesen. Es stellte sich rasch heraus, daß es sich um das Exon* 6 des gesuchten NBS-Gens handelt, das sich insgesamt über einen Bereich von 51 kbp erstreckt.[32] Erwartungsgemäß wiesen alle Patienten aus Osteuropa die gleiche Ursprungsmutation auf.

---

[2] Das „Shot-gun"-Prinzip wurde von Craig Venter sehr erfolgreich zur vollständigen Sequenzierung der Genome verschiedener Mikroorganismen eingesetzt. Seine Ankündigung, auf diese Weise, d.h. ohne vorherige Kartierung, das komplette menschliche Genom zu sequenzieren, hat viel Irritation ausgelöst. Angesichts der großen Zahl repetitiver Abschnitte erscheint ein solches Unterfangen aussichtslos. Wenn es allerdings nur um die Identifizierung (und eventuell Patentierung) der einzelnen Gene geht, dürfte dieses Vorgehen sehr effizient sein.[10]

Auch das NBS-Gen zeigte keine Homologien mit bekannten Genen. Es enthielt allerdings zwei Domänen, die charakteristisch für Proteine sind, die in die Regulation des Zellzyklus und die DNA-Reparatur einbezogen sind. Inzwischen ist gut belegt, daß das Protein des NBS-Gens, Nibrin, tatsächlich Teil eines Proteinkomplexes ist, der in die Reparatur von DNA-Doppelstrangbrüchen (DSB) involviert ist. Den Hinweis hierfür lieferten Zellbiologen aus den USA,[3] die in einem Proteinkomplex der DSB-Reparatur ein unbekanntes Protein fanden, dessen zugrunde liegendes Gen auf Chromosom 8 in der NBS-Genregion lag. Durch den Vergleich von Sequenzdaten war der Beweis sehr einfach zu führen, daß es sich tatsächlich um das NBS-Gen handelte. Auch hier war es die Genkarte, durch die beide Informationen zusammengeführt wurden.

Jetzt war es auch möglich, das komplexe klinische Bild der Patienten zumindest prinzipiell verständlich zu machen[30]: DNA-Doppelstrangbrüche treten gehäuft als Folge der Einwirkung ionisierender Strahlen auf, was die extreme Strahlenempfindlichkeit der Probanden erklärt. Damit einher geht eine erhöhte Mutationsrate, die dem hohen Krebsrisiko zugrunde liegen dürfte. Besonders stark geschädigte Zellen sterben zudem ab, was verantwortlich für den Minderwuchs und die Mikrozephalie als Ausdruck einer verringerten Zellzahl sein könnte. DNA-Doppelstrangbrüche treten bei der Reifung der Zellen des Immunsystems auf und im Zusammenhang mit der Bildung der Keimzellen bei der meiotischen Rekombination.

Es spricht vieles dafür, daß das NBS-Gen in diese Prozesse einbezogen ist, womit einmal die Immundefizienz, also eine verringerte Infektionsabwehr, und zum anderen die Gonadendysgenesie, das Fehlen funktionstüchtiger Keimzellen, erklärt werden könnten (Abb. 6-4).

Im Falle der Fanconi-Anämie (FA) ist man noch weit von einem Verständnis der molekularen Ursache entfernt, geschweige denn, eine Erklärung für das komplexe klinische Bild liefern können. Komplementationsuntersuchungen haben ergeben, daß Mutationen in mindestens acht verschiedenen Genen (FANC-A bis FANC-H) zum klinischen Bild der FA führen können.[8] Drei davon wurden bislang identifiziert, das FANC-A-, das FANC-C- und das hier erwähnte FANC-G-Gen. Es ist hier nicht der Platz,

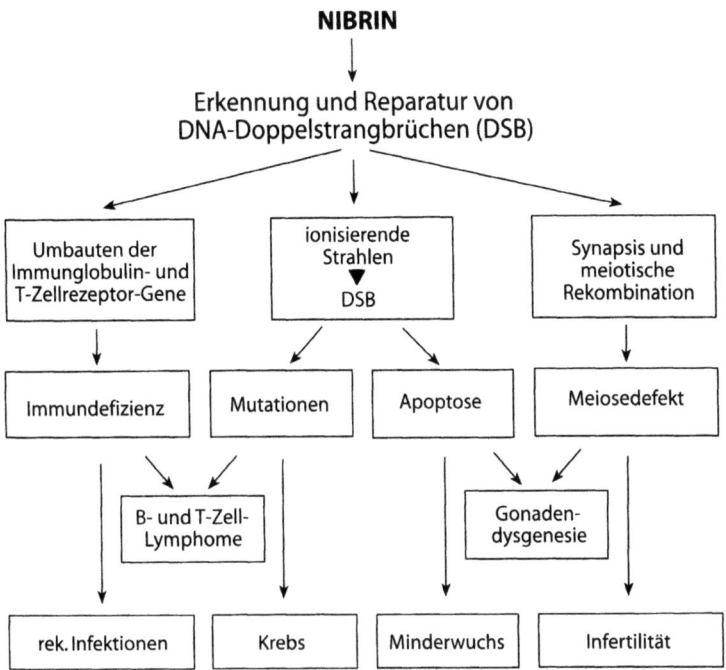

**Abb. 6-4.** Stark vereinfachte schematische Darstellung, wie das vielfältige klinische Bild bei Patienten mit dem Nijmegen-Breakage-Syndrom (NBS) mit einem Defekt in der Reparatur von DNA-Doppelstrangbrüchen in Verbindung gebracht werden kann. Nibrin ist das Genprodukt des NBS-Gens. (Weitere Einzelheiten s. Text; nach [30])

die vielen – oftmals widersprüchlichen – Befunde zur Pathogenese abzuhandeln. Es kristallisiert sich inzwischen heraus, daß die FANC-A und FANC-C-Proteine im Zytoplasma vorliegen, aber auch einen Komplex ausbilden können, der nach chemischer Modifikation in den Zellkern übertritt.[33]

Dies steht im Einklang mit einer direkten oder indirekten Rolle bei der DNA-Reparatur. Interessanterweise wird dieser Komplex bei den meisten FA-Komplementationsgruppen nicht gebildet, sondern nur in normalen Zellen und jenen der Komplementationsgruppe D. Dies spricht dafür, daß die Proteine der anderen FA-Gene an der Bildung des Komplexes beteiligt sind und lediglich das FANC-D-Protein eine unabhängige Rolle spielt (Abb. 6-5). Auch

Das humane Genomprojekt 123

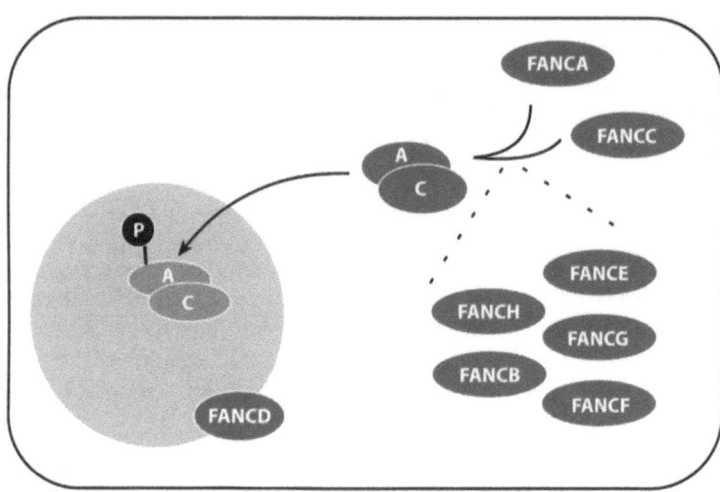

**Abb. 6-5.** Hypothetisches Zusammenspiel der verschiedenen Fanconi-Anämie-Gene (FANCA bis FANCH). Unter Mitwirkung von fünf FA-Genen bilden die FANCA- und FANCC-Proteine einen Komplex, der nach Modifikation aus dem Zytoplasma der Zelle in den Zellkern wandert. (Aus [9])

wenn damit noch nichts zur eigentlichen Funktion ausgesagt wird, macht dies doch das übereinstimmende klinische Bild im Falle der Mutation eines dieser Gene verständlich. [9]

Zweierlei haben diese Beispiele gezeigt: Einmal, wie schwierig es sein kann, nach Identifizierung des Gens seine eigentliche Funktion zu erschließen, zum anderen aber auch, welch zentrale Rolle heute dem Zugriff auf detaillierte Genkarten, der Verfügbarkeit spezieller Genbibliotheken und insbesondere der Nutzung einer Software zukommt, die eine rasche Durchmusterung großer Datenmengen ermöglicht. Eine derartige Kombination aus experimenteller Forschung und Bioinformatik wird die biomedizinische Wissenschaft der Zukunft prägen. [16, 23]

## Vom Genom zum Proteom

Je kompletter die Genkarte und je weiter die Sequenzierung vorangeschritten sind, desto rascher wird man, ausgehend von der chromosomalen Lage, neue Gene identifizieren können. Ganz neue Möglichkeiten in dieser Hinsicht eröffnen DNA-Chips\*, die auf kleinster Fläche eine große Anzahl von Genfragmenten auf einem Träger vereinen und die genomweite Suche nach Kopplungsbeziehungen rascher und präziser ermöglichen werden. Dies wird auch die Suche nach solchen Genen erleichtern, die lediglich ein erhöhtes Krankheitsrisiko bedingen. Wieder andere Chips werden die Identifizierung von Mutationen in zahlreichen Genen wesentlich vereinfachen. Bereits jetzt sind Chips im Einsatz, mit denen festgestellt werden kann, welche Gene in bestimmten Geweben aktiv sind.[10] Von dem eigentlichen Ziel, die Funktion der Gene zu erschließen und ihr Zusammenwirken zu verstehen, ist man dabei in den meisten Fällen aber noch weit entfernt.

Der Grund hierfür wird besonders deutlich, wenn man die nächste Stufe in der Übersetzung der genetischen Information einbezieht, die Proteine, also die eigentlichen Funktionsträger. Die Gesamtheit der Proteine wird – in Analogie zum Genom – als Proteom bezeichnet.[22] Mittels zweidimensionaler Proteinelektrophorese lassen sich von einem Gewebe mehr als 10 000 Proteine auftrennen.[14] Bei dieser Methode wird ein Gemisch von Proteinen in einem elektrischen Feld aufgetrennt; die Proteine können angefärbt und als Flecken (engl. spots) sichtbar gemacht werden. Legt man die elektrische Spannung anschließend quer zur alten Laufrichtung an den Träger des Gemisches an, so können einzelne Spots, evtl. verschiedene Proteine, durch unterschiedliche Wanderungsgeschwindigkeiten im elektrischen Feld nochmals „zerlegt" werden. Solche einzelnen Proteinspots können danach isoliert und massenspektrometrisch beziehungsweise durch Mikrosequenzierung charakterisiert werden. Auf diese Weise kann aus der Abfolge ihrer Aminosäuren bestimmt werden, ob das Protein bereits bekannt und das zugrundeliegende Gen identifiziert ist.

Die Zuordnung eines Gens zu einer mRNA und einem Protein stellt hierbei eine starke Vereinfachung dar. In vielen Fällen wird durch differentielles Spleißen ein Gen in verschiedene reife RNAs überschrieben, die entsprechend in unterschiedliche Proteine übersetzt und durch postranslationale Modifikation weiter abgewandelt werden. Erst diese modifizierten Proteine sind die biologisch aktiven Produkte. Man erkennt hieran die Zunahme an Komplexität, wenn man von der DNA-(RNA-)Ebene zu jener der Proteine übergeht. Dabei sind quantitative Unterschiede noch nicht einmal berücksichtigt, geschweige denn die Wechselwirkungen verschiedener Proteine miteinander.

Zukünftig wird es darum gehen, all diese Informationen zusammenzuführen, um darauf gestützt allgemeine Schlüsse zur Genphysiologie und -pathologie zu ziehen.[22] Schon heute zeichnet sich ab, daß für die Funktionsaufklärung der 12 000 bis 14 000 Gene, die zur Grundausstattung mehrzelliger Lebewesen gehören, Untersuchungen an Modellorganismen eine zentrale Rolle spielen werden. Dies fängt an bei der Hefe und führt über die Obstfliege bis hin zu der Maus. Daraus werden sich auch Hinweise auf die Funktion vieler der ca. 70 000 menschlichen Gene ergeben, die größtenteils durch Duplikation aus dieser genetischen Grundausstattung hervorgegangen sind, jedoch im Laufe der Evolution verschiedene Aufgaben übernommen haben.[6, 18]

## Auswirkungen des Genomprojekts auf die Medizin

Die Ergebnisse des Genomprojekts werden weitreichende Auswirkungen für die Medizin haben, wobei zunächst die Schere zwischen den diagnostischen Möglichkeiten und den therapeutischen Konsequenzen immer größer wird, aber auch zwischen dem, was man zu wissen glaubt und tatsächlich weiß. Der erste Aspekt ist nicht überraschend, der zweite hängt mit der Art und Weise des Erkenntnisgewinns in der Humangenetik zusammen.

Eines der leitenden methodischen Prinzipien hierbei ist es, solche Merkmale zu analysieren, die streng nach den Mendelschen Gesetzen vererbt werden, um so die zugrundeliegenden Gene zu kartieren und zu identifizieren. Es ist ein stark reduktionistischer Ansatz, durch den der übrige genetische Hintergrund, sowie umweltbedingte und stochastische* Prozesse praktisch ausgeblendet werden (Abb. 6-6 *links*). Geht man jedoch „auslesefrei" vor, spielen diese Faktoren plötzlich eine wichtige Rolle. So können bei gleicher molekularer Veränderung eines Gens unterschiedliche Personen erhebliche klinische Unterschiede aufweisen, die im Extremfall von gesund bis schwerkrank reichen.

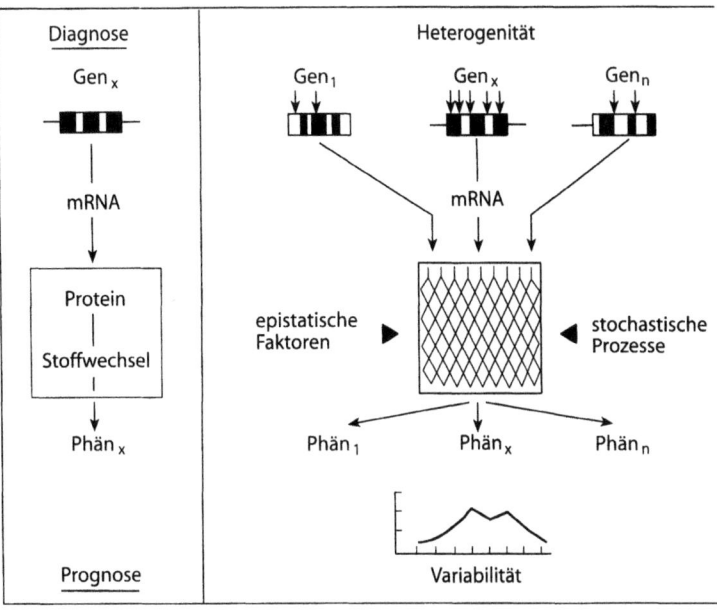

**Abb. 6-6.** Schematische Darstellung der Genotyp-Phänotyp-Beziehung. Im *linken Bildteil* ist ein einfacher, direkter Bezug zwischen einem veränderten Gen und einem daraus resultierenden Merkmal (*Phän*) dargestellt. Diese extrem reduktionistische Sichtweise wird den tatsächlichen Gegebenheiten jedoch nicht gerecht. Im *rechten Bildteil* wird gezeigt, daß es bereits innerhalb eines Gens an verschiedenen Stellen Veränderungen geben kann, die sich klinisch unterschiedlich manifestieren. Auch können umgekehrt Veränderungen in unterschiedlichen Genen zu einem ähnlichen klinischen Phänotyp führen (Heterogenität). Die Genwirkung gleicht eher einem Netzwerk mit vielfachen Wechselwirkungen und Rückkoppelungsprozessen, bei der auch Umweltfaktoren (epistatische Prozesse) und stochastische Vorgänge, also der Zufall, eine maßgebliche Rolle spielen. Es sind in der Regel zahlreiche Merkmale gleichzeitig betroffen (Pleiotropie), die jedes für sich noch eine erhebliche Variabilität aufweisen können. Durch DNA-Analyse kann heute in vielen Fällen eine Diagnose gestellt werden; prognostische Aussagen sind hingegen wesentlich schwieriger zu treffen. Insbesondere gilt das für solche Fälle, bei denen die Veränderungen keine Mutationen, sondern Polymorphismen oder Varianten betreffen. (Weitere Einzelheiten s. Text; aus [28])

Dies hat unmittelbare Konsequenzen für die genetische Beratung betroffener Familien, insbesondere wenn es sich um eine vorgeburtliche Diagnostik handelt. In Abb. 6-6 (*rechts*) ist diesem Gesichtspunkt Rechnung getragen. Danach sind die Gene Grundlage eines komplexen (homeostatischen) Netzwerkes, welches das

Ergebnis eines langen, evolutionären Prozesses ist. Die Veränderung eines Gens betrifft dabei oftmals nur eine Komponente dieses stark gepufferten Systems, dessen Eigenschaft es gerade ist, nachteilige Auswirkungen zu kompensieren.[31]

Etwas vereinfacht gilt, daß frühere Lebensphasen stärker genetisch bestimmt sind als spätere (Abb. 6-7), daß eine Störung des homeostatischen Netzwerkes infolge einer Genmutation daher generell schwerwiegendere klinische Konsequenzen hat und sich häufig als monogen bedingte Krankheit manifestiert. Ihre Zahl ist groß, die jeweilige Häufigkeit in der Regel gering, wirkungsvolle therapeutische Maßnahmen stellen eher die Ausnahme dar. Etwa 90% der monogen bedingten Erkrankungen manifestieren sich bis zur Pubertät.[4]

Danach dominieren die multifaktoriell bedingten oder komplexen Erkrankungen: Von diesen gibt es weniger, sie betreffen aber jeweils einige Prozent der Bevölkerung. In genetischer Hinsicht liegen ihnen in der Regel keine Mutationen sondern genetische Polymorphismen beziehungsweise Varianten zugrunde. Sie zählen zur „normalen" Variabilität des Erbgutes, kommen bei vielen Personen vor, wobei die jeweilige Häufigkeit zwischen verschiedenen ethnischen Gruppen erheblich variieren kann. Generell gilt hierbei, daß so, wie sich die Menschen äußerlich unterscheiden, sie auch verschieden im Hinblick auf ihre normalen physiologischen Eigenschaften sind.

Dieses auf Garrod (1909) zurückgehende Konzept von der biochemischen Individualität des Menschen macht z. B. die individuell unterschiedliche Reaktion auf die Einnahme bestimmter Medikamente verständlich, die unterschiedliche Anfälligkeit gegenüber Infektionserregern, aber auch die Disposition für Herz-Kreislauf-Erkrankungen. Diese genetisch bedingte Variabilität wird verständlich, wenn man bedenkt, daß der Mensch die weitaus längste Zeit seiner Stammesgeschichte als Jäger und Sammler lebte und seine genetische Austattung daher primär diesen Lebensumständen angepaßt ist.

In Verbindung mit den heute stark veränderten Ernährungs- und Lebensweisen kommt es dann zur Entstehung der komplexen Krankheiten. Bei ihrer Manifestation wirken daher exogene und individuelle endogene genetische Faktoren, zusammen. Diese Sichtweise impliziert zugleich, daß Krankheit auch im evo-

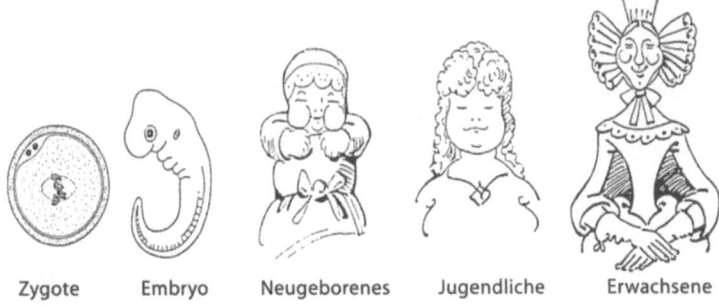

| Zygote | Embryo | Neugeborenes | Jugendliche | Erwachsene |

Genetische Determination der Entwicklungsprozesse

| sehr hoch | hoch | mäßig | | gering |

Manifestation genetisch bedingter Defekte

Chromosomenanomalien
　　monogen bedingte Erkrankungen
　　　　multifaktoriell bedingte Erkrankungen

| häufige Ereignisse | viele verschiedene, | wenige, aber häufig |
| meist letal | jeweils selten, | (> 1% der Bevölkerung) |
| | Therapie schwierig | Prävention möglich |

**Abb. 6-7.** Stark vereinfachte Darstellung zwischen der genetischen Bestimmtheit von Entwicklungsprozessen und der Manifestation genetisch bedingter Erkrankungen. Numerische Chromosomenanomalien sind die wesentliche Ursache für das Absterben menschlicher Keime vor der Einnistung in den Uterus beziehungsweise als spontane Fehlgeburt. Die monogen bedingten Erkrankungen manifestieren sich ganz überwiegend bis zur Pubertät. Sie gehen in den meisten Fällen auf Genmutationen zurück. Danach dominieren die komplexen oder multifaktoriell bedingten Erkrankungen. Neben Umweltfaktoren spielen hierbei in der Regel genetische Polymorphismen oder Varianten eine Rolle. (Weitere Einzelheiten s. Text; aus [28])

lutionären Kontext zu sehen ist und zudem eine wesentliche zeitliche Komponente aufweist. [4, 31]

Der wissenschaftliche Fortschritt wird dazu führen, daß diese Dispositionen zunehmend einfacher nachweisbar werden und durch geeignete präventive Maßnahmen eine Krankheitsmanifestation u. U. ganz vermieden werden kann. In diesem Falle wird nicht der Kranke, sondern der Gesunde untersucht und beraten, wird die sogenannte operative Medizin durch die diskursive, präventive Medizin ersetzt oder zumindest ergänzt. Zukünftig wird daher der Beratung und Aufklärung eine immer größere Bedeutung zukommen.

Dieser wissenschaftlich-medizinische Fortschritt ist die Grundlage für eine individuellere und damit bessere Medizin. Die Umsetzung wird von den gesellschaftlichen Rahmenbedingungen bestimmt.[1,11,27] Die Humangenetiker/medizinischen Genetiker haben hierzu Richtlinien verfaßt, die auf der Trias Beratung-Diagnostik-Beratung basieren, der Freiwilligkeit der Inanspruchnahme und der strikten Einhaltung des Datenschutzes sowie auf der ärztlichen Schweigepflicht. Damit soll jegliche Diskriminierung und Stigmatisierung vermieden werden. Entsprechende Empfehlungen der WHO können bereits über das Internet abgerufen werden (http://www.who.int/ncd/hgn/hgnethic.htm). Von besonderer Bedeutung hierbei ist die rechtzeitige Aufklärung über die wissenschaftlichen Grundlagen, die bereits in der Schule beginnen muß.

## Auswirkungen des Genomprojekts für die Anthropologie

Veränderungen des Erbgutes waren es, die im Laufe der Stammesgeschichte aus affenähnlichen Vorfahren den *Homo erectus* und schließlich den *Homo sapiens* hervorgehen ließen. Das, was den Menschen auszeichnet, sein Verstand, ist das Ergebnis von Mutation und Selektion und muß daher seinen Niederschlag im Erbgut gefunden haben. Konrad Lorenz hat hierzu klar festgestellt, daß unser Gehirn nicht entstanden ist, um die Wahrheit zu erkennen, sondern um das Überleben zu sichern.[17] Er hat damit Antwort auf eine zentrale Frage der Erkenntnisphilosophie gegeben, die die Voraussetzung jedweder Erkenntnis betrifft. Es sind die Kantschen Apriori, zu denen unter anderen der Kausalnexus, die Vorstellung von Raum und Zeit, zählen. Sie sind ein Apriori für das Individuum, jedoch ein Aposteriori, wenn man die Stammesgeschichte betrachtet, da sie im Erbgut niedergelegt sind.

Die genetischen Voraussetzungen für den Menschen als Kulturwesen dürften sich seit dem Auftreten des *Homo sapiens sapiens* vor etwa 30 000–40 000 Jahren kaum geändert haben. In welcher Weise hierbei Erbe und Umwelt zusammenwirken, beginnen wir erst ansatzweise zu verstehen. So ist das Erlernen der spezifischen Muttersprache abhängig von der jeweiligen Sprachgemeinschaft, also umweltbedingt, die Syntax hingegen, folgt man Chomsky, niedergelegt in unseren Erbanlagen. Hierbei ist das unbewußte Erlernen der Sprache zudem an eine bestimmte Entwicklungsphase gebunden. Vereinfacht gilt, daß in dieser sensitiven Periode genetisch festgelegte Entwicklungsabläufe in Verbindung mit bestimmten sensorischen Reizen zur Bildung neuer neuronaler Verbindungen führen.

Bleiben die exogenen Stimuli aus, können die entsprechenden Lernvorgänge später nur schwer oder gar nicht nachgeholt werden.[2,26] So gibt es z. B. ein bestimmtes Zeitfenster, in denen Säuglinge den Klang der Muttersprache erlernen. Da im Japanischen nicht zwischen L und R unterschieden wird, haben erwachsene Japaner große Schwierigkeiten, die Laute L und R überhaupt zu trennen. Japanischen Säuglingen hingegen fällt dies leicht, aber nur bis zu einem Alter von etwa zwölf Monaten.[2] Nimmt man hinzu, daß es aufgrund der „biochemischen Individualität" auch noch Unterschiede in der Aufnahme und Verarbeitung der exogenen Reize geben dürfte und bei der Ausbildung der Zell-Zell-Kontakte zufällige Prozesse eine Rolle spielen, erhält man einen Eindruck von der Komplexität dieses Geschehens.

Die Herausforderung, solche genetischen Veränderungen nachzuweisen, die die Grundlage für den Menschen als Kulturwesen bilden, ist unvergleichlich viel größer als der Nachweis jeglicher Veränderung mit Krankheitswert. Dies liegt nicht zuletzt daran, daß jede Person im Hinblick auf derartige Merkmale angesichts der individuellen Kombination der Erbanlagen und der speziellen Biographie ein „Einzelereignis" darstellt, und Einzelfälle lassen sich wissenschaftlich nicht, oder nur sehr eingeschränkt, analysieren. Geht man aber davon aus, daß Vorstufen der Kulturfähigkeit bereits bei Tierprimaten zu finden sind, eröffnet die Möglichkeit zur Herstellung genetisch identischer Individuen durch Klonen\* (nach Übertragung somatischer Zellkerne in entkernte Eizellen) ganz neue Perspektiven. Daß sich ein solches Vorgehen für den Menschen verbietet, braucht hier nicht eigens betont zu werden. Unabhängig davon liegt aber in der Beantwortung der Frage „Was ist der Mensch" die eigentliche – anthropologische – Begründung für die Durchführung des Humangenomprojekts.

Kommen wir zum Schluß auf die Gegenwart zurück. Die Sorge, die Hans Nachtsheim in seiner Ansprache an die Studenten der Freien Universität zum Ausdruck brachte, ist mit dem Untergang der beiden totalitären Systeme praktisch gegenstandslos geworden. Dies besagt selbstversändlich nicht, daß die Umsetzung des neuen genetischen Wissens in die medizinische Praxis neben großen Chancen auch Gefahren bergen könnte. Hierauf wurde vielfältig hingewiesen. Eine ausführliche Behandlung würde den Rahmen dieses Beitrages sprengen. Allerdings gewinnt in diesem Zusammenhang die akademische Festrede von Herbert Lüers, dem Nachfolger Nachtsheims auf den Lehrstuhl für Allgemeine Biologie und Genetik der Freien Universität, wieder an Aktualität, die er als neugewählter Rektor am 4. Dezember 1963 hielt.

Zum Schluß seiner Ausführung über „Genetik in der Gegenwart" sagte er:

*Die Frage nach der zukünftigen Entwicklung dieses Forschungszweiges liegt nahe... Allgemein läßt sich sagen: Nachdem wir wissen, daß das Rätsel des Lebens von den Genen her, in der Analyse ihrer Wirkungsweise, ihrer Struktur und ihrer Mutabilität angehbar ist, dürfen wir noch große, vielleicht explosive Fortschritte erwarten, zunächst auf dem Gebiet der Grundlagenforschung. Aber die praktische Anwendung neuer Erkenntnisse läßt meist nicht lange auf sich warten. Wir wollen hoffen, daß das Wissen und die Macht, die der Menschheit aus diesem Zweig der Biologie zufließen werden, ihr ganz zum Segen gereichen mögen.*

Heute, 25 Jahre später, kann man sagen, daß die damals geäußerte Hoffnung nicht enttäuscht wurde. Die bisherigen Ergebnisse der Gentechnologie und des Genomprojekts haben die Biologie revolutioniert, aber auch zu einem intensiven und öffentlichen Nachdenken über die Auswirkungen geführt. Der Wunsch bleibt, daß dem doppelten Sinngehalt des „Humanen" in Verbindung mit dem Genomprojekt Rechnung getragen wird und daß auch zum 100jährigen Bestehen der Freien Universität eine unverändert positive Bilanz gezogen werden kann.

## Literatur

1. Beardsley T, Hoefer I: (1996) Entschlüsseltes Leben. Spektrum der Wissenschaft Juli 1996:48-55
2. Breuer G (1997) Sprachentwicklung bei Säugetieren. Naturwissenschaftliche Rundschau 50:357
3. Carney JP, Maser RS, Olivares H, Davis EM, Le Beau M, Yates JR 3rd, Hays L, Morgan WF, Petrini JH (1998) The hMRE11/hRad50 protein complex and Nijmegen Breakage Syndrome: linkage of double-strand break repair to the cellular DNA damage response. Cell 93:477-486
4. Childs B (1995) A logic of disease. In: Scriver CR, Beaudet AL, Sly WS, Valle D (eds) The metabolic and molecular bases of inherited disease, 7th edn. McGraw Hill, New York, pp 229-257
5. Collins FS (1995) Positional cloning moves from perditional to traditional. Nature Genetics 9:347-350
6. Cooke J, Nowak MA, Boerlijst M, Maynard-Smith H (1997) Evolutionary origins and maintenance of redundant gene expression during metazoan development. TIG 13:360-363
7. De Winter JP, Waisfisz Q, Rooimans MA, van Berkel CGM, Bosnoyan-Collins L, Alon N, Bender O, Demuth I, Schindler D, Pronk JC, Anwert F, Hoehn H, Digweed M, Buchwald M, Joenje H (1998) The Fanconi anemia group G gene is identical with human XRCC9. Nature Genetics 20:281-283
8. Digweed M, Sperling K (1996) Molecular analysis of Fanconi anemia. BioEssays 18:579-585
9. Digweed M (1999) Molekulare Grundlagen der Fanconi-Anämie. Klinische Pädiatrie (im Druck)
10. Editorial (1998) Getting hip to the chip. Nature Genetics 18:195-196
11. Friedmann T (1990) Opinion: the human genome project - some implications of extensive „reverse genetic" medicine. American Journal of Human Genetics 46:407-414
12. Goodman L (1998) Random shotgun fire. Genome Research 8:567-568
13. Harding RM, Sajantila A (1998) Human genome diversity - a project? Nature Genetics 18: 307-308
14. Klose J, Kobalz U (1995) Two-dimensional electrophoresis of proteins: an updated protocol and implications for a functional analysis of the genome. Electrophoresis 16:1034-1059
15. Kostrjukowa KJ (1949) In: Stenographischer Bericht (Tagung der Lenin-Akademie der landwirtschaftlichen Wissenschaften, 1948) „Die Lage in der biologischen Wissenschaft". Verlag für fremdsprachliche Literatur, Moskau, S. 403
16. Lander ES (1996) The new genomics: global views of biology. Science 274:536-539
17. Lorenz K (1941) Kants Lehre vom Apriorischen im Lichte gegenwärtiger Biologie. Blätter für Deutsche Philosophie 15:94-125
18. Miklos GLG, Rubin GM (1996) The role of the genome project in determining gene function: insights from model organisms. Cell 86:521-529
19. Nachtsheim H (1954) Die Mutationsrate menschlicher Gene. Naturwissenschaften 41:385-392
20. Oliver SG (1997) From gene to screen with yeast. Current Opinions of Genetics and Development 7:405-409

21. Olson MV (1993) The human genome project. Proceedings of the National Academy of Science USA 90:4338-4343
22. Pennington SrR, Wilkins MR, Hochstrasser DF, Dunn MJ (1997) Proteome analysis: from protein characterization to biological function. Cell Biology 7:168-173
23. Ropers HH (1998) Die Erforschung des menschlichen Genoms: Ein Zwischenbericht. Deutsches Ärzteblatt 9:663-669
24. Saar K, Chrzanowska KH, Stumm M, Jung M, Nurnberg G, Wienker TF, Seemanova E, Wegner RD, Reis A, Sperling K (1997) The gene for the ataxia-telangiectasia variant, Nijmegen breakage syndrome, maps to a 1-cM interval on chromosome 8q21. American Journal of Human Genetics 60:605-610
25. Saar K, Schindler D, Wegner RD, Eis A, Wienker TF, Hoehn H, Joenje H, Sperling K, Digweed M (1998) Localisation of Fanconi's anemia gene to chromosome 9p. European Journal of Human Genetics 6:501-508
26. Shatz CJ (1992) Das sich entwickelnde Gehirn. Spektrum der Wissenschaft, November 1992:44-52
27. Sperling K (1993) Das Genomprojekt: wissenschaftlich-medizinische, finanzpolitische und rechtliche Aspekte. In: Schöne-Seifert B, Krüger L (Hrsg) Humangenetik – Ethische Probleme der Beratung, Diagnostik und Forschung. G. Fischer, Jena New York, pp 175-188
28. Sperling K (1999) Das Humangenomprojekt: Heutiger Stand und Zukunftsperspektiven. Verhandlungen der Gesellschaft Deutscher Naturforscher und Ärzte. 120. Versammlung, Berlin 1998
29. Sperling K (1999) Die Genkarte des Menschen: Grundlage einer molekularen Anatomie. In: Parthier B (Hrsg) Jahrbuch 1998, Bd 44. Deutsche Akademie der Naturforscher Leopoldina, Halle (im Druck)
30. Sperling K, Digweed M, Stumm M, Wegner RD, Reis A (1998) Chromosomeninstabilität, Strahlenempfindlichkeit und Krebs: Ataxia-telangiektasia und das Nijmegen Breakage Syndrom. Medical Genetics 10:274-277
31. Strohmann RC (1993) Ancient genomes, wise bodies, unhealthy people: limits of a genetic paradigm in biology and medicine. Perspectives of Biology and Medicine 37/1:112-145
32. Varon R, Vissinga C, Platzer M, Cerosaletti KM, Chrzanowska KH, Saar K, Beckmann G, Seemanova E, Cooper PR, Nowak NJ, Stumm M, Weemaes CM, Gatti RA, Wilson RK, Digweed M, Rosenthal A, Sperling K, Concannon P, Reis A (1997) Nibrin, a novel DNA double-strand break repair protein, is mutated in Nijmegen Breakage syndrome. Cell 93:467-476
33. Yamashita T, Kupfer GM, Naf D, Suliman A, Joenje H, Asano S, D'Andrea AD (1998) The Fanconi anemia pathway requires FAA phosphorylation and FAA/FAC nuclear accumulation. Proceedings of the National Academy of Science USA 95:13085-13090

KAPITEL 7

# Pränataldiagnostik – Erwartungen und Realitäten*

ROLF-DIETER WEGNER

Eine pränatale Diagnostik erlaubt, bestimmte Aussagen zur Entwicklung und zu Merkmalen des ungeborenen Kindes zu treffen. Werdende Eltern haben zu entscheiden, wieweit sie von diesem Angebot der Gynäkologen und der Humangenetiker Gebrauch machen wollen. Mit dem Begriff Pränataldiagnostik (PD) wird wahrscheinlich jeder Leser bestimmte Vorstellungen verbinden. Diese werden meist geprägt sein durch eigene Erfahrung mit der PD, durch Diskussionen mit Freunden und Bekannten und nicht zuletzt durch – in einigen Fällen sensationell klingende – Berichte der Presse. Die zunehmende Kenntnis des menschlichen Genoms, verbunden mit methodischen und gerätetechnischen Entwicklungen, führt dazu, daß dieser Zweig der Schwangerschaftsbetreuung immer mehr an Bedeutung gewinnt und vermehrt eingesetzt wird.

Die geweckten Erwartungen sind aber nicht selten den Möglichkeiten deutlich voraus. In diesem Kapitel werden die Methoden der PD vorgestellt und ihre Grenzen aufgezeigt, um überzogenen Vorstellungen entgegenzuwirken. Anschließend soll kurz auf ethische Aspekte der vorgeburtlichen Untersuchungen eingegangen werden. Begonnen wird mit einem Einblick in die historische Entwicklung der PD in Deutschland.

---

* Frau Prof. Dr. H. Körner und Herrn Priv.-Doz. Dr. Rolf Becker möchte ich für die hilfreichen Diskussionen danken. Ebenso ist die Unterstützung durch Herrn Abdelkrim Marnich bei der Anfertigung der fotografischen Arbeiten mit Dank hervorzuheben.

## Historische Entwicklung

Anlaß zur Entstehung dieses Bandes war das 50jährige Gründungsjubiläum der Freien Universität Berlin. Zieht man einen Vergleich zwischen jenem Zeitpunkt und dem Beginn der PD in Deutschland, so wird deutlich, daß letztere ein sehr junger Zweig der Medizin ist. Erste Ultraschalluntersuchungen im Rahmen einer Mutterschaftsvorsorge wurden im Jahr 1979 durchgeführt. Fruchtwasserentnahmen zu diagnostischen Zwecken fanden erstmals vor etwa dreißig Jahren statt. Der Eingriff erfolgte überwiegend mit dem Ziel, eine Chromosomendiagnostik durchzuführen, in seltenen Fällen war auch der biochemische Nachweis eines Stoffwechseldefektes gefragt.

In Berlin wurde die erste Chromosomendiagnostik an Fruchtwasserzellen Anfang der 70er Jahre am Institut für Genetik der Freien Universität Berlin durch Karl Sperling durchgeführt. Mit der Entwicklung molekulargenetischer Methoden nahm mit Beginn der 80er Jahre die DNA-Diagnostik ihren Anfang. Eine neue Entnahmetechnik, die Chorionzottenbiopsie (s. unten), erreichte Mitte der achtziger Jahre die klinische Reife und ist heute fester Bestandteil des Repertoires der PD. Heutzutage nehmen etwa zehn Prozent aller Schwangeren einen invasiven Eingriff in Anspruch, um eine genetische Diagnostik durchführen zu lassen.[12]

Von zahlenmäßig geringer, aber zunehmender Bedeutung ist dabei die molekulare Diagnostik. Durch das Humangenomprojekt (s. Kap. 6), werden immer mehr Gene bekannt, deren Veränderungen zu genetisch bedingten Erkrankungen führen. So hat die Zahl der kartierten Genorte, der sogenannten Genloci, von 176 im Jahre 1977 auf 4728 im Juli 1998 zugenommen.[6] Die Kenntnis genetischer Grundlagen von Erkrankungen läßt sich häufig sofort praktisch nutzen, so daß als Folge die Diagnostik auch pränatal angeboten werden kann.

Inzwischen hat die ständige Flut von neuen Erkenntnissen der Gentechnik und die Darstellung in der allgemeinen Presse in der Bevölkerung nicht selten dazu geführt, daß die Möglichkeiten der Pränataldiagnostik weit überschätzt werden. Im folgenden ein typisches Beispiel für die Erwartungen an die Pränataldiagnostik.

Eine 36jährige Schwangere und ihr Partner wünschen eine genetische Beratung vor einer PD. Die Ratsuchende ist in der zehnten Schwangerschaftswoche (SSW). Die Partner haben eine „leere" Familienanamnese, d. h. in ihren Familien gibt es keine Hinweise auf eine genetisch bedingte Erkrankung. Die Eltern erwarten, daß durch genetische Untersuchungen die Geburt eines gesunden Kindes sichergestellt wird. Sie fragen, welche Methoden der PD dafür gewählt werden müssen. Diese einfach klingende Frage soll am Ende des Kapitels, nach der Vorstellung der Methoden der PD und ihrer Grenzen, beantwortet werden.

## Pränataldiagnostik und genetische Beratung

Eine allgemeine Forderung der Humangenetiker ist, daß jede Diagnostik mit dem Angebot einer genetischen Beratung verbunden sein muß. Der Berufsverband Medizinische Genetik hat diesem Anspruch beispielsweise dadurch Rechnung getragen, daß diese Forderung in den jeweiligen Leitlinien der labordiagnostischen Maßnahmen verankert ist. Auch die Kommission für Öffentlichkeitsarbeit und Ethik der Deutschen Gesellschaft für Humangenetik nimmt sich im besonderen Maße der Aufgabe an, diesen Anspruch umzusetzen.

Eine Beratung der Schwangeren und die Erörterung der Optionen sollte immer vor der Diagnostik erfolgen. Die Ratsuchende muß nämlich rechtzeitig über ihr Risiko, die Art der zur Verfügung stehenden Methoden, die Vorgehensweise und die methodischen Probleme informiert werden. Wichtig ist der Hinweis, daß die Möglichkeit eines Verzichts auf PD durch die Schwangere jederzeit gegeben ist und letztlich sie allein – gegebenenfalls zusammen mit ihrem Partner – aus der Einschätzung ihrer Situation heraus eine informierte Entscheidung zu treffen hat. Ein Dilemma ist, daß mit der Durchführung der empfohlenen Ultraschalluntersuchungen entsprechend den Richtlinien der Mutterschaftsvorsorge bereits eine erste, auf anderer Ebene liegende PD erfolgt.

In der Pränataldiagnostik wird prinzipiell zwischen invasiven und nichtinvasiven Vorgehensweisen unterschieden. Die invasiven Techniken sind immer verknüpft mit dem Risiko eines eingriffbedingten Verlusts des Fetus, also eines Abortes. Daher sollten diese Untersuchungen nur bei Vorliegen eines Verdachts oder ei-

**Tabelle 7-1.** Indikationen für eine invasive Pränataldiagnostik

1. Erhöhtes mütterliches Alter
2. Vorausgegangene Geburt eines Kindes mit Chromosomenveränderung
3. Balancierte Chromosomenanomalie eines Elternteils
4. Medizinisch begründete Geschlechtsbestimmung
5. Auffälliger Ultraschallbefund
6. Auffällige Serumparameter der Mutter (z. B. auffälliger AFP-Wert oder Tripletest, s. Text)
7. Vorausgegangene Geburt eines Kindes mit molekular erkennbarem Erbleiden
8. Vorausgegangene Geburt eines Kindes mit bestimmtem Stoffwechseldefekt
9. Defekt der frühesten Anlage des Zentralnervensystems eines Familienmitgliedes (sogenannter Neuralrohrdefekt)
10. Psychische Belastung

nes Anlasses erfolgen. Gründe für eine invasive Diagnostik sind in Tabelle 7-1 aufgeführt. Ein erhöhtes mütterliches Alter und auffällige fetale Ultraschallbefunde sind die häufigsten Indikationen für eine derartige Diagnostik.

## Nichtinvasive Pränataldiagnostik

Entscheidet sich eine Schwangere für eine nichtinvasive PD, so stehen hauptsächlich zwei Methoden zur Auswahl: Die Ultraschalldiagnostik und die Serumdiagnostik aus dem mütterlichen Blut, gegebenenfalls eine Kombination aus beiden.

### *Ultraschalldiagnostik*

Die Mutterschaftsrichtlinien in Deutschland sehen seit 1996 drei Ultraschalluntersuchungen vor: In der 9.–12., der 19.–22. und in der 29.–32. Schwangerschaftswoche (SSW). Hierbei handelt es sich um eine Grundbetreuung mit dem Ziel, eine normale Entwicklung des Fetus nachzuweisen. Erst beim Auftreten von Auffälligkeiten erfolgt eine Überweisung zu hochqualifizierten und ausgewiesenen Spezialisten, die eine Ultraschallfeindiagnostik mit speziellen Geräten durchführen.

Die frühzeitige Erkennung von Auffälligkeiten, z.B. Blutflußstörungen beim Fetus oder zwischen ihm und seiner Mutter, oder bestimmte Herzfehler, haben den Vorteil, eine dem Kinde dienliche engmaschigere Überwachung der Entwicklung vorzunehmen. So werden rechtzeitige Reaktionen bei aufkommenden Problemen beziehungsweise ein approbates Geburtsmanagement möglich.

Hinsichtlich der Wahl des optimalen Zeitraums kommt der zweiten Ultraschalluntersuchung in der 19.–22. SSW eine besondere Bedeutung zu. Zu dieser Zeit sind zahlreiche, sonographisch, also im Ultraschallbild, erkennbare Fehlbildungen bereits manifestiert. Damit besteht die Option eines Schwangerschaftsabbruches noch zu einem, aus der Sicht des Mediziners gesehen, vertretbaren Zeitpunkt der Schwangerschaft. Ab etwa der 24. SSW kommt als zusätzliches Problem von bedeutender ethischer Tragweite das Risiko der Geburt eines lebensfähigen Kindes nach induzierter Beendigung der Schwangerschaft hinzu. Die Problematik eines späten Schwangerschaftsabbruches wird durch den sogenannten „Oldenburger Fall" verdeutlicht, der sich in Presseartikeln niederschlug (z.B.: *Der Tagesspiegel* vom 18.01.1998): Aus mütterlich medizinischen Gründen wurde in der 25. Schwangerschaftswoche die Indikation für einen Schwangerschaftsabbruch gestellt, da beim Fetus eine Trisomie 21 (Down-Syndrom*) diagnostiziert wurde. Nach medikamentös eingeleiteten Wehen kam das Kind entgegen den Erwartungen lebend zur Welt.

### Serumdiagnostik aus dem mütterlichen Blut

Die Konzentration eines Eiweißes, des α-Fetoproteins (AFP), im mütterlichen Blutserum dient seit langem als Indikator für Neuralrohrdefekte* („offener Rücken", Anenzephalus). Bei beiden Defekten handelt es sich um eine Störung der frühen Entwicklung des Zentralnervensystems. Ende der achtziger Jahre wurde erstmals der sogenannte Tripletest eingesetzt. Hierbei findet eine Verrechnung statt zwischen den Konzentrationswerten von drei bestimmten Substanzen im Blutserum und dem Alter der Mutter zur Errechnung einer präziseren Wahrscheinlichkeit für das Auftreten einer Trisomie 21 (Down-Syndrom) in einer Schwangerschaft, als es durch das mütterliche Alter allein möglich wäre. Bei den Markern handelt es sich um das AFP, das freie Östriol und das $\beta$-Choriongonadotropin. Dieser Tripletest ist allerdings nur in einem bestimmten Zeitintervall im zweiten Drittel der Schwangerschaft zuverlässig einsetzbar. Entwicklungen einer Serumdiagnostik im ersten Drittel sind in der klinischen Testphase.

Problematisch aus Sicht der Humangenetiker ist, daß viele Schwangere ungenügend auf die Bewertung des Ergebnisses vorbereitet sind. Der Tripletest ist kein diagnostischer Test. Ein oftmals als „pathologisch" bezeichneter Wert bedeutet zwar eine erhöhte Wahrscheinlichkeit für die Geburt eines Kindes mit Chromosomenanomalie, aber nicht die Diagnose, also die definitive Feststellung, einer Chromosomenstörung. Konkret ausgedrückt: Das Ergebnis eines Tripletest mit der Wahrscheinlichkeit von 1:100 für ein Kind mit Trisomie 21 besagt, daß die Schwangere – unabhängig von ihrem tatsächlichen Alter – das Risiko einer etwa 40jährigen Frau aufweist. Bezieht man dieses Risiko auf eine pränatale Chromosomendiagnostik an 100 Schwangeren, so wird nur bei einer Patientin der Verdacht einer Trisomie 21 bestätigt werden, dagegen bei den anderen 99 (!) Frauen ein Fetus mit normalem Chromosomensatz vorliegen.

Neben der Fehleinschätzung des Ergebnisses bleibt ein weiterer kritisch zu sehender Effekt, den ich als „Kanalisierung" bezeichnen möchte. Gemeint ist, daß mit der Entscheidung für den Tripletest die Schwangere bei dem Ergebnis eines erhöhten Risikos sich oftmals gedrängt fühlt, für eine weitergehende, invasive Diagnostik zu optieren. Andererseits kann ein günstiges Testergebnis für eine grundlos ängstliche Schwangere eine wesentliche Hilfe sein und zur Beruhigung beitragen. Es muß erwähnt werden, daß der Tripletest in die Liste der individuellen Gesundheitsleistungen der Kassenärztlichen Bundesvereinigung aufgenommen ist. Dies bedeutet, daß diese Untersuchung als eine Wahlleistung der Schwangeren angesehen wird und in Zukunft nicht mehr durch die Krankenkassen getragen werden muß.

## Invasive Pränataldiagnostik

### Gewebeentnahme

Zu den invasiven Methoden zählen die Amniozentese, die Chorionzottenbiopsie und die Fetalblutentnahme. Im folgenden sollen diese drei Methoden als Voraussetzung für genetische Untersuchungen vorgestellt werden.

Die am häufigsten angewandte Methode der *Amniozentese* wird in der 15.–17. SSW durchgeführt (Tabelle 7-2). Die Punktion der Fruchthöhle durch die Bauchdecke erfolgt mittels einer dünnen Kanüle unter Ultraschallsicht. Es werden 10–20 ml Fruchtwasser gewonnen, in dem sowohl fetale Zellen, also Zellen des Kindes, als auch Zellen der Eihülle vorliegen. Einige der gewonnenen Zellen sind vital und wachsen zu Kolonien aus. Dieses Heranzüchten der Zellen benötigt im Normalfall zwei Wochen. Das Risiko für einen Abort aufgrund des Eingriffs liegt bei 0,5–1%.

Die *Chorionzottenbiopsie* erfolgt in der 11.–12. SSW (Tabelle 7-2). Die vollständige Diagnostik erfordert die Chromosomenanalyse sowohl aus einer Kurzzeitkultur, für die ein bis zwei Tage benötigt werden, als auch aus einer Langzeitkultur, die ca. zwei Wochen dauert. Das methodisch bedingte Abortrisiko wird in der Literatur mit 1–2% angegeben. Es hängt, wie Studien gezeigt haben, im Besonderen von der Erfahrung der durchführenden Frauenärzte und der Geräteausstattung ab. Ein Risiko für Extremitätenfehlbildungen bei dieser Methode wurde diskutiert. Eine Untersuchung zur Beantwortung dieser Frage ergab keinen statistisch gesicherten Unterschied der Fehlbildungsrate im Vergleich

**Tabelle 7-2.** Invasive Methoden der Pränataldiagnostik mit Angabe des üblichen Zeitraumes für den Eingriff, des Abortrisikos sowie der Dauer bis zur Befunderstellung im Vergleich zum Ultraschall (nichtinvasiv). *US* Ultraschall, *AC* Amniozentese, *CVS* Chorionzottenbiopsie, *FBS* fetale Blutentnahme, *SSW* Schwangerschaftswoche. *(Näheres s. Text)*

| Methoden | US | AC | CVS | FBS |
|---|---|---|---|---|
| Zeitraum (SSW) | >6. | 15.–17. | 11.–12. | >18. |
| Abortrisiko (%) | – | 0,5–1 | 1–2 | 1–3 |
| Dauer (Wochen) | – | ∼2 | ∼2 | 0,5 |

zu einem Kontrollkollektiv, wenn die Chorionzottenbiopsie nach der zehnten SSW durchgeführt wurde.[4]

Eine *Fetalblutentnahme* wird selten vor der 20. SSW durchgeführt (Tabelle 7-2) und stellt daher eine Ergänzung der oben genannten Methoden dar, insbesondere wenn eine schnelle Chromosomenanalyse erforderlich ist. Ein numerischer Befund, also die Feststellung der Chromosomenzahl, ist nach zwei Tagen möglich, für eine Beurteilung der Chromosomenstruktur werden vier Tage benötigt. Das Risiko für einen Abort wird mit ca. ein bis drei Prozent angegeben.

## *Genetische Untersuchungen*

Die weitaus häufigste genetische Untersuchung ist eine Chromosomenanalyse. Molekulargenetische Analysen gewinnen zunehmend an Gewicht, während biochemische Analysen eher selten sind. Wichtig ist zu wissen, daß in Deutschland die beiden letztgenannten Untersuchungen generell gezielt eingesetzt werden, d.h. dann angeboten werden, wenn ein familiäres Auftreten einer genetisch bedingten Erkrankung vorliegt oder Voruntersuchungen einen bestimmten Verdacht ergeben haben.

### Zytogenetische Diagnostik

Für eine Chromosomenanalyse werden Zellen im Stadium der Zellteilung benötigt, da nur zu diesem Zeitpunkt das Erbgut in Form von Chromosomen im Lichtmikroskop analysierbar vorliegt. Mittels einer speziellen Anfärbung wird ein Muster von hellen und dunklen Abschnitten, den sogenannten Chromosomenbanden, auf jedem Chromosom erzeugt, wodurch die eindeutige Identifizierung eines jeden Chromosoms erfolgen kann. Im Anschluß läßt sich ein geordneter Chromosomensatz, das sogenannte Karyogramm, erstellen (Abb. 7-1). Die Karyogrammanalyse erlaubt die Erkennung von Chromosomenstörungen, etwa das Auftreten eines zusätzlichen Chromosoms, z.B. eine Trisomie 21 als Ursache des Down-Syndroms\* oder das Fehlen eines Chromosomenstückes, z.B. das Fehlen eines Stückes des kurzen Armes von Chromosom

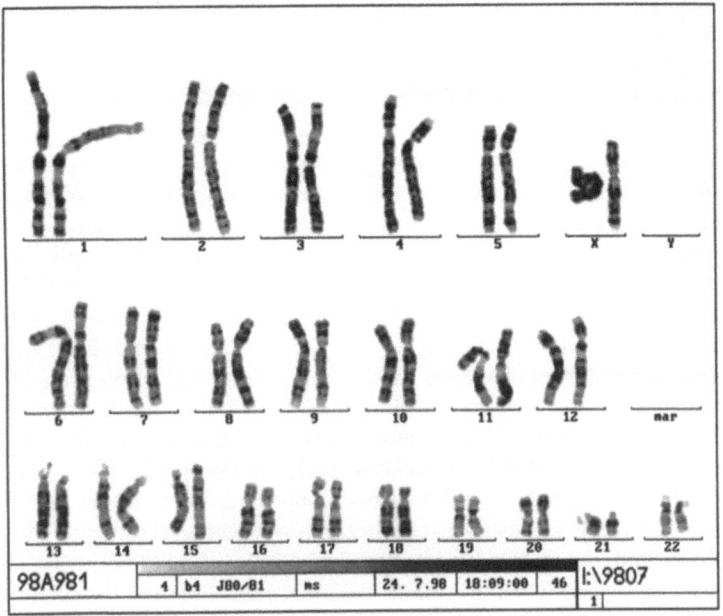

**Abb. 7-1.** Chromosomensatz eines ungeborenen Kindes aus einer sich teilenden Fruchtwasserzelle. (Näheres s. Text)

5 als Ursache des „Katzenschrei-Syndroms". Eine eingehende Darstellung von Chromosomenstörungen des Menschen und ihrer Diagnostik findet sich bei Sperling u. Wegner.[10]

Mikroskopisch erkennbare Veränderungen der Chromosomen umfassen immer eine sehr große Anzahl von Bausteinen des Erbgutes, den sogenannten DNA-Basen. Man kann davon ausgehen, daß bei einem gerade erkennbaren Verlust oder Zugewinn von Chromosomenmaterial mindestens fünf bis zehn Millionen Basenpaare fehlen oder dupliziert sind. Dagegen liegen bei Genmutationen monogen bedingter Erkrankungen, also durch Veränderungen an nur einem Gen bedingt, häufig nur eine oder wenige Basen verändert vor (s. unten). Monogen bedingte Erbleiden sind also durch eine Chromosomenanalyse nicht erkennbar, da sie sich in molekularen Maßstäben vollziehen.

Eine fundierte Entscheidung der Schwangeren bezüglich der Art der PD erfordert die Kenntnis methodischer Probleme mit Auswirkungen auf die Interpretation der Befunde: Der mit ca. einem halben bis einem Prozent häufigste, vom Normalen abweichende, Befund in Kulturen von Fruchtwasserzellen ist das Auftreten von mehreren gleichartig veränderten Zellen neben normalen Zellen in einer von mehreren Kulturflaschen. Sieht man sich die Zellen der anderen Kulturflasche(n) an, so treten dort nur normale Zellen auf. Derartige unterschiedliche Befunde aus dem selben Untersuchungsmaterial bezeichnet man als Level-II-Mosaike. Die Literatur und unsere Erfahrungen lassen den Schluß zu, daß es sich hierbei mit hoher Wahrscheinlichkeit um eine Veränderung handelt, die während der Zellzüchtung eingetreten ist. Eine eingehende Beratung kann daher die Schwangeren in den meisten Fällen soweit beruhigen, daß gegen eine weitergehende invasive Untersuchung optiert wird.

Durch Wachstum mütterlicher Zellen in der Kultur, durch unerkannte gewebespezifische beziehungsweise geringfügige Mosaike und durch Wachstum extraembryonaler Zellen kann es in sehr seltenen Fällen zu einer Fehlinterpretation des kindlichen Chromosomensatzes kommen.

Das häufigste Problem der Chorionzottenbiopsie sind Mosaike, die tatsächlich in der Plazenta, dem Mutterkuchen, vorkommen, nicht aber im kindlichen Gewebe. Derartige Mosaike treten mit einer Häufigkeit von ca. 1,5% auf und bestehen zumeist aus einer trisomen Zellinie, d.h. ein Chromosom liegt dreifach vor, und daneben aus einer normalen Zellinie. Einerseits führen zwar derartige Befunde zu vermehrten Ängsten der Schwangeren, andererseits stellen sie wichtige Informationen bei einer Wachstumsverzögerung des Kindes dar, unter anderem in Hinblick auf die weitere Betreuung der Schwangerschaft. Da die Prognosen abhängig sind von der Herkunft des zusätzlichen Chromosoms, ist es hier verständlicherweise besonders wichtig, in einem ausführlichen Gespräch mit einem in der Diagnostik der Chorionzotten erfahrenen Humangenetiker die Befunde zu erläutern, um unbegründete Ängste zu nehmen.

Nach der Diskussion methodischer Probleme ist es sinnvoll, ihre Häufigkeit in Relation zu der der normalen Befunde zu bringen. Geht man von einer typischen Gruppe von Schwangeren mit erhöhtem mütterlichen Alter als Indikation aus, so sind nach Amniozentese ca. 98% aller Chromosomenbefunde unauffällig, nach Chorionzottenbiopsie ca. 96%. Damit kann die PD nahezu allen Schwangeren die psychische Belastung nehmen, ein Kind mit einer Chromosomenstörung zu bekommen.

## Molekulargenetische und biochemische Diagnostik

Eine pränatale molekulargenetische Diagnostik ist im allgemeinen eine gezielte Diagnostik auf eine bestimmte genetisch bedingte Erkrankung hin. Daher wird diese Untersuchungsmethode meist nur bei einer familiären Belastung eingesetzt. Dieses setzt voraus, daß bereits festgestellt wurde, ob die Genveränderung des vorgestellten Patienten direkt molekulargenetisch erkennbar ist oder nur durch eine klinische Diagnose als sicher erscheint. Im ersteren Fall ist eine direkte Genanalyse möglich, im zweiten Fall muß eine Untersuchung mehrerer Familienangehöriger ergeben, ob eine indirekte Genanalyse angeboten werden kann. Da diese Untersuchungen sehr zeitaufwendig sein können, sollte bei entsprechendem Wunsch nach einer PD frühzeitig – am besten vor Eintritt einer Schwangerschaft – die Diagnostik der Familie durchgeführt werden.

## Direkte Gendiagnostik der zystischen Fibrose

Am Beispiel der zystischen Fibrose (CF), der landläufig oft als Mukoviszidose bekannten Krankheit, soll das Vorgehen bei einer direkten beziehungsweise einer indirekten Genanalyse kurz dargestellt werden. Die CF wurde als Beispiel gewählt, da sie mit 1:2000 Neugeborene die häufigste autosomal rezessive Störung des Stoffwechsels darstellt.

In Deutschland ist die überwiegende der CF zugrundeliegende Mutation ein Verlust, eine Deletion* von drei Basenpaaren. Der Anteil dieser sogenannten ΔF-508-Deletion unter allen CF-Mutationen beträgt 60 bis 70%.[11] Diese Deletion ist molekulargenetisch sehr einfach mittels der Polymerasekettenreaktion (s.

Kap. 8) und einer Gelelektrophorese nachweisbar (Abb. 7-2a, b). Das Ergebnis liegt nach wenigen Tagen vor.

Es gibt einige weitere CF-Mutationen, die in einer Häufigkeit auftreten, welche eine direkte Genanalyse sinnvoll erscheinen läßt. Da aber über 600 verschiedene, sehr seltene Mutationen bekannt sind und außerdem das Gen sehr groß ist, sollte nach Ausschluß der häufigsten Mutationen eine indirekte Gendiagnostik erfolgen.

### Indirekte Gendiagnostik der zystischen Fibrose

Das Prinzip der indirekten Gendiagnostik besteht darin, eine bekannte genetische Veränderung, den sogenannten genetischen Marker, der unabhängig von der CF-Mutation auftritt, aber mit ihr lokal eng gekoppelt ist, in einer Kopplungsanalyse zu untersuchen (Abb. 7-3). Genetische Marker können sowohl Veränderungen in den Schnittstellen von Restriktionsenzymen (Enzyme, die DNA an durch die Basenfolge der DNA bestimmten Stellen zerschneiden) als auch unterschiedliche Kopienzahlen kleiner Wiederholungseinheiten der DNA (Mikrosatelliten) sein.

Restriktionsenzyme werden zum Zerkleinern von DNA, zum sogenannten DNA-Verdau, eingesetzt. Dabei kann jedes Restriktionsenzym nur dort die DNA zerschneiden, wo eine genau vorgegebene Folge von mehreren Basen vorliegt, man spricht dann von der dem Enzym eigenen Erkennungssequenz, der Restriktionsenzymschnittstelle. Liegen auf den beiden elterlichen Chromosomen die Erkennungssequenzen an gleicher Stelle, so werden nach einem DNA-Verdau von diesen homologen Chromosomen nur Fragmente identischer Länge generiert.

Ist dagegen durch Zufall zu einem früheren Zeitpunkt eine Mutation in der Erkennungssequenz auf nur einem der beiden Homologen aufgetreten, so führt ein Verdau zu unterschiedlich langen DNA-Fragmenten (Abb. 7-4), den sogenannten Restriktionsfragment-Längenpolymorphismen (RFLP). Der entsprechende Gen-Ort hat also unterschiedliche Zustandsformen auf den Homologen, man spricht dann von unterschiedlichen Allelen\*. Die erzeugten DNA-Fragmente werden mittels Gel-Elektrophorese der Länge nach aufgetrennt. Wie in der Zeichnung angedeutet,

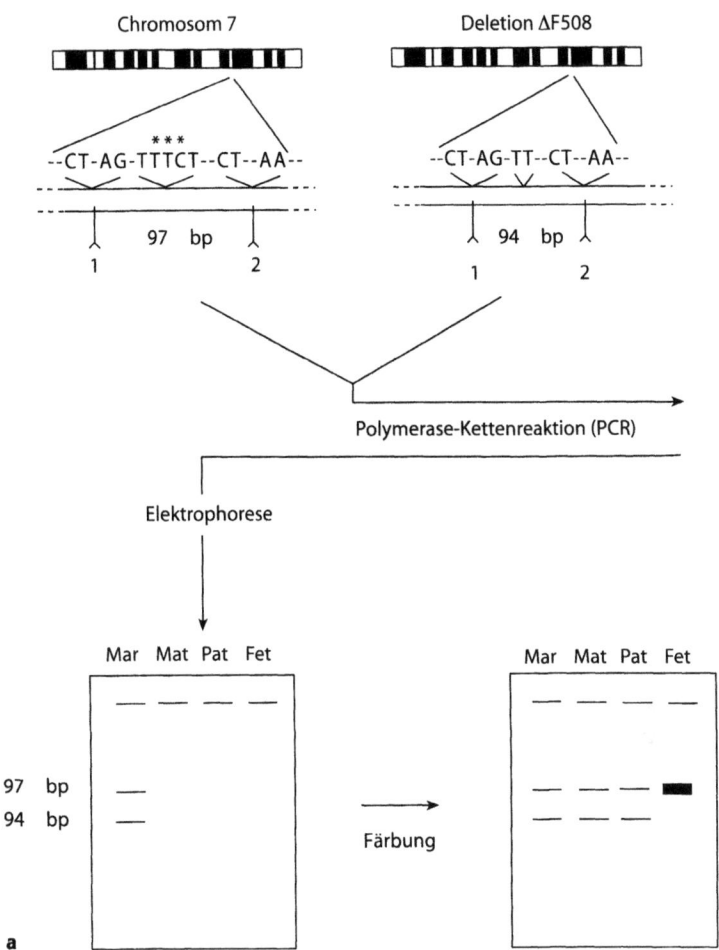

Pränataldiagnostik – Erwartungen und Realitäten

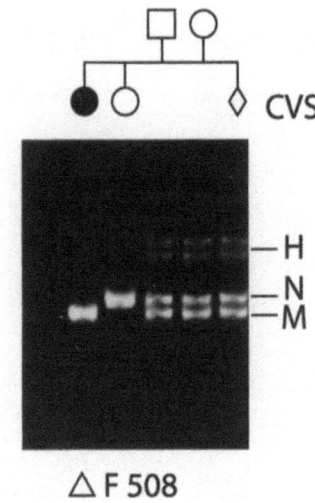

b △ F 508

**Abb. 7-2. a** Direkte Gendiagnostik bei Vorliegen der häufigsten zur zystischen Fibrose (CF, Mukoviszidose) führenden Mutation ΔF 508. Das linke Chromosom 7 weist am CF-Gen-Ort die normale Folge der Bausteine des Erbgutes auf, es liegt das Normalallel vor. Das rechte Chromosom zeigt das mutierte Allel mit dem Verlust der drei Basenpaare (*bp*), die im Normalallel mit einem *Stern* gekennzeichnet sind (TTC). Die DNA-Sequenz zwischen den Startpunkten 1 und 2 (Basensequenz CT–AG ist Startpunkt 1, GA–TT ist Startpunkt 2) wird durch die Polymerase-Kettenreaktion (PCR) millionenfach vervielfältigt. Es entstehen das Produkt mit 97 bp (kennzeichnet das Normalallel) und das Produkt mit 94 bp (kennzeichnet das mutierte Allel). Die PCR-Produkte können elektrophoretisch aufgetrennt werden und die genetische Konstitution für jede einzelne Person abgelesen werden. Die Kennzeichnung der Bahnen ist: *Mar* DNA-Marker zur Längenbestimmung der Produkte, *Mat* mütterliche Produkte, *Pat* väterliche Produkte, *Fet* Produkte des ungeborenen Kindes. Im vorliegenden Fall trägt das Kind zwei Normalallele mit je 97 bp und kein mutiertes mit 94 bp; **b** pränataler Ausschluß einer CF. Fotografie eines Gels nach Elektrophorese der PCR-Produkte (vgl. mit Schema in **a**). *CVS* Chorionzottenbiopsie, *N* Normalallel, *M* mutiertes Allel. (Das Foto wurde von Prof. Reis, Institut für Humangenetik, zur Verfügung gestellt)

transportiert eine elektrische Gleichspannung hierbei die DNA-Fragmente unterschiedlich schnell durch ein Gel und trennt sie hierdurch. Nach Zuordnung einer bestimmten Fragmentlänge zu einem bestimmten CF-Allel, also dem Nachweis einer Kopplung, kann die PD mit großer Sicherheit Voraussagen treffen, welche genetische Konstitution der Fetus besitzt.

Im vorliegenden Beispiel (Abb. 7-4) zeigt die Untersuchung des betroffenen, also erkrankten Kindes als Index-Patient, daß

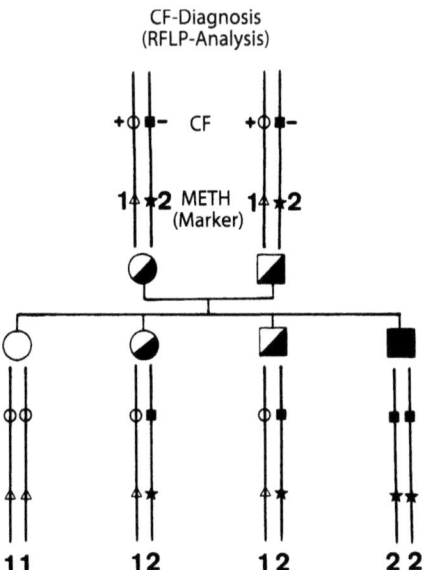

**Abb. 7-3.** Prinzip der Kopplungsanalyse am Beispiel der zystischen Fibrose (CF). ○ normales väterliches oder mütterliches CF-Gen (Allel), ■ CF-Gen mit unbekannter Mutation. Die Eltern besitzen jeweils die Marker 1 und 2. Bei beiden Eltern ist der Marker 1 (△) mit dem Normalallel (○) gekoppelt, der Marker 2 (✶) mit dem mutierten Allel (■). Die Auswertung der Marker in der nächsten Generation läßt Rückschlüsse auf die genetische Konstitution der Nachkommen am CF-Gen-Ort zu

**Abb. 7-4.** Indirekte Genanalyse am Gen-Ort für die zystische Fibrose (CF) mittels Bestimmung der Restriktionsenzym-Längenpolymorphismen (RFLP): Die DNA der Eltern wird mit einem Restriktionsenzym zerschnitten (*links*) und die Fragmente der Länge nach durch eine Gelelektrophorese aufgetrennt (*mittlerer Teil*). Mit einer DNA-Probe, die ihre Erkennungssequenz innerhalb bzw. in Nachbarschaft des CF-Gens hat (*links unten*), werden die gesuchten Fragmente sichtbar gemacht (*mittlerer und rechter Teil*). Im vorliegenden Fall sind die Eltern mischerbig. Aus der Analyse des Bandenmusters des Index-Patienten (*rechts*) kann nun geschlossen werden, daß das mutierte Allel der Eltern (*schwarze Rechtecke*) jeweils mit dem längeren Fragment gekoppelt ist und das Normalallel (*weiße, schraffierte Rechtecke*) mit den kurzen Fragmenten. Die Ergebnisse der Pränataldiagnostik zeigen für den Fetus die Fragmente der Länge 13 Kilobasen, also das mutierte Allel und 7 Kilobasen, also das Normalallel, d.h. der Fetus ist mischerbig und wird damit nicht an der CF erkranken

Pränataldiagnostik – Erwartungen und Realitäten 149

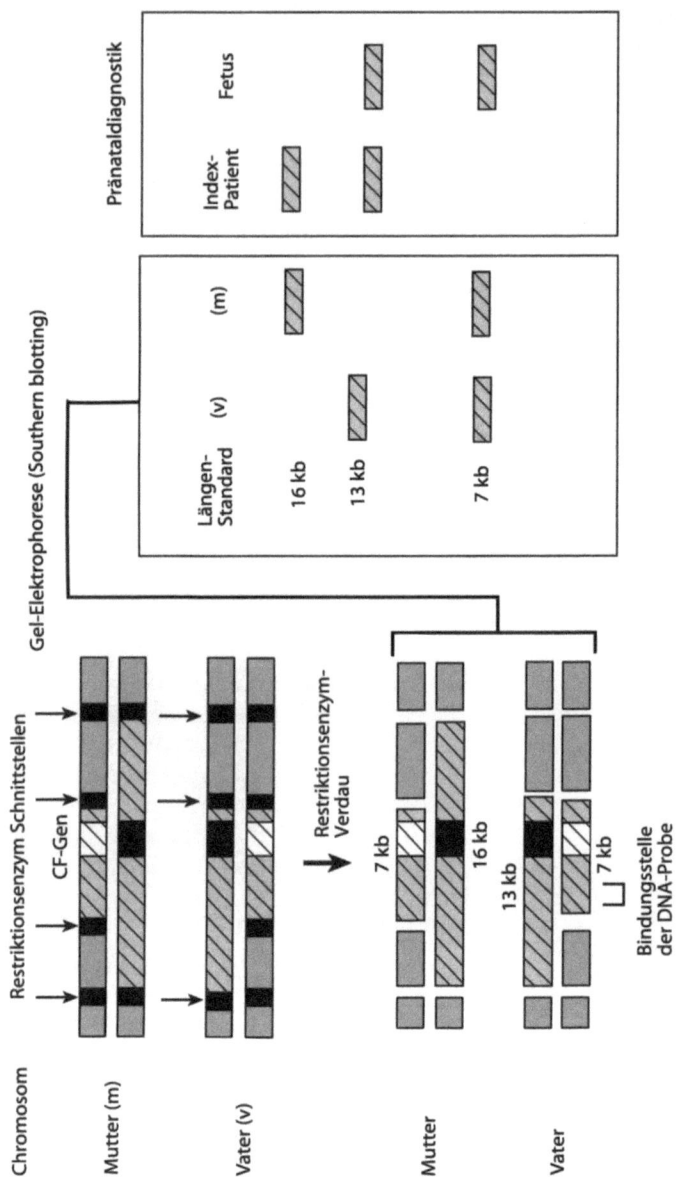

das mutierte Allel der Mutter mit dem Fragment der Länge 16 Kilobasen (kb) gekoppelt ist, beim Vater mit dem Fragment der Länge 13 kb. Ergibt die PD nun Fragmente der Länge 7 und 16 kb, so läßt letzteres auf eine von der Mutter ererbte CF-Genmutation schließen, während ersteres auf ein Normal-Allel hinweist. Der Fetus ist somit heterozygot, also mischerbig und damit ein gesunder Überträger.

Eine schnellere Diagnostik ermöglicht die Analyse von Mikrosatelliten: Als natürliche Varianten des menschlichen Genoms gibt es Basensequenzen, die an homologen Stellen eines Chromosomenpaares vorliegen, dabei aber eine unterschiedliche Anzahl von Wiederholungseinheiten zwischen verschiedenen Personen und auch zwischen den beiden elterlichen Chromosomen einer Person aufweisen. Diese Mikrosatellitenloci werden wiederum für eine Kopplungsanalyse genutzt (Abb. 7-5): Die Anzahl der Wiederholungseinheiten auf einem Chromosom wird einem bestimmten CF-Allel zugeordnet.

Im vorliegenden Beispiel ist der Mikrosatellit mit sechs Wiederholungseinheiten mit dem Normalallel gekoppelt, der mit vier Wiederholungseinheiten mit dem mutierten Allel. Durch den Einsatz der PCR und eines Sequenzierautomaten, der die PCR-Produkte der Länge nach auftrennt und erkennbar macht, ist hier eine schnelle indirekte Gendiagnostik durchführbar.

Diese Beispiele der Gendiagnostik zeigen den beträchtlichen Aufwand, der notwendig wird, um Genveränderungen direkt oder indirekt zu verfolgen. Daraus wird deutlich, daß allein aus Kapazitätsgründen eine Untersuchung vieler verschiedener Genorte praktisch nicht möglich ist. Von größerer Bedeutung ist aber, daß aus ethischen Gründen ein totales Durchmustern aller Genorte, das sogenannte „generelle Screening", sei es postnatal oder pränatal, in Deutschland abgelehnt wird.[3] Die Zahl biochemisch analysierbarer, genetisch bedingter Erkrankungen hat im Lauf der Jahre nur wenig zugenommen. Bei fehlenden Informationen zu dem zugrundeliegenden Gendefekt haben die biochemischen Untersuchungen aber weiterhin ihre Bedeutung.

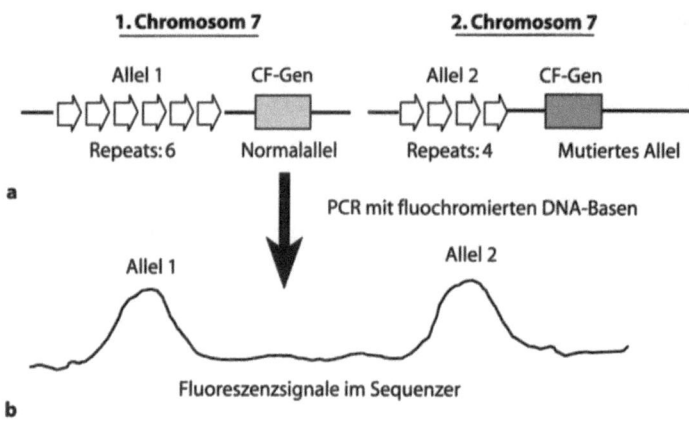

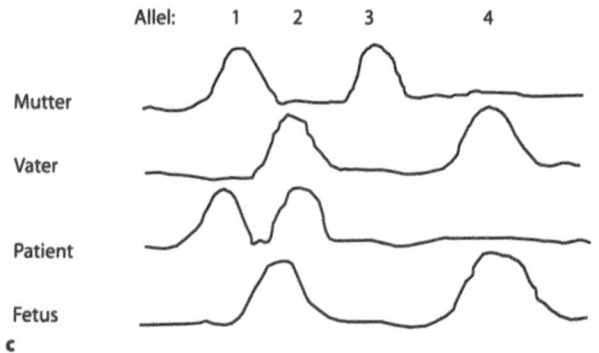

**Abb. 7-5. a** Indirekte Genanalyse am Gen-Ort für die zystische Fibrose (CF) mittels Mikrosatellitenanalyse. Die beiden homologen Chromosomen 7 einer Person mit Mischerbigkeit am Gen-Ort für zystische Fibrose (CF) und die Mikrosatelliten in direkter Nachbarschaft des Gens sind dargestellt. Das Normalallel ist mit einem Mikrosatelliten gekoppelt, der sechs Wiederholungseinheiten (sogenannte Repeats) aufweist, das mutierte Allel mit einem, der vier Repeats zeigt. Mittels Polymerase-Kettenreaktion wird der entsprechende DNA-Bereich vervielfältigt und dabei mit fluochromierten Basen markiert. In einem Analyseautomaten läßt sich der Unterschied in der Repeat-Zahl als zwei Gipfel darstellen; **b** Das Beispiel einer Pränataldiagnostik zeigt, daß die Mutter die Allele 1 und 3 hat, der Vater die Allele 2 und 4. Der CF-Patient hat die Konstitution 1 und 2. Daraus folgt, daß das Allel 1 der Mutter und das Allel 2 des Vaters mit der Mutation gekoppelt sind und gemeinsam, also reinerbig, zur Erkrankung führen. Der Fetus hat die Konstitution 2 und 4 und ist mischerbiger Überträger der Mutation. Er wird nicht an CF erkranken

## Entwicklungen und ethische Aspekte

Bedeutende Ziele der Entwicklung neuer Techniken der PD sind, die Wartezeit zwischen Eingriff und Befundmitteilung zu minimieren und/oder den Untersuchungszeitraum so weit wie überhaupt vertretbar in die frühe Schwangerschaft zu verschieben. Eine kritische Grenze liegt bei den vorgestellten Methoden etwa in der 14. bis 15. SSW, da nach diesem Zeitpunkt bei einem indizierten Schwangerschaftsabbruch eine Geburt eingeleitet wird und ein, aus Sicht der Schwangeren, psychisch weniger belastender Schwangerschaftsabbruch mittels Absaugen nicht mehr in Frage kommt.

Auf dem Gebiet der Ultraschalldiagnostik ist ein Verfahren in der Entwicklung, das eine Messung der fetalen Nackendicke zwischen der 10. und 14 SSW vorsieht, um in einer Berechnung zusammen mit dem mütterlichen Alter eine genauere individuelle Wahrscheinlichkeit für das Vorliegen einer Trisomie 21 beim Fetus anzugeben. Dieses Verfahren hat bei Anwendung durch erfahrene und besonders geschulte Gynäkologen eine Sensitivität von etwa achtzig Prozent.[7] In Deutschland einschließlich Berlin ist diese Art der PD in einigen Institutionen bereits in die klinische Praxis übernommen worden. Ein Verfahren, das die Nackenfaltenmessung mit der Serumdiagnostik kombiniert, ist in der klinischen Erprobung. Eine erste noch unveröffentlichte Prospektivstudie an 5434 Schwangeren weist eine Sensitivität von 86% für das Vorliegen einer Trisomie 21 nach.

Ein molekular-zytogenetischer Test, der die Erkennung von Trisomien der Chromosomen 13, 18 und 21 sowie von zahlenmäßigen Abweichungen der Geschlechtschromosomen zuläßt, ist der sogenannte pränatale Schnelltest an Fruchtwasserzellen. Prinzip der Methode ist die Anlagerung fluoreszenz-markierter chromosomenspezifischer DNA-Sonden an die Ziel-DNA. Nach einer Markierung von Zellkernen mit diesen Sonden zeigt sich im Mikroskop für jedes vorhandene Chromosom ein Signal. Durch die Bestimmung der Anzahl der Signale läßt sich dann vorhersagen, ob z.B. das bestimmte Chromosom zweifach oder, bei Vorliegen einer Trisomie, dreifach vorkommt. Damit können Fruchtwasserzellen sofort nach der Amniozentese und ohne Vermehrung durch Zellkultivierung auf das Vorliegen bestimmter Chromosomenveränderungen hin untersucht werden.

Dieser Test erreicht aber keinesfalls die Genauigkeit einer Chromosomenanalyse und sollte daher bevorzugt nur bei besonderen Indikationen, etwa bei einem auffälligen Ultraschallbefund und Verdacht auf eine Trisomie 13, 18 oder 21, eingesetzt werden. Nur in diesen Fällen wird das Ergebnis der schnellen Fruchtwasserzellanalyse als allein ausreichend angesehen. In anderen Fällen, z. B. bei einer schnellen PD wegen später Schwangerschaftswoche, wird nach Leitlinien der Deutschen Gesellschaft für Humangenetik von 1998[2] immer zusätzlich auch eine vollständige Chromosomenanalyse gefordert. Der pränatale Schnelltest ermöglicht eine Befunderstellung innerhalb von zwei Tagen nach Amniozentese, methodische Probleme führen aber zu einem Ausfall oder zu unsicheren Ergebnissen in bis zu 15% der Untersuchungen. Demgegenüber steht, daß eine Chorionzottenbiopsie ohne Zeitverlust eine genauere Aussage zuläßt, da sie die Beurteilung aller Chromosomen ermöglicht.

Eine ähnlich schnelle pränatale Beurteilung von Chromosomenaberrationen scheint die bereits weiter oben vorgestellte, molekulargenetische Analyse der Mikrosatelliten zu ermöglichen. Erste Publikationen beschränken sich dabei noch auf den Einsatz von Mikrosatelliten der Chromosomen, die auch im schnellen Pränataltest an Fruchtwasserzellen auf zahlenmäßige Abweichungen hin untersucht werden.[1, 5] Gegenüber der In-situ-Hybridisierung hat die Methode der Mikrosatelliten-Analyse den Vorteil, mit weniger Zellen und geringerem Aufwand auch für die Testung anderer Chromosomen beziehungsweise ausgewählter Chromosomenabschnitte eingesetzt werden zu können. Letztlich dürfte hier, wie auch bei anderen Techniken, eine Abwägung zwischen dem potentiell Machbaren und dem praktisch Sinnvollen die spätere Form eines derartigen Tests bestimmen.

Ein Blick in die Zukunft der PD sollte die begonnene Entwicklung automatisierbarer molekulargenetischer Untersuchungen nicht außer acht lassen. Zur Zeit werden zum diagnostischen Nachweis von Gendefekten Prüfplättchen entwickelt, die sogenannten DNA-Chips, die auf kleinstem Raum viele synthetisch hergestellte, kurze Gen-Abschnitte enthalten.[9] Diese Abschnitte dienen dann als Bindungspartner für eine Test-DNA, die auf das Vorliegen von passenden Abschnitten, also auf eine normale Genstruktur, oder von nicht passenden Abschnitten, also auf eine mutierte Genstruktur, hin untersucht werden kann.

Der Einsatz der PD wirft verständlicherweise zahlreiche Fragen zu ethischen Aspekten auf. Für eine pluralistische Gesellschaft ist es dabei nicht weiter verwunderlich, eine breite Palette von Meinungen zur PD zu hören, die von einer strikten Ablehnung bis hin zu einer vollen Zustimmung reichen. Im Rahmen dieses Kapitels kann nur sehr begrenzt auf ethische Gesichtspunkte eingegangen werden. Zwei häufig gestellte Fragen sollen kurz diskutiert werden:

1. Will die Pränataldiagnostik Selektion gegen genetisch bedingte Erkrankungen, also Eugenik, betreiben?
2. Wie sieht die Lösung bei einem auftretenden Interessenkonflikt zwischen Mutter und Kind aus?

### *Pränataldiagnostik – eine eugenische Maßnahme?*

Von Gegnern vorgeburtlicher Diagnostik wird immer wieder vorgebracht, daß diese Untersuchungen allein einer Eugenik dienen. Weiterhin verhindere die PD die Akzeptanz von Behinderungen.

Unbestritten ist, daß nach einem pathologischen Ergebnis der PD, z.B. nach der Diagnose bestimmter Chromosomenstörungen, die Option eines Schwangerschaftsabbruches häufig gewählt wird. Auf der anderen Seite ist ebenso klar, daß das Wissen um einen Fetus mit bestimmten Chromosomenabweichungen hilft, inadäquate Maßnahmen bei der weiteren Betreuung der Schwangerschaft, u.U. eine Gefährdung des Lebens der Mutter, zu vermeiden. So besteht beim Vorliegen eines dreifachen Chromosomensatzes (Triploidie), einer Trisomie 13 oder einer Trisomie 18 ein erhöhtes Risiko für eine Präklampsie, also einer mitunter tödlich verlaufenden Schwangerschaftskomplikation, die unter anderem mit Bluthochdruck, Eiweißausscheidung im Urin, Ansammlung von Gewebewasser und vermehrtem Fruchtwasser einhergeht. Die frühzeitige Beendigung solcher Schwangerschaften kann somit eine präventive Maßnahme sein. Bereits erwähnt wurde der Vorteil der Diagnose einer Blutflußstörung zwischen Mutter und Kind. Präventive Maßnahmen sind auch bei bestimmten Herzfehlern zu bedenken.

Wendet man sich den autosomal rezessiven Erkrankungen zu, so zeigt sich, daß die PD, entgegen dem Vorwurf, eine eugenische Maßnahme zu sein, sogar zu einer vermehrten Weitergabe veränderter Gene führt. Viele der Genmutationen führen im reinerbigen Zustand zu schweren bis schwersten körperlichen oder auch geistigen Störungen mit stark herabgesetzter Lebenserwartung. Die Diagnose eines reinerbig betroffenen Fetus und der Abbruch der Schwangerschaft sind einerseits eine Selektion gegen die betreffenden Genveränderungen. Andererseits haben Familien nach der Geburt eines betroffenen Kindes häufig auf weitere Nachkommen verzichtet. Erst die PD mit der Möglichkeit der molekularen oder biochemischen Diagnostik und mit dem sicheren Nachweis eines nicht betroffenen Kindes hat Eltern ermutigt, das Risiko weiterer Schwangerschaften einzugehen. Dies bedeutet, daß fünfzig Prozent dieser Nachkommen heterozygot sind, also gesunde Überträger dieser Genmutation. Hier führt die PD ganz offensichtlich zu einer vermehrten Weitergabe dieser Genveränderungen mit Krankheitsrelevanz.

Sehr deutlich muß gesagt werden, daß keinem Träger einer genetisch bedingten Erkrankung der Lebenswert abgesprochen werden darf und auch nicht abgesprochen wird. Dieser Standpunkt wird immer wieder von Pränataldiagnostikern und Humangenetikern nachdrücklich vertreten und findet sich auch in der allgemeinen Sicht. Er drückt sich in der Reform des § 218 aus, der sich mit dem Schwangerschaftsabbruch befaßt. Die Indikation für einen Schwangerschaftsabbruch beruht in diesen Fällen nicht auf der Schwere der kindlichen Störung, sondern allein auf den – auch zukünftigen – Problemen der Mutter.

Geht man auf die Akzeptanz von Behinderung ein, so ist dies sicherlich primär ein gesellschaftliches Problem. Wie weiter unten im Detail ausgeführt wird, sind die Ursachen für Behinderung vielfältig. Der Anteil der pränatal erkannten Störungen spielt dabei zahlenmäßig eine untergeordnete Rolle. Insgesamt betrachtet wird in unserer leistungsorientierten und zunehmend egozentrischen Gesellschaft Behinderung nicht mehr als normale Facette des menschlichen Lebens gesehen. Diese Sicht wird aber m. E. durch die PD nicht wesentlich negativ beeinflußt. Aus Sicht der Familie ist dagegen die PD von großer Bedeutung, und die Befunde sind nicht selten von außerordentlicher Tragweite. Stellt man den Einfluß, den die PD auf die Einstellung unserer Gesellschaft zu Behinderten nimmt, den Vorteilen gegenüber, überwiegen sicher letztere deutlich. Eine nur geringfügige Anstrengung zur stärkeren gesellschaftlichen Integration und eine Erziehung zu vermehrten Akzeptanz von Behinderten würde bei weitem den Einfluß der PD kompensieren.

## *Interessenkonflikt zwischen Mutter und Kind*

Ein Verbot sowohl der PD als auch der Option eines Schwangerschaftsabbruches würde die Autonomie der Frau gezielt schmälern. Die verantwortliche Betreuung eines behinderten Kindes verändert mit Sicherheit die Lebensplanungen einer Familie. In unserer Gesellschaft bedeutet dies immer noch insbesondere eine Einschränkung der Freiräume der Mutter, oft auch die der Geschwister. Unbenommen bleibt, daß die Verantwortung für ein behindertes Kind in vieler Hinsicht auch eine Bereicherung des Lebens darstellen kann. Oft stellt aber der Zeitaufwand, der für die physische und psychische Pflege und Förderung des behinderten Kindes notwendig ist, eine Überlastung der Mutter dar. Nicht selten ergeben sich daraus Probleme, die zur Zerstörung der Familie führen.

Eine Lösung dieses Konflikts ist unter den jetzigen gesellschaftlichen Bedingungen nicht gegeben. Eine nur individuell zu treffende und die familiäre Situation berücksichtigende Entscheidung der Mutter beziehungsweise der Eltern nach einer entsprechenden umfassenden Beratung sollte auch von Andersdenkenden akzeptiert werden. Es gibt wohl kaum Eltern, die in dieser Situation leichtfertig entscheiden. Die Abwägung zwischen der Beibehaltung der bisherigen Lebensplanung gegenüber dem Lebensrecht des ungeborenen Kindes stellt daher einen dramatischen Interessenkonflikt insbesondere für die werdende Mutter dar.

An einem konkreten Fall, der zusätzlich durch die Unabwägbarkeit des Risikos kompliziert wird, soll der Interessenkonflikt deutlich gemacht werden: Eine Schwangere wünscht aufgrund ihres Alters eine Amniozentese in der 16. SSW. Es liegt ein unauffälliger Ultraschallbefund vor. Die Familiengeschichte ergibt, daß die Frau bereits einen zweijährigen Sohn hat. Sie steht in einer schweren Konfliktsituation, da sich ihr Partner aus religiösen Gründen gegen jegliche PD ausgesprochen hat und die Partner bereits getrennt leben. Von Bedeutung ist noch, daß die Schwangere beruflich mit Behinderten gearbeitet hat. Die Fruchtwasserzellanalyse zeigt eine bisher klinisch nicht beschriebene Chromosomenveränderung: Ein Teil der Zellen weist ein kleines zusätzliches Chromosom auf, dessen Material vom Chromosom 19 kommt, ohne daß die Zusammensetzung genauer zu bestimmen war (Markerchromosom 19); andere Zellen zeigen einen normalen Chromosomensatz. Somit handelt es sich um ein chromosomales Mosaik. Es ist sicher, daß der Marker genetisch aktives Material enthält, also höchstwahrscheinlich klinische Konsequenzen hat.

In einem ersten Gespräch mit der Schwangeren wird unter anderem angesprochen:
1. das Auftreten extraembryonaler Mosaike bzw. von Mosaiken, die nicht in allen Geweben auftreten,
2. das fehlende Wissen, um eine genauere klinische Prognose abzugeben; allgemein besteht aufgrund der Charakterisierung des Markerchromosoms eine sehr hohe Wahrscheinlichkeit für eine geistige Behinderung, eventuell auch für Fehlbildungen,
3. der Ausschluß bestimmter Fehlbildungen durch eine genaue Ultraschalldiagnostik und
4. die Erblichkeit von Markerchromosomen und der Ausschluß eines familiären Auftretens durch die Bestimmung der elterlichen Chromosomensätze.

Die Schwangere entscheidet sich für eine zytogenetische Analyse ihres Blutes. Eine Blutuntersuchung ihres Partners kommt nach einigen Gesprächen ebenfalls zustande. Die Eltern besitzen normale Chromosomensätze. Die neuerliche Ultraschalluntersuchung des Kindes bestätigt einen unauffälligen Befund. Die daraufhin gewünschte Fetalblutanalyse führt zum sicheren Nachweis, daß das Kind das Mosaik mit dem Markerchromosom aufweist, daß also eine Chromosomenstörung mit zu erwartenden klinischen Effekten vorliegt.

In mehreren Gesprächen unter Einbeziehung des Beratungsangebotes des „Sozialmedizinischen Dienstes für Familienplanung,

Eheberatung und Schwangerschaft" werden mit der Schwangeren die möglichen Entscheidungen in dieser Konfliktsituation bedacht. Nach einer längeren Phase der Unentschiedenheit in der auch konkret die später zur Verfügung stehenden Hilfen evaluiert werden, entschließt sich die Schwangere zur Austragung der Schwangerschaft.

Dieses Beispiel zeigt eine Problematik der PD auf: das Auftreten unbekannter Chromosomenstörungen. Auf der anderen Seite liegt ein wesentlicher Vorteil der PD für die Schwangere darin, daß sie die Geburt eines Kindes mit Chromosomenanomalie nicht wie „ein Blitz aus heiterem Himmel" trifft. Gerade in der skizzierten sozialen Situation dieser Schwangeren mit extremer psychischer Belastung ist die Vorbereitung auf die Geburt eines behinderten Kindes von einer für einen Außenstehenden kaum vorstellbaren Bedeutung.

## Schlußbetrachtung

Nun zurück zu der anfangs von werdenden Eltern geäußerten Erwartung durch eine genetische Untersuchung die Geburt eines gesunden Kindes sicherzustellen. Aus der Sicht der Schwangeren werden die Überlegungen zur Wahl einer angemessenen PD von diesem Wunsch bestimmt sein. Dieses ist auf der einen Seite ein so verständlicher Wunsch, wie er auf der anderen Seite unerfüllbar bleibt. Ursachen von Behinderungen sind so vielfältig, genetischer wie natürlich auch nichtgenetischer Natur, daß selbst das größte vorstellbare Repertoire möglicher Vorsorge nie diesem legitimen aber unrealistischen Anspruch gerecht werden kann. Dies klarzustellen ist eine vorrangige Aufgabe aller im Bereich der PD Tätigen.

Wissenschaftlich begründet wird die Aussage zu den Ursachen von Behinderung durch die Kenntnis des sogenannten Basisrisikos für jede Schwangerschaft: 3–4% aller Neugeborenen weisen Fehlbildungen unterschiedlicher Herkunft auf. Hiervon werden etwa 10% durch äußere Einflüsse hervorgerufen, z.B. Medikamente und Virusinfektionen, ca. 15% sind chromosomal und ca. 20% monogen bedingt, weitere 60% sind unbekannter Ursache.[8] Damit wird deutlich, daß auch die Kombination aller pränataler

Untersuchungen nur in der Lage ist, einen Teil der eintretenden kindlichen Fehlbildungen vorherzusagen. Dieses muß den ratsuchenden Eltern im Beratungsgespräch vor einer PD deutlich gemacht werden, um damit die Rahmenbedingungen der PD aufzuzeigen und überzogene Hoffnungen auf eine vernünftige Grundlage zurückzuführen. Die zukünftigen Eltern sollten zu der Erkenntnis gelangen, Behinderung als etwas Natürliches, zum menschlichen Dasein Gehöriges anzusehen, das aller gesellschaftlicher Fürsorge bedarf.

Die Inanspruchnahme der Pränataldiagnostik ist für eine Reihe von Schwangeren eine wertvolle Hilfe zur psychischen Stabilisierung, in manchen Fällen ist sie eine unverzichtbare Maßnahme zum Schutz von Mutter und Kind. Abgesehen von letztgenannten Situationen sollte die PD aber immer als ein Angebot dargestellt werden. Im Gespräch mit den Ratsuchenden ist es wichtig, die Vorstellungen der Schwangeren zur PD aufmerksam zu erfragen, um durch die Darstellung der realistischen Möglichkeiten übertriebene Erwartungen zu vermeiden.

## Literatur

1. Adinolfi M, Pertl B, Sherlock J (1997) Rapid detection of aneuploidies by microsatellite and the quantitative fluorescent polymerase chain reaction. Prenatal Diagnosis 17:1299–1311
2. Deutsche Gesellschaft für Humangenetik (1998) Leitlinien zum „pränatalen Schnelltest (FISH)". Medizinische Genetik 10:319
3. Gesellschaft für Humangenetik, Kommission für Öffentlichkeitsarbeit und ethische Fragen (1991) Stellungnahme zum Heterozygoten-Bevölkerungsscreening. Medizinische Genetik 3:11
4. Harper J (1995) The 7th International Conference on early prenatal diagnosis: Some personal impressions. Prenatal Diagnosis 15:401–406
5. Mansfield ES (1993) Diagnosis of Down syndrome and other aneuploidies using quantitative polymerase chain reaction and small tandem repeat polymorphisms. Human Molecular Genetics 2:43–50
6. Mendelian Inheritance in Man – OMIM: http://www.ncbi.nlm.nih.gov/omim/)
7. Pandya PP, Snijders RJM, Johnson SJ, Brizot M, Nicolaides KH (1995) Screening for fetal trisomies by maternal age and fetal nuchal translucency thickness at 10 to 14 weeks of gestation. British Journal of Obstetrics and Gynaecology 102:957-962
8. Queißer-Luft A, Schlaefer A, Schicketanz KH, Spranger J (1994) Erfassung angeborener Fehlbildungen bei Neugeborenen: Das Mainzer Modell. Deutsches Ärzteblatt 91:A747-A750

9. Southern EM (1996) DNA chips: Analysing sequence by hybridization to oligonucleotides on a large scale. Trends in Genetics 12:110–115
10. Sperling K, Wegner RD (1995) Ätiologie und Pathogenese chromosomal bedingter embryofetaler Fehlbildungen und Spontanaborte. In: Becker R, Weitzel H (Hrsg) Pränatale Diagnostik und Therapie: 47-86, Wissenschaftliche Verlagsgesellschaft, Stuttgart
11. The Cystic Fibrosis Genetic Analysis Consortium (1990), Worldwide survey of the ΔF508 mutation-report from the Cystic Fibrosis Genetic Analysis Consortium. American Journal of Human Genetics 47:354–359
12. Wegner RD, Becker R (1997) Prenatal diagnosis in Germany. European Journal of Human Genetics 5 (Suppl 1):32–38

KAPITEL 8

# Gentherapie – Aktueller Forschungsstand und Perspektiven

SIGRUN NIEMITZ

Die Gentherapie ist eine recht neue Behandlungsform, die es erst seit neun Jahren gibt. Möglich gemacht wurde sie durch die Entwicklung neuer molekularer Techniken und durch große Fortschritte in der Virologie (s. auch Kap. 5), wodurch neue und sehr geeignete Werkzeuge für den Transfer von Genen, also für ihre Übertragung von einem auf einen anderen Organismus, entwickelt werden konnten. Einige hierbei wesentliche Techniken wie Sequenzanalysen[12], der sogenannte Southern Blot[12] oder die Polymerasekettenreaktion[12] sollen hier exemplarisch vorgestellt und kurz erläutert werden.

Mittels Sequenzanalysen klärt man den Nukleinsäurecode eines DNA-Abschnittes wie eine Reihenfolge von Buchstaben auf, wodurch Veränderungen im Erbgut entdeckt werden können.

Meistens wird hierfür die sogenannte Kettenabbruchmethode nach Sanger verwendet. Das Prinzip dieser Methode besteht darin, mit Hilfe eines Enzyms, einer DNA-Polymerase, eine komplementäre Kopie der einen Hälfte des zu sequenzierenden Stranges anzufertigen. Komplementär bedeutet hierbei, daß die charakteristische Struktur der aufgereihten Nukleinsäuren einer ebenso (fast) einmaligen Struktur im Gegenstrang entspricht, wie bei einem präzisen „Abdruck". Dieser komplementäre Strang wird mit radioaktiven Nukleinsäuren markiert. Dieses Enzym, die DNA-Polymerase, arbeitet, indem sie von einem passenden Startermolekül mit bekannter Sequenz ausgeht. Die Synthese wird jeweils durch den Einbau bestimmter Moleküle unterbrochen.

So entstehen also DNA-Stücke unterschiedlicher Länge, die dann auf einem Gel aus Polyacrylamid entsprechend ihrer Größe aufgetrennt und auf einem Röntgenfilm sichtbar gemacht werden.

Heute arbeitet man fast ausschließlich mit enzymatischen Markierungen, also mit nichtradioaktiven Methoden.

Der Southern Blot dient zur Identifizierung spezifischer DNA-Fragmente. Es handelt sich hierbei um ein Verfahren, bei dem Genfragmente ihrer Größe nach aufgetrennt, dann auf eine Trägermembran überführt werden und dort mit radioaktiv oder enzymatisch markierter DNA gepaart werden können.

Die Polymerasekettenreaktion, kurz PCR (engl. abgekürzt nach „polymerase chain reaction"), dient zur Anreicherung eines bestimmten DNA-Abschnittes, der im Laufe der PCR exponentiell angereichert wird. Diese Methode basiert auf einer sich ständig wiederholenden Abfolge von drei Schritten, die unter bestimmten Temperaturbedingungen und in präzisen Zeitschritten erfolgen.

Im ersten Schritt werden die beiden DNA-Stränge bei hohen Temperaturen aufgeschmolzen und dabei der Länge nach voneinander getrennt. Im zweiten Schritt lagern sich Startermoleküle an die Enden des anzureichernden DNA-Abschnitts an und schaffen so die Voraussetzung für die Neusynthese. Im dritten Schritt findet die Synthese der von den Startern flankierten Sequenz statt. Danach werden die Stränge wieder aufgetrennt, der Zyklus beginnt von neuem.

So entstehen erst zwei, dann vier, dann 16 Stränge und so weiter. Man erhält also in kurzer Zeit, typischerweise in etwa 2,5 h, große DNA-Mengen für weitere Untersuchungen. Die hier kurz vorgestellten Methoden sind natürlich nur eine kleine Auswahl der in der Gentherapie angewandten Techniken. Sehr bedeutsam sind selbstverständlich alle Methoden, durch die fremde Gene in Zellen eingeschleust werden können. Auf diesen Komplex soll später noch genauer eingegangen werden.

Das erste sogenannte Protokoll, in welchem gentechnisch veränderte Zellen beim Menschen eingesetzt wurden, wurde 1988/89 genehmigt und am 22. Mai 1989 von Rosenberg et al. begonnen. Der Begriff Protokoll steht hierbei für ein klinisches Experiment. Bei jenem Protokoll handelte es sich allerdings um keine echte Gentherapie, sondern um den Einsatz gentechnisch markierter Lymphozyten, um mehr über deren Eigenschaften bei der Bekämpfung eines Tumors zu erfahren.[5] Auf die Konzepte solcher Genmarkierungsstudien wird später noch ausführlich eingegangen. Im Dezember 1998 zählte man 367 klinische Studien weltweit, und bis dahin wurden 3089 Patienten gentherapeutisch behandelt.

Was versteht man nun eigentlich unter Gentherapie? Die Basis hierfür ist die genaue Kenntnis des genetischen Defektes, welcher eine Krankheit verursacht. Ursprünglich bedeutete Gentherapie die Korrektur dieses Defektes, indem man das schadhafte Gen durch eine intakte Kopie in den betroffenen Zellen ersetzt. So können z. B. Erkrankungen therapiert werden, deren Ursache in einem aus ganz bestimmten Gründen fehlenden Protein liegt. Hierzu zählt etwa die zystische Fibrose, die häufig auch unter der Bezeichnung Mukoviszidose bekannt ist (s. unten und Kap. 7). Über gentherapeutische Ansätze zur Bekämpfung dieser schweren Krankheit und anderer Leiden, die durch ein defektes Gen verursacht werden, wird in diesem Kapitel noch berichtet werden.

Inzwischen hat sich der Begriff der Gentherapie insofern erweitert, als man darunter jede Einschleusung einer Gensequenz in eine Zelle versteht, von der ein therapeutischer Nutzen für den Patienten erwartet wird. Folgende Formen der Gentherapie werden heute angewandt:[11]

- Substitution, also Ersatz, eines genetischen Defekts.
- Transfer von immunmodulatorischen Genen: Hierunter versteht man Gene, deren Produkte das Immunsystem stimulieren.[17]
- Transfer von Suizidgenen: Man stattet Zellen mit einem Enzym aus, das für den Körper normalerweise unschädliche Substanzen in toxische verwandelt. Dieser Ansatz wird speziell bei der Behandlung von Hirntumoren eingesetzt.[13]
- Antigentherapie (auch Antisensetherapie genannt): Es werden schädliche Gene ausgeschaltet, indem man deren Ablesung durch die Anlagerung spezifischer kurzer DNA-Abschnitte oder mittels Ribozymen verhindert.
Ribozyme sind kleine RNA-Moleküle, die spezifische RNA-Abschnitte erkennen und zerschneiden und so die weitere Synthese der betreffenden Proteine unterbinden.

Ganz allgemein unterscheidet man in der Gentherapie zwischen somatischer und Keimbahntherapie. Bei letzterer werden Keimzellen dauerhaft genetisch verändert, und die neuen genetischen

Eigenschaften werden auf die Nachkommen vererbt. Diese Form der Gentherapie ist beim Menschen verboten und darf nur im Tierversuch angewendet werden.

Somatische Gentherapie beinhaltet die Manipulation aller Typen von Körperzellen mit Ausnahme der Keimzellen und ist daher auf das Individuum beschränkt, welches die veränderten Zellen erhält. Die genetischen Veränderungen werden nicht an Nachkommen weitergegeben. Dies ist die Therapieform, die beim Menschen seit Ende der 80er Jahre Anwendung findet, bisher jedoch nur in der klinischen Erprobung. Man unterscheidet nun In-vitro- und In-vivo-Therapieformen. Bei der In-vitro-Gentherapie werden Zellen außerhalb des Körpers mit einem neuen Gen ausgestattet und dem Patienten dann gegeben. Man kann dafür entweder patienteneigene Zellen verwenden, im sogenannten autologen System, Zellen eines Spenders oder Zellinien verabreichen, das allogene System, oder mit nichtmenschlichen Zellen therapieren, im sogenannten xenogenen System.

Bei einer In-vivo-Therapie wird das gewünschte Gen direkt in das Zielgewebe eingebracht. Dies ist z.B. dann sinnvoll, wenn es nicht möglich ist, Gewebe zu entnehmen, wie beispielsweise bei Hirntumoren. Diese Therapieform weist jedoch Probleme hinsichtlich der Spezifität der Systeme zur Genübertragung und der Effizienz auf. Teilweise nähern sich diese Probleme jedoch bereits einer Lösung, was an der zunehmenden Zahl der In-vivo-Studien abzulesen ist. Noch 1996 waren nahezu alle Studien In-vitro-Studien, 1997 nahm die Zahl der In-vivo-Genübertragungen erstmals zu, und 1998 bereits waren nahezu die Hälfte aller klinischen Studien mittels In-vivo-Genübertragung geplant.

### Wie organisiert man den Umzug für ein Gen?

Wie gelangt nun überhaupt ein Gen in eine Zelle, und wie sieht eine „Genfähre", ein sogenannter Vektor aus? Ganz grob kann man die bis heute erprobten Transfermethoden in physikalisch-chemische oder virale Methoden unterteilen.

Das gewünschte Gen wird (mit Ausnahme der weiter oben bereits genannten Antisensetherapie) nicht einfach als nackte DNA-Sequenz in die Zelle eingebracht, sondern muß auch noch regulative Elemente mit sich führen, wie z.B. Signale, die die Ablesung eines Gens starten und beenden und die Unterscheidung zwischen Zellen mit dem neuem und ohne das neue Gen ermöglichen. Dies können z.B. Gene sein, die eine Resistenz gegen Antibiotika vermitteln. Wie solch ein Vektor aussehen könnte, soll anhand von Abb. 8-1 verdeutlicht werden.

Die nachstehend aufgeführten Techniken zählen zu den physikalisch-chemischen Transfermethoden, um einen Vektor in Zellen einzubringen. Die beiden obengenannten Methoden sind nur in der Grundlagenforschung von Bedeutung und sollen daher hier nicht näher erläutert werden.

- Kalzium-Phosphat-Fällung,
- Mikroinjektion,
- Elektroporation,
- ballistischer Transfer,
- Lipofektion,
- ligandenvermittelter Transfer.

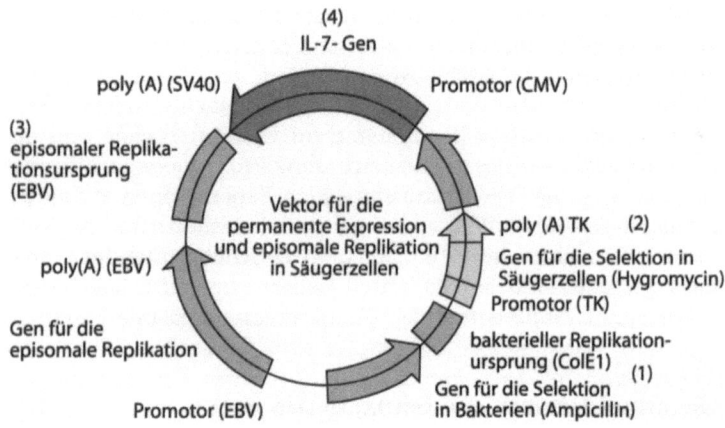

**Abb. 8-1.** Plasmid (ringförmiges DNA-Molekül) als Beispiel für eine Genfähre, einen sogenannten Vektor. Dieser Vektor enthält: Funktionsstrukturen zur Vermehrung und Selektion in Bakterienzellen (1), um das gewünschte Konstrukt in ausreichender Menge herstellen zu können (bakterieller Promotor und Replikationsursprung, sowie Ampicillin-Resistenzen), Strukturen zur Selektion in Säugerzellen (2), um nach Transfer des Konstruktes die positiven Zellen isolieren zu können (Hygromycin-Resistenzgen), Strukturen (3), die im Zellkern die Vermehrung des Konstruktes unabhängig vom Zellzyklus vermitteln (episomale Replikation) und natürlich das therapeutische Gen (4) mit seinen Regulations- und Kontrollelementen (IL-7-Gen mit Promotor) und sogenannte Polyadenylierungssequenzen (*poly A*), die für die Umschreibung von DNA in RNA bedeutsam sind

Bei der *Elektroporation* werden Zellen in Lösung gebracht, und deren Zellmembranen werden durch kurze elektrische Impulse vorübergehend für hochmolekulare Moleküle durchlässig gemacht. Durch diese Membranporen können dann Plasmide, bestimmte ringförmige DNA-Abschnitte mit dem betreffenden Gen, in die Zellen gelangen. Einige Zeit nach dem Ausschalten des elektrischen Feldes schließen sich die Membranporen wieder. Mit diesem Verfahren wurden sowohl Lymphozyten als auch Tumorzellen transfiziert, also mit einem Fremdgen versehen, die im Rahmen einer klinischen Studie im Virchow-Klinikum bei der Krebstherapie Verwendung fanden.

Beim *ballistomagnetischen Transfer* werden auf einer Petrischale befindliche Zellen mit Goldkügelchen beschossen, die zuvor mit Plasmiden und paramagnetischen Partikeln beschichtet wurden. Letztere vermitteln den Zusammenhalt des Gesamtkomplexes aus Magnet, Gold und Plasmid. Diese Komplexe treffen auf die Zellen auf, durchschlagen deren Membran, das Zellplasma und die Kernmembran und treten in der Regel wieder aus der Zelle aus. Bei dieser Passage werden jedoch, insbesondere im Zellkern, viele Magnetpartikel und die DNA abgestreift. Nach dem Beschuß können alle Zellen, in deren Kern mindestens 10–20 Magnetpartikel abgeladen worden sind, durch magnetische Sortierung isoliert werden. Die Zellen werden durch eine Säule geschickt, an die ein Magnet gehalten wird, der die positiven, also neu beschickten Zellen in der Säule zurückhält. Die negativen Zellen ohne das fremde Genmaterial fließen durch die Säule durch. Danach werden die bisher zurückgehaltenen, positiven Zellen aus der Säule ausgewaschen.

Mit dieser Methode wurden Zellen im Rahmen einer Gentherapie des malignen Melanoms, des sehr bösartigen schwarzen Hautkrebses, mit einem immunmodulatorischen Gen ausgestattet. Diese Studie wurde am Zentrum für somatische Gentherapie der Freien Universität Berlin in Zusammenarbeit mit dem Virchow-Klinikum der Humboldt-Universität durchgeführt. In einer weiteren Studie wurden 1998 Patienten mit Nieren- oder Darmkrebs mit solcherart modifizierten Zellen behandelt. Diese beiden Studien werden später noch ausführlicher vorgestellt.

Bei der *Lipofektion* werden Phospholipid-Kügelchen, sogenannte Liposomen, mit Plasmiden beladen und mit der Zellmembran der Zielzelle fusioniert, so daß ihr Inhalt von der Zelle aufgenommen werden kann.

Das Prinzip des *ligandenvermittelten Transfers* besteht darin, daß dem Plasmid mittels einer Art „Andockmoleküls", eines Liganden, zur Bindung an die Membran der Zielzelle verholfen wird. Durch einen auf der Membran angesteuerten Rezeptor bindet die DNA an die Zelle, wird von ihr aufgenommen und in das Zellinnere eingeschleust.

Auch die beiden zuletzt beschriebenen Verfahren werden in der Gentherapie eingesetzt. Alle bislang genannten Verfahren führen nur zu einer vorübergehenden Veränderung der Zellen. Man spricht deshalb von einer transienten Expression, da die neue Information nicht ins Genom integriert, sondern von zelleigenen Enzymen wieder abgebaut wird. Die Dauer dieser genetischen Veränderung kann, je nach Zelltyp und Methode, Tage bis Wochen betragen. Für manche Anwendungen, z.B. in der Krebstherapie, scheint eine vorübergehende Expression des gewünschten Gens durchaus ausreichend zu sein.[7, 15, 21]

Bei weitem die größte Bedeutung kommt jedoch den viralen Verfahren zu, insbesondere der Genübertragung mittels Retroviren.[14] Ein Retrovirus ist ein Virus, dessen genetische Information statt wie bei uns als DNA, in Form eines RNA-Einzelstranges vorliegt. Hier wird also der genetische Informationsfluß, der von DNA ausgehend, normalerweise über RNA zum Protein führt, abgeändert. Ihn hatte man lange Zeit als den einzig möglichen Weg der Umsetzung genetischer Information in ein Protein angesehen. Solche Viren verfügen nämlich über ein Enzym, mit welchem sie ihre RNA zunächst in DNA (zurück)umschreiben können. Von diesem ersten Schritt zurück leitet sich die Bezeichnung Retroviren her. Da ein Retrovirus stabil in seine Zielzelle integriert, kommt es hier zu einer dauerhaften Veränderung der infizierten Zelle. Das gewünschte Protein wird solange von der Zelle gebildet, bis sie stirbt.

Andere virale Methoden, wie der adenovirale und der adenoassoziierte Transfer führen dagegen, wie bei den physikalisch-chemischen Methoden, ebenfalls nur zu einer vorübergehenden genetischen Veränderung der Zellen. Als Beispiel für virale

Transfektionsmethoden sei hier der retrovirale Transfer als der zur Zeit klinisch bedeutsamste und am häufigsten angewandte näher erläutert. Wie schon erwähnt, besteht das genetische Material eines Retrovirus aus einzelsträngiger RNA. Aufgebaut ist das Virus aus einer Hülle und einer inneren Kapsel, die diese RNA enthält.

Zu Beginn der Virusinfektion muß die RNA mit Hilfe der reversen Transkriptase, eines Enzyms, das nur Retroviren besitzen, in DNA umgeschrieben werden. Dies geschieht sofort nach dem Eindringen in den Wirtsorganismus. Die DNA zirkularisiert, d. h. sie organisiert sich in Ringform, und integriert anschließend ins Genom der Wirtszelle. Dort liegt sie nun als sogenanntes Provirus vor. Im Rahmen der normalen Zellteilungen wird die Fremd-DNA mit vervielfältigt und mit abgelesen. Es werden dann neue Virusproteine synthetisiert und zusammengebaut und ein neues infektiöses Virus verläßt die Zelle durch Ausknospen und kann nun neue Zellen befallen. Teilweise werden infizierte Zellen vom Virus auch so manipuliert, daß sie bevorzugt oder ausschließlich im Dienst der Virusproduktion stehen, schließlich platzen und hunderte bis tausende neuer Viren in den Organismus entlassen.

Verwendet man nun ein Retrovirus als Genfähre, so werden zuvor die Elemente in seinem Genom zerstört, die es in die Lage versetzen, seinen Infektionszyklus aufzunehmen. Dazu gehören die genetische Information für die Bildung der reversen Transkriptase und die Verpackungsproteine. Anstelle dieser Elemente baut man hier die Informationen für das gewünschte therapeutische Protein ein.

Die fehlenden Funktionen werden dem Virus nun mittels einer sogenannten Verpackungszellinie zur Verfügung gestellt. In der Zellkultur bringt man das defekte Retrovirus mit diesen Zellen zusammen, und daraus entstehen Viren, die einmalig wieder neue Zellen infizieren können. Diese werden in das Kulturmedium der Verpackungszellen abgegeben, und dieser Überstand wird für die Infektion der gewünschten Zellen verwendet. Eine weitere Infektion kann nicht mehr stattfinden, da den Viren von den Verpackungszellen nur die fertigen Proteine einmalig zur Verfügung gestellt wurden, sie jedoch die genetische Information zur selbständigen Bildung derselben nicht mehr besitzen. Es bleibt jedoch ein Restrisiko, da die defekten Viren im Organismus des Wirtes zufällig auf andere Wildtypviren treffen könnten. Mit diesen könnten sie dann rekombinieren, und es könnten neue, nun wieder infektiöse Retroviren entstehen.[6, 20]

## Gentherapeutische Konzepte

Die gentherapeutisch behandelbaren Krankheiten fallen in vier Kategorien:
1. Krankheiten, die durch ein fehlendes oder defektes Gen entstehen (monogene Leiden),
2. Krebs,
3. Infektionskrankheiten,
4. andere Erkrankungen.

Den zahlenmäßig größten Anteil nehmen innerhalb dieser Kategorien die Krebspatienten ein; 68% aller gentherapeutischen Behandlungen fallen in diese Gruppe; das entspricht 2099 behandelten Patienten. 291 Patienten, die an monogenen Erkrankungen litten, wurden bisher behandelt, dies entspricht einem Anteil von 9,3%. Unter den behandelbaren Infektionskrankheiten ist zur Zeit nur Aids zu nennen, 13,1% aller gentherapeutischen Ansätze entfallen auf diese Gruppe. Andere Erkrankungen sind mit 2% bislang zahlenmäßig unbedeutend.

Monogene Erkrankungen waren die ersten Ziele, deren Eignung für eine Gentherapie man näher überprüft hat. Dies hatte vornehmlich drei Gründe: Zum einen war die Abweichung der DNA-Sequenz auffällig, zweitens waren die Konsequenzen meist sehr ernst, und oft gab es drittens kaum Therapiemöglichkeiten. Die Voraussetzung für die Behandlung einer solchen Erkrankung ist stets erst einmal die Identifizierung, Lokalisierung und Klonierung des betreffenden intakten Gens. Beispiele für in diese Kategorie fallende Krankheiten sind z.B. die zystische Fibrose und die Adenosin-Desaminase-Insuffizienz, kurz ADA genannt.

Die zystische Fibrose (oder Mukoviszidose) wird bereits in einer Reihe klinischer Versuche angegangen. Sie ist die häufigste monogene Erbkrankheit (vgl. Kap. 7). Bei ihr liegt ein Defizit in einem Protein vor, welches für den Transport von Chloridionen über Zellmembranen hinweg zuständig ist. Fehlt dieses Protein lagert sich bei den Betroffenen verstärkt sehr zähflüssiger Schleim bevorzugt auf den Epithelien des Respirationstraktes ab und führt zu bakteriellen Infektionen und Entzündungen. Auch andere Organe, wie die Bauchspeicheldrüse, sind betroffen. Die mittlere Lebenserwartung von CF-Patienten beträgt heute 29 Jahre.

Im April 1993 wurden 4 Patienten mittels eines adenoviralen Vektors mit dem korrekten Protein ausgestattet. Adenoviren sind Viren mit doppelsträngiger, linearer DNA, die bei Vertebraten häufig akute, jedoch harmlose Erkrankungen des Respirationstraktes hervorrufen. 1995 wurden weitere 15 Patienten mit Liposomen behandelt, die mittels eines Sprays in die Atemwege verabreicht wurden.[3] Im Behandlungszeitraum wurde eine teilweise bis vollständige Korrektur der Ionentransportanomalien erreicht, was stets auch zu einer Besserung des Zustandes der Patienten führte.

Bei der ersten Erkrankung, die gentherapeutisch behandelt wurde, handelte es sich um die eben erwähnte ADA. Zur Zeit laufen mehrere klinische Studien, die sich mit ihrer Therapie befassen, mit unterschiedlichem klinischen Erfolg. Mit einer Inzidenz von 1:100 000 ist die ADA zwar eine seltene, jedoch tödlich verlaufende Erkrankung. Die Betroffenen sind nicht in der Lage, ein funktionierendes Immunsystem aufzubauen und sterben an normalerweise banalen Infekten in den ersten Lebensjahren.

Wenn das Enzym, nach dem diese Krankheit benannt wurde, inaktiv ist, reichern sich toxische Substanzen in den Zellen an, die diese dann zerstören können. Besonders anfällig hierfür sind T-Zellen, die neben den B-Zellen mit zu den Haupteffektorzellen des Immunsystems gehören. Man kann das fehlende Enzym zwar auch per Injektion zuführen, es bleibt dann aber nur kurzzeitig aktiv und bessert den Zustand der Betroffenen nur innerhalb dieser kurzen Frist von Stunden oder maximal von Tagen; eine Heilung erfolgt nicht. Eine Heilung dieser Erkrankung kann durch eine Knochenmarktransplantation erfolgen, aber nur für ca. 30% der Betroffenen gibt es einen passenden Spender.

Bei der Gentherapie wird das Gen für das fehlende Enzym mittels eines retroviralen Vektors in die Lymphozyten des Patienten eingeführt. Die beiden 1990 von Culver, Blaese und Anderson behandelten Patienten erhielten jeweils $7 \cdot 10^8$ gentechnisch behandelte Zellen pro Kilogramm Körpergewicht einmal pro Monat. Die letzte Infusion erfolgte im Oktober 1992. Beide Kinder erreichten einen zufriedenstellenden Immunstatus.[1] Seit 1990 ist Krebs die bei weitem häufigste Erkrankung, für die klinische Studien initiiert werden. Hier kann man unterschiedliche Therapieansätze verfolgen:

Beim Transfer von sogenannten Suizidgenen werden die Zellen mit einem Enzym ausgestattet, welches eine an sich harmlose Substanz in ein zelltoxisches Stoffwechselprodukt umwandelt. Behandelt man nun mit einer entsprechenden Substanz, so stellen die betreffenden Zellen den für sie giftigen Metaboliten selbst her und können auf diese Weise selektiv eliminiert werden. Idealerweise sollen die freigesetzten Metaboliten nicht nur die transfizierte Tumorzelle, sondern auch die umliegenden, nicht transfizierten Tumorzellen erreichen und vernichten. Dieser sogenannte Bystander-Effekt ist für eine Reihe von Suizidgenen beschrieben worden.[11, 25]

Ein Beispiel für ein solches Suizidgen ist das Enzym Thymidinkinase, welches die inerte* Substanz Gancyclovir in zelltoxische Triphosphate verwandelt.[2] Unter den Begriff „Suizidgene" fallen aber auch zytotoxische Gene, welche bei Freisetzung ihrer Genprodukte die Zellen direkt vernichten oder aber Substanzen produzieren, welche tumorabtötende Monozyten oder Makrophagen anlokken. In diesem Sinne kann man auch Zytokingene als Suizidgene bezeichnen; diese Therapieform stellt ein sehr weites Feld mit vielen verschiedenen Genen und Ansätzen dar. Deshalb wird dieser Komplex noch gesondert behandelt. Mit Hilfe des Transfers von Antisensemolekülen kann die Ausprägung krebsverursachender Gene blockiert werden. Man spricht in diesem Fall von einer Gensuppression oder Anti-Gentherapie. Als Antisensemoleküle werden kurze DNA-Abschnitte verwendet, sogenannte Oligonukleotide (von griech. oligo = wenige), die sich an bestimmte Sequenzen in der regulatorischen Region eines auszuschaltenden Gens anlagern und dadurch dessen Ablesung verhindern. Eine andere Möglichkeit besteht in der Verwendung kurzer RNA-Abschnitte, die sich an ihren entsprechenden RNA-Abschnitt anlagern und die Umsetzung in das betreffende Protein verhindern.

Dies kann man auch mit Hilfe von Ribozymen erreichen. Diese kleinen, katalytischen RNA-Moleküle lagern sich an komplemetäre Sequenzen der RNA an und vermögen diese zu schneiden. Auch damit wird die Bildung des Proteins unmöglich gemacht.[11, 23]

Der Transfer von Drogenresistenzgenen in gesunde Stammzellen verfolgt das Ziel, diese vor einer nachfolgenden Chemotherapie zu schützen.

Durch den Transfer von Tumor-Suppressor-Genen sollen fehlende oder nicht funktionierende Gene ersetzt werden, die normalerweise einer Tumorentstehung entgegenwirken würden.

Beim Transfer von Genen, die das Immunsystem aktivieren, sollen krankhafte Zellen für das Immunsystem besser kenntlich gemacht werden. Auf diesem Prinzip beruhen die an der Freien Universität Berlin beziehungsweise der Humboldt-Universität initiierten klinischen Studien, die noch genauer dargestellt werden.

Zur Infektionskrankheit Aids wurden bislang mehrere Gentherapieprotokolle am Menschen genehmigt,[4] und einige hundert Patienten nehmen an diesen Studien teil. Dies sind die einzigen Studien, in denen pro Studie eine so hohe Patientenanzahl behandelt wird. Man versucht, Gene einzuschleusen, die die Ausbreitung des Virus verhindern oder seinen Vermehrungszyklus unterbrechen. Antisenseoligonukleotide dienen beispielsweise der Blockade des Vermehrungszyklus; defiziente virale Proteine sollen eine verstärkte Immunantwort des Wirtes hervorrufen und Toxine die Ausbreitung des Virus verhindern. In Tiermodellen waren einige ermutigende Resultate zu verzeichnen. Alle Patienten, die bislang an diesen Studien teilnahmen, vertrugen die Behandlung gut. Bei einigen Patienten war auch eine vorübergehende Steigerung der Immunabwehr zu beobachten. Echte klinische Erfolge blieben jedoch aus. Andere als die bislang besprochenen Erkrankungen sind bisher mengenmäßig unbedeutend. Hierzu zählen Leiden wie die rheumatoide Arthritis, und degenerative neurologische Erkrankungen wie z. B. die Parkinson-Krankheit. Bei letzterer wird ein Vektor verwendet, der auf einem Herpessimplex-Virus basiert. Im Rattenversuch wurden Therapieerfolge erzielt, die bis zu einem Jahr anhielten.

Kurz sei noch auf den Komplex der Genmarkierungen eingegangen, bei denen keinerlei therapeutische Absicht besteht. Vielmehr verfolgt man hier die Absicht, das Schicksal bestimmter Zellen im Körper zu verfolgen. Man möchte z. B. wissen, ob dem

Patienten infundierte tumorinfiltrierende Lymphozyten wirklich am Tumor und in Metastasen aufzufinden sind und wie lange sie im Körper des Patienten überleben. Auch in Knochenmarkzellen wurden schon genetische Marker eingeschleust, um die Mechanismen der Tumorabstoßung zu untersuchen. Vom praktischen Vorgehen her unterscheiden sich diese Studien nicht von Gentherapie-Studien mit therapeutischer Absicht. Als genetischer Marker werden hier Gene eingesetzt, die normalerweise nicht im menschlichen Erbgut enthalten sind, z.B. bakterielle Antibiotika-Resistenzgene. Ein weiteres wesentliches Anliegen von Genmarkierungsstudien besteht darin, festzustellen, ob die Techniken des Gentransfers für den Patienten sicher sind und keine unerwünschten Nebenwirkungen auftreten.

Die Gruppe um Rosenberg verfolgte mit der oben bereits angesprochenen Studie keine gentherapeutischen Ansätze und ist eher als Grundlagenforschung für jene zu verstehen.[1, 5, 19] Mit Hilfe eines retroviralen Vektors wurde ein bakterielles Gen, welches die transfizierten Zellen resistent gegen ein spezielles Antibiotikum macht, in die Lymphozyten eingeschleust. Gibt man dieses Antibiotikum nun in das Kulturmedium, so stellt man sicher, daß nur Zellen, die das neue Gen tragen, überleben können. Der Patient erhält also zu hundert Prozent transfizierte Zellen, deren Schicksal man dann im Körper weiterverfolgen kann.

Entdeckt man nämlich in einer Tumorbiopsie Zellen, die dieses Gen tragen, dann weiß man, daß es sich um die infundierten Lymphozyten handelt. Der Nachweis des Gens erfolgt mittels der bereits unter Methoden dargestellten PCR oder Southern blots. Genmarkierte Lymphozyten können bis zu drei Monate nach Infusion im Körper des Patienten aufgefunden werden. Man entdeckte diese Zellen sowohl im Blut als auch im Tumor und in dessen Metastasen. Auch konnte man hierdurch die Sicherheit und Durchführbarkeit von Gentransferstudien zeigen. Bei keinem Patienten traten ernste Nebenwirkungen auf.

## Klinische Studien in Berlin

Drei Studien, die am Zentrum für Somatische Gentherapie der Freien Universität Berlin in Zusammenarbeit mit dem Virchow-

Klinikum, beziehungsweise am Virchow-Klinikum allein durchgeführt wurden, sollen nun näher vorgestellt werden.

Bei der ersten handelt es sich um eine sogenannte Phase-I-Studie in Zusammenarbeit mit der Abteilung für Hämatologie und Onkologie des Virchow-Klinikums, die der Gentherapie des Kolon- und des Nierenzellkarzinoms dienen soll, bei der zweiten um eine Phase-I-Studie zur Gentherapie des malignen Melanoms, dem Schwarzen Hautkrebs, in Zusammenarbeit mit der Dermatologie des Virchow-Klinikums unter Leitung von Professor Schadendorf. Das dritte Projekt ist ebenfalls eine Phase-I-Studie der Abteilung für Hämatologie und Onkologie am Virchow-Klinikum zur Gentherapie des Kolon- und des Nierenzellkarzinoms und des Lymphoms (Krebs des lymphatischen Systems) unter Einsatz von zytokininduzierten Killerzellen.

Klinische Studien werden generell in vier Phasen eingeteilt, die hinsichtlich ihrer Fragestellungen präzis definiert sind. In einer Phase-I-Studie geht es zuerst einmal um die Verträglichkeit einer neuen Therapieform und um die Einschätzung der erforderlichen Dosis, die dem Patienten zu verabreichen ist. In dieser Phase wird nur eine sehr geringe Patientenanzahl behandelt, im Durchschnitt etwa sechs Patienten pro Studie. Es handelt sich vielmehr darum, die Durchführbarkeit, Sicherheit oder auch Toxizität einer neuen Behandlung einzuschätzen, also *nicht* um einen Heilversuch. Es kommen nur Patienten für diese Studien in Frage, die sich im Endstadium ihrer Erkrankung befinden, und für die keine erprobten Therapiemöglichkeiten mehr bestehen. In der nächsten Phase erfolgen erste Untersuchungen zum Erfolg einer Behandlung. Es werden weitere Daten über die Verträglichkeit und Sicherheit einer Behandlung gesammelt. 10–20 Patienten werden in einer Phase-II-Studie behandelt. Zur Zeit fallen 9% aller Studien in diese Kategorie.

Erst bei einer Phase-III-Studie spricht man von einem echten Heilversuch. Der Behandlungserfolg wird statistisch ausgewertet, und die neue Behandlungsform muß einen signifikanten Vorteil gegenüber einer konventionellen Therapie ergeben (vgl. Kap. 13), um die Phase IV erreichen zu können. Die Patientenanzahl muß hierbei groß genug sein, um eine statistische Aussage zu ermöglichen. Bislang wurden zwei Studien in den USA als Phase-III-Studien begonnen. Zum einen handelt es sich um den Transfer eines

Suizid-Gens; behandelt wird ein sogenanntes Glioblastom, eine spezielle Art von Hirntumor.[13] Die andere Studie befaßt sich mit der Therapie des malignen Melanoms. Hierbei handelt es sich um einen immunmodulatorischen Ansatz. Abschließende Ergebnisse liegen zu beiden Studien noch nicht vor.

Von einer Phase-IV-Studie spricht man schließlich nach der Anerkennung als offizielle Therapie. Nun geht es abschließend nur noch um das Aufspüren seltener Nebenwirkungen. Wann diese Kategorie für die Gentherapie erreicht sein wird, ist bislang noch nicht abzusehen.

In den beiden ersten Projekten der bereits erwähnten Phase-I-Studien wird die gentherapeutische Ausprägung von Zytokingenen, genauer der Gene für Interleukin-7 (IL-7) und Interleukin-12 (IL-12) in autologen, also vom Patienten stammenden, Tumorzellen zur Erzeugung einer Immunantwort gegen den Krebs eingesetzt. Ein Zytokin ist eine Art von Hormon im Immunsystem, dessen Aufgabe es ist, lokal die Kommunikation zwischen den Immunzellen zu vermitteln. Die mit einem solchen Gen ausgestattete Tumorzelle gibt Zytokine an ihre Umgebung ab, die die Bildung immunkompetenter Zellen wie T-Zellen und natürliche Killerzellen fördern und diese zur Vermehrung anregen. Außerdem wird durch die Zytokinausschüttung ein zusätzliches Signal gesetzt, welches die Immunzellen in einen angeregten Zustand überführt und ihnen hilft, die Tumorzellen als solche zu erkennen. Die Immunzellen sollen dann die Tumorzellen angreifen und zerstören.

In der ersten Studie wird Tumormaterial des Patienten als Zielgewebe für den Einbau des neuen Gens verwendet, welches bei der chirurgischen Entfernung des Primärtumors oder großer Metastasen anfällt. Das gewonnene Gewebe wird dann in Kultur genommen. Die Krebszellen werden zur Vermehrung gebracht, um genug Material zur Verfügung zu haben.

Die Transfektion des Gens erfolgt über den oben erläuterten magnetoballistischen Transfer. Als Vektor dient ein Plasmid, wie in Abb. 8-1 dargestellt. Die gentechnisch veränderten Zellen werden dann in mindestens vier Portionen aufgeteilt und tiefgefroren und dem Patienten als wöchentliche Injektion unter die Haut gespritzt. Pro Injektion werden zwischen $5 \cdot 10^5$ und $1,5 \cdot 10^7$ Zellen gegeben, je nachdem, wieviel Zellen aus dem Gewebe des jeweiligen Patienten gewonnen werden konnten. In beiden Studien wurden jeweils zehn Patienten behandelt, die sich im Endstadium ihrer Erkrankung befanden, d. h. sie wiesen inoperable Metastasen auf oder befanden sich außerdem in wiederholten Rückfallstadien. Außerdem waren bei ihnen alle konventionellen Therapien wie Operationen, Chemo- oder Strahlentherapie ausgeschöpft.

Im Rahmen der ersten Studie, der Behandlung von Kolon- und Nierenzellkarzinom, wurden bisher 5 Patienten in der oben beschriebenen Weise behandelt. Alle Patienten haben die Injektionen gut vertragen, Nebenwirkungen traten bislang nicht auf. Bei einem Patienten mit Nierenzellkarzinom kam es zu einer vorläufigen Rückbildung einer Hirnmetastase; bei den anderen Patienten war keine Veränderung des Tumorwachstums festzustellen. Da diese Studie jedoch noch nicht abgeschlossen ist, gibt es auch noch keine abschließenden Ergebnisse.

Beendet wurde hingegen bereits die klinische Studie zur gentherapeutischen Behandlung des malignen Melanoms. Es wurden 10 Patienten wie bereits dargestellt, behandelt. Auch diese befanden sich im Endstadium ihrer Erkrankung. Alle Impfungen wurden gut von den Patienten vertragen. Bei 2 Patienten trat leichtes Fieber mit grippeähnlichen Symptomen auf, das bis zu 24 h anhielt und dann von selbst wieder zurückging. Bei vier Patienten blieb die Erkrankung über den Beobachtungszeitraum hinweg stabil, zwei Patienten zeigten einen leichten Rückgang der Metastasen um 25–50% über einen Zeitraum von einem Monat. Die immunologischen Untersuchungen zeigten bei allen Patienten eine gesteigerte Immunantwort gegen ihren Tumor, die in der Regel jedoch zu schwach ausfiel, um sich klinisch bemerkbar zu machen.

In der dritten klinischen Studie, die außer Nierenzell- und Kolonkarzinompatienten auch noch Lymphompatienten mit einschloß, wurde eine andere Therapieform eingesetzt. Hier behandelte man die Patienten mit autologen, sogenannten zytokininduzierten Killerzellen, kurz CIK-Zellen genannt.[22] In einem Behandlungsintervall wurden diese ohne genetische Veränderung, im zweiten mit dem Interleukin-2-Gen versehen, dem Patienten zurückgegeben. CIK-Zellen sind Lymphozyten, die zunächst aus dem Blut des Patienten isoliert und dann in Kultur mit einem Zytokincocktail stimuliert werden.

Der Cocktail besteht aus verschiedenen Interleukinen, Interferon und einem wachstumsanregenden Antikörper. Diese Behandlung macht sie zu immunkompetenten Zellen, die nun in der Lage sind, effektiver als alle anderen, entartete Zellen abtöten zu können. Für die Aufrechterhaltung dieser Fähigkeit sind sie jedoch auf die ständige Zufuhr von Interleukin-2 angewiesen. Versieht man diese Zellen nun mit dem betreffenden Gen, werden sie einerseits durch die Ausschüttung des Zytokins weiter stimuliert, andererseits stimulieren sie auch unbehandelte Lymphozyten in ihrer Umgebung und versetzen diese in einen angeregten Zustand.

In dieser Studie wurden sieben Patienten mit Kolonkarzinom, ein Patient mit Nierenzellkarzinom und zwei Lymphompatienten behandelt. Die Patienten erhielten je zehn intravenöse Zellinfusionen, davon fünf mit nicht genetisch veränderten und fünf mit dem Interleukin-2-Gen ausgestatteten CIK-Zellen. Insgesamt erhielten die Patienten im Durchschnitt $3,5 \cdot 10^9$ Zellen. Die Zellgaben wurden gut vertragen, drei Patienten entwickelten allerdings Fieber, das jedoch nach spätestens 24 h wieder abklang. Bei 3 Patienten wurde ein Stillstand der Erkrankung über den Beobachtungszeitraum hinweg erreicht, bei einem Lymphompatienten zeigte sich ein Rückgang der bestehenden Knochenmarkmetastasen. Bei den begleitenden immunologischen Untersuchungen war bei den Patienten eine Steigerung der Immunreaktionen festzustellen. Jedoch reichte diese auch hier nicht für eine Besserung des klinischen Zustandes aus.

Allen 3 Studien gemeinsam ist, daß die Behandlung mit autologen Zellen sehr arbeits-, kosten- und zeitintensiv ist. Hinzu kommt erschwerend im Falle der Tumorzellen, daß es nur teilweise möglich ist, diese in Kultur zum Wachsen zu bringen. Bei Melanomen in bis zu 50% der Fälle, beim Kolon bei maximal 20%. Durch die Unwägbarkeiten im Wachstum der Zellen ist es praktisch auch unmöglich, die Behandlung etwa in Hinsicht auf die Zellzahlen zu standardisieren. Ein weiterer ungünstiger Punkt ist die lange Zeitspanne, die vergehen kann, bis nach der Entnahme des Gewebes ausreichend Zellen für Impfungen zur Verfügung stehen. In ungünstigen Fällen können bis zu diesem Zeitpunkt einige Monate vergehen.

Diese Probleme könnten durch die Verwendung allogener Zellen, also von einem fremden Spender, umgangen werden, wie es bereits in einigen klinischen Studien erfolgt ist.[10] Bislang liegen noch sehr wenige abschließende Berichte über diese Art von Behandlung vor. Es wurde bislang aber noch über keine anderen Nebenwirkungen als die bereits erwähnten berichtet. Vereinzelt wurde über komplette Remissionen, also das Verschwinden der Symptome, berichtet, die bis zu einem Jahr anhielten. Außerdem wurden eine Reihe von partiellen Remissionen und bis zu einem Jahr anhaltende Stabilisierungen des Krankheitsbildes erwähnt.

Immer wieder wird die Frage nach der Sicherheit einer Gentherapie gestellt, insbesondere, wenn mit viralen Vektoren gearbeitet wird.[6] Ein Problem der Verwendung speziell von Retroviren besteht darin, daß diese zufällig ins Genom der Wirtszelle integrieren und dabei krebsbegünstigende Gene aktivieren könnten oder Gene ausschalten, die für die Unterdrückung eines Tumors hilfreich sind. Wie schon bei den Ausführungen über den Infektionszyklus von Retroviren erwähnt, besteht auch die Gefahr unerwünschter Rekombinationen, wenn nämlich das defekte Virus auf bereits im Organismus vorhandene Wildtypviren trifft.

Diese Gefahr wird allerdings dadurch minimiert, daß man möglichst viele Komponenten des Retrovirus zerstört. Je mehr Rekombinationsereignisse stattfinden müßten, um wieder ein intaktes Virus zu erhalten, um so unwahrscheinlicher wird es, daß dieses zufällig geschieht. Ein weiteres Problem besteht darin, daß bei jedem Gentransfer mit Hilfe eines viralen Vektors unerwünschte Virusproteine mit übertragen werden. Sie können ungewollte Immunreaktionen auslösen, wodurch wiederholte Behandlungen unmöglich gemacht würden. Dies ist ein Problem, das speziell beim Einsatz von Adenoviren auftritt.

Allen Vektorsystemen, ob nun viral oder physikalisch-chemisch, ist jedoch gemein, daß ihre Effizienz hinsichtlich der Genübertragung sehr gering ist. In den meisten Fällen liegt sie nur bei durchschnittlich zehn Prozent der Zielzellen. Ferner besteht praktisch kaum eine Spezifität für einen bestimmten Zelltyp, wodurch besonders die In-vivo-Anwendung sehr stark limitiert ist.[8] Das vordringlichste Ziel ist zur Zeit also in der Konstruktion neuer Vektorsysteme zu sehen, die sowohl eine hohe Effizienz aufweisen als auch eine gesteigerte Zellspezifität.[16] Auch die möglichen gentherapeutischen Konzepte werden ständig neu überdacht, weiterentwickelt und verfeinert.

Zur Zeit wird z. B. an einem Konzept gearbeitet, den Tumor von seiner Versorgung durch Blutgefäße abzuschneiden, indem man die Signale blockiert, die er normalerweise aussendet, um ein Aussprossen von Blutgefäßen anzuregen, die eben dieser Versorgung des Tumors dienen sollen.[18] Hier wurde allerdings inzwischen auch ein Medikament entwickelt, das 1998 in die klinische Prüfung gehen sollte, was aber bis April 1999 nicht realisiert wurde.

Die Spezifität einer Gentherapie versucht man zu steigern, indem mit Antikörpern gearbeitet wird, die z. B. immunkompetente Zellen zu Tumorzellen hindirigieren. Darüber hinaus könnte man die Immunzellen noch mit einem Toxin koppeln, so daß sie die Zellen zerstören, an die der Antikörper andocken kann. Erfolgversprechende Ansätze sind auch auf dem Gebiet der Entwicklung von Krebsimpfstoffen zu verzeichnen. Der wissenschaftliche Vorstand des Deutschen Krebsforschungszentrums (Prof. Harald zur Hausen) rechnet mit deren Einsatz spätestens im Jahr 2004. Die Impfungen können gegen alle Tumorarten eingesetzt werden, die von Papillomviren ausgelöst werden. Hierzu gehören v. a. der Gebärmutterhalskrebs und weitere Karzinome des Genitalbereichs. Man rechnet damit, daß weltweit ca. 15% aller Krebserkrankungen bei Frauen durch diese Impfungen vermieden werden könnten.

Darüber hinaus wird an Vakzinen gearbeitet, die bei einer schon bestehenden Infektion vor dem Ausbruch der Tumorerkrankung schützen sollen. Auch eine Impfung gegen einen bestimmten Lymphzellenkrebs (Brill-Symers-Krankheit) wird in den USA erfolgreich getestet. Der Impfstoff soll die nach einer Chemotherapie möglicherweise verbleibenden Tumorzellen abtöten oder zumindest reduzieren.

Wenn man die raschen Fortschritte bedenkt, die in den vergangenen Jahren in diesem Bereich gemacht wurden, ist zu erwarten, daß die Lösung der zur Zeit anstehenden Probleme in der Gentherapie eine Frage der Zeit ist. Wieviel Zeit allerdings noch verstreichen wird, bis eine große Anzahl von Patienten aus dieser Technik Nutzen ziehen kann, ist noch nicht abzusehen. Die Euphorie der letzten Jahre, die in den Medien verbreitet wurde, daß nun in naher Zukunft Krankheiten wie Krebs und Aids als besiegt angesehen werden könnten, war besonders aus heutiger Sicht bei weitem übertrieben.

Bislang hat es noch keine Heilungen durch die Gentherapie gegeben, aber die in der Grundlagenforschung entwickelten Strategien sind auch noch in keinem Fall in den klinischen Studien widerlegt worden. Die weitere Entwicklung der Gentherapie wird jedoch auch stark von der weiteren finanziellen Förderung besonders auch der Grundlagenforschung abhängen.

## Literatur

1. Anderson WF (1992) Human gene therapy. Science 256:808–813
2. Bonini C, Ferrari G, Verzeletti S et al (1997) HSV-TK gene transfer into donor lymphocytes for control of allogeneic graft-versus-leukemia. Science 276:1719–1724
3. Burt K, Chema D, Timmons T (1997) Tracing the dissemination of adenoviral vectors in patient body fluids. Journal of Molecular Medicine 75:15–24
4. Calarota S, Bratt G, Nordlund S, Hinkula J, Leandersson AC, Sandström E (1998) Cellular cytotoxic response induced by DNA vaccination in HIV-1 infected patients. Lancet 351:1320–1325
5. Cai Q, Rubin JT, Lotze MT (1995) Genetically marking human cells – Results of the first clinical gene transfer studies. Cancer Gene Therapy 2:125–136
6. Cornetta K (1992) Safety aspects of gene therapy. British Journal of Haematology 80:421–426
7. Cotten M, Wagner E (1993) Non viral approaches to gene therapy. Current Opinion in Biotechnology 4:705–710
8. Cournoyer D, Cashey CT (1993) Gene therapy of the immune system. Annual Review of Immunology 11:297–329
9. Friedmann T (1992) A brief history of gene therapy. Nature Genetics 2:93–98
10. Gansbacher B (1990) Clinical protocol: A pilot study of immunization with HLA-A2 matched allogeneic melanoma cells that secrete interleukin-2 in patients with metastatic melanoma. Human Gene Therapy 3:677–690
11. Herrmann F, Licht T, Kiehntopf M (1996) Grundlagen und Strategien der Gentherapie. Onkologe 2:39–44
12. Ibelgaufts H (1990) Gentechnologie von A bis Z. VCH, Weinheim
13. Izquierdo M, Cortes ML, Martin V, de Felipe P, Izquierdo JM, Perez-Higueras A, Paz JF, Isla A, Blasquez MG (1997) Gene therapy in brain tumours: implications of the size of glioblastoma on its curability. Acta Neurochirurgica 68:111–117
14. Jolly D (1994) Viral vector systems for gene therapy. Cancer Gene Therapy 1:51–64
15. Ledley FD (1995) Nonviral gene therapy: the promise of genes as pharmaceutical products. Human Gene Therapy 6:1129–1144
16. Marshall E (1995) Gene therapie's growing pains. Science 269:1050–1055
17. Meuer S (1996) Tumorimmunologie – Immuntherapie. Onkologe 2:31–32

18. Plate KH, Breier G, Machein M, Ullrich A, Risau W (1997) Control of tumor growth via inhibition of angiogenesis. 3rd European conference on gene therapy of cancer (Kurzfassung). Berlin
19. Rosenberg SA (1992) The immunotherapy and gene therapy of cancer. Journal of Clinical Oncology 10: 180-199
20. Schmidt-Wolf G, Schmidt-Wolf IGH (1994) Human cancer and gene therapy. Annales of Hematology 69:273-279
21. Schmidt-Wolf G, Schmidt-Wolf IGH (1995) Cytokines and gene therapy. Immunology Today 16:173-175
22. Schmidt-Wolf IGH, Lefterova P, Johnston V, Huhn D, Blume KG (1994) Propagation of large numbers of T-cells with natural killer cell markers. British Journal of Hematology 87:453-458
23. Tolstoshev P (1993) Gene therapy, concepts, current trials and future directions. Annual Review of Pharmacology and Toxicology 32:573-596
24. Watt PC, Sawicki MP, Passaro EJ (1993) A review of gene transfer techniques. American Journal of Surgery 165:350-354
25. Weber F, Bojar H, Priesack HB, Floeth F, Lenartz D, Kiwit J, Bock W (1997) Gene therapy of glioblastoma - one year clinical experience with ten patients. Journal of Molecular Medicine 75:40-48

KAPITEL 9

# Sucht – Erblichkeit, Umwelt und Eigenverantwortung

Hans Rommelspacher

Die Deutschen sind mit einem durchschnittlichen Alkoholkonsum von 9,9 l reinen Alkohols pro Einwohner und Jahr fast Spitzenreiter der entsprechenden Statistik der Weltgesundheitsorganisation. Wir liegen damit weit vor dem Vereinigten Königreich (UK), den USA und den skandinavischen Ländern, deren Bevölkerung etwa ein Drittel weniger Alkohol pro Jahr konsumiert. Unsere Zahlen haben sich seit 1970 kaum verändert, tendenziell jedoch erniedrigt.

Die Deutsche Hauptstelle gegen die Suchtgefahren geht davon aus, daß in Deutschland 2,5 Mio. behandlungsbedürftige Alkoholkranke und 1,4 Mio. behandlungsbedürftige Medikamentenabhängige leben. Zwischen 250 000 und 300 000 Menschen nehmen harte Drogen. 100 000 bis 150 000 von ihnen konsumieren mit hoher Intensität. Sie leben, was Gesundheit und Leben angeht, extrem gefährdet und riskieren Langzeitschäden. Die Zahl der intensiv rauchenden Personen wird auf sechs Millionen geschätzt.[20] In diesem Kapitel stehen aber nicht Fragen der manifesten Sucht im Mittelpunkt sondern die Gründe dafür, daß der Großteil der Alkohol trinkenden Jugendlichen und Erwachsenen eben nicht süchtig wird.

Wie bei vielen komplexen Erkrankungen sind die Ursachen für die Sucht vielfältig, wobei die einzelnen Faktoren für eine bestimmte Person ein unterschiedliches Gewicht haben. Genetische wie auch soziale Faktoren gehen in die Entwicklung des süchtigen Verhaltens des einzelnen Individuums ein. Insbesondere die soziale Komponente hat sich im Laufe der Jahrhunderte stetig gewandelt und damit auch ihr Stellenwert für die Sucht des Einzelnen. Dies kann ein kurzer historischer Diskurs belegen. Dieser Diskurs kann nicht nur die sozialen Faktoren aufzeigen, die die Höhe des

Alkoholkonsums beeinflussen, sondern weist auch auf maßgebliche Motivationselemente für abstinentes, mäßiges und exzessives Trinken hin. Diese sind teilweise für uns nicht mehr gültig, teilweise aber immer noch bewußt, oder unbewußt, vorhanden.

Darüber hinaus gibt es gesellschaftliche Bewegungen, die aus sehr verschiedenen Gründen den Alkoholkonsum bekämpfen oder fördern. Ihr Einfluß ist in unserer liberalen Gesellschaftsordnung gering, was wiederum hohe Anforderungen an die Selbstkontrolle des Individuums stellt. Aus dem historischen Diskurs soll gerade die Vielschichtigkeit der sozialen Faktoren deutlich werden.

## Die Bedeutung von Einflüssen der Umwelt für die Entwicklung von Abhängigkeit

### Rauschmittel als Bestandteile von Riten

Trunkenheit war im alten Ägypten häufig in kulturelle und gesellschaftliche Feiern eingebunden. Allerdings schuf ein Überangebot an Früchten und Getreide immer wieder die Möglichkeit, daß sich der Alkoholkonsum über diese festgelegten Anlässe hinaus ausbreitete. So wird in einem ägyptischen Text über „Bierhäuser und Schenken" geklagt, wo junge Männer von ihren Studien abkommen.[21]

Bei den Germanen fand die Berauschung in der Gemeinschaft der Waffenfähigen statt. Das Trinken begann früh am Tage und dauerte bis in die Nacht hinein. Dabei wurde gemeinsam gesungen, und es wurden rituelle Tänze, wie der Schwerttanz, aufgeführt. Die ekstatische Begeisterung sollte als Quelle der Erkenntnis und Pforte zum Heiligen dienen. Das Gelage brachte Gemeinsamkeit und Frieden und zugleich Wettstreit und Kampf. Alle Beteiligten sollten zu einer Art höherer Individualität zusammengeschweißt werden. Ohne eherne Rituale waren vergorene Getränke eine Bedrohung für den Bestand der Stammesgesellschaft. Inwieweit Met und Bier auch im Alltag der Germanen Verwendung fanden, ist bislang nicht geklärt.[17]

Die Magie des Trinkens zeigte sich in der medizinisch-diätetischen Verwendung und v. a. in der kultischen. So spielte der Wein bei jeder Art von Vertragsschluß, z. B. bei Kauf, Verlobung oder bei der Lehnsnahme eine wichtige Rolle: Den riesigen Lehnsbecher mußte der Vasall in einem Zug ausleeren, um damit eine „Probe zu thun, ob er auch ein gut teusch geborner vom Adel" sei, wie es später hieß. Durch den Trunk wird der Schwur in Kraft gesetzt, dies galt sowohl für Fürsten als auch unter Bauern. Trotz häufiger Erwähnung von Alkohol läßt sich in der Antike und im frühen Mittelalter keine Quelle finden, die Zustände erwähnt, die auf eine Alkoholabhängigkeit verweisen.

## *Alkohol als sakrales und als Nahrungsmittel*

Der Kampf gegen die Trunkenheit setzte nördlich der Alpen mit der Missionierung der Heiden ein und gründete für gut ein Jahrtausend fest in der jüdisch-christlichen Tradition. Seine argumentative Struktur war klar und äußerst stabil: Als eine Gabe Gottes ist der Wein per se gut. Sein Mißbrauch ist – wie jede Maßlosigkeit bzw. Verschwendung – eine schwere Sünde. Aus ihr entspringt eine Vielzahl weiterer Sünden, wie Unkeuschheit oder Totschlag, und damit v. a. außer- aber auch innerweltliche Folgeschäden, die allerdings im Gegensatz zu den Höllenqualen selten näher beschrieben wurden. Für die Gesamtheit der inner- und außerweltlichen Schäden und den Mißbrauch von Wein und Bier bildete sich der Begriff vom Schaden an Seele, Ehre, Leib und Gut. Niemals wurde gesagt, wo die Grenze zwischen mäßig und unmäßig verläuft, denn man wußte: Kein Mensch gleicht dem anderen, jeder hat seine besonderen Gaben von Gott.

Im 13. und 14. Jahrhundert machte in den Städten die schlechte Wasserqualität das Trinken von Wein und Bier zu einer Überlebensfrage. Große Prediger prangerten allerdings die Trunkenheit als Todsünde an. Säufern wurde gedroht, daß sie in der Hölle Pech und Schwefel trinken müßten.

Wie immer man die spärlichen Hinweise über Konsummengen interpretieren möchte: Sie zeigen, daß ein nach heutigen Vorstellungen recht hoher Verbrauch als nicht unmäßig galt. Nur der Arme trank Wasser, oder aber der Asket. Im Mittelalter waren vergorene Getränke ein alltäglicher Nahrungsbestandteil geworden, so alltäglich, daß ihre berauschende Wirkung in den als mäßig empfundenen Quantitäten nicht oder doch nur undeutlich wahrgenommen wurde. Ihre gefährliche Zauberkraft hatte sich in diesem Kontext verflüchtigt. Sie waren zu harmlos-profanen Getränken geworden. In anderen Zusammenhängen freilich blieb ihre alte magische Kraft ungebrochen. Der nutritive Gebrauch hatte den sakralen nicht abgelöst, sondern ergänzt.

Um 1500 wurden unter dem Einfluß von Erasmus von Rotterdam Tischregeln aufgestellt. Eltern und Nation vermag niemand sich auszusuchen, schrieb Erasmus, Geist und gute Sitte könne jeder erwerben. Eine neue Schuld und mit ihr die Eigenverantwortlichkeit wird dem ständischen Fatalismus entgegengestellt. Die Humanisten hatten die Eigenverantwortlichkeit des Menschen entdeckt, die Protestanten verkündeten: Indem der Mensch selbstverantwortlich sei für sein Verhältnis zu Gott, sei er es auch für sein Verhältnis zum Wein. Der Kampf gegen Sünde und Laster begann, sich von „außen" nach „innen" zu verlagern.

Der Saufteufel galt Mitte des 16. Jahrhunderts als Haupterscheinungsform des Teufels, wie Luther in seiner Streitschrift „Wider Hans Worst" beklagt. Er kommt zu dem Fazit, daß der Sauf ein allmächtiger Abgott bei den Deutschen bleibe. Weltliche Mäßigkeitsorden sollten mit gutem Beispiel vorangehen und zugleich den Durst der Ordensbrüder in Grenzen halten. Unter dem Motto „Halt Maß" hatte der nachmalige Kaiser Friedrich III. um 1470 diese Bewegung in Deutschland ins Leben gerufen. Solche Mäßigkeitsorden wurden in vielen Gegenden Deutschlands im 16. Jahrhundert gegründet, da die sozialen, seelischen und körperlichen Folgen der Trunksucht immer mehr erkannt wurden und weit verbreitet waren. Auch in den Führungsschichten waren in diesen Zeiten Wein und Bier Nahrungsmittel ersten Ranges. Prediger wie Luther, Zwingli und Calvin bekämpften die Exzesse. Die Höhe des Wein- und Bierkonsums zeigte andererseits direkt die Höhe des sozialen Ranges an.

Verbrauchsberechnungen – so problematisch sie wegen ihrer geringen Repräsentativität auch sein mögen – lassen keinen Zweifel an einem für die heutigen Verhältnisse enormen regelmäßigen Konsum alkoholischer Getränke. Nach sorgfältigen Erhebungen ist bei Wein der „hypothetische Durchschnittsverbrauch" eines Erwachsenen in den oberdeutschen Städten jener Zeit mit etwa einem Liter pro Tag zu veranschlagen. Wohl noch höher lag der Bierverbrauch: Jährlich zwischen 250 und 400 l pro Kopf der deutschen Gesamtbevölkerung, wobei der Norden teils höhere, der Süden geringere Durchschnitte aufwies. So verbrauchte jeder Einwohner Hamburgs um 1550 pro Jahr ca. 700 l Bier, bezogen auf die Erwachsenen, also über 900 oder 2,5 l täglich.

Vielleicht noch aufschlußreicher als solche Durchschnittswerte sind hier Beispiele konkreter Trinkmengen, wie sie sich aus den erwähnten Hofordnungen, aus Haushaltsbüchern, klösterlichen Buchführungen oder Deputaten erschließen. Je nachdem, welche Zusammensetzung der Getränke man unterstellt, ergibt sich hieraus ein jährlicher Konsum an reinem Alkohol zwischen 50 und 200 l für Personen, die mäßig tranken. Die Einführung des Branntweins im 16. und 17. Jahrhundert trug wesentlich zum schon als „Drogenkrise" bezeichneten enormen Alkoholkonsum jener Zeit bei. Erst im 17. Jahrhundert änderten sich durch die Verbreitung des Kaffees, des Tees und der Trinkschokolade die Trinkgewohnheiten einschneidend.

## Alkohol als Suchtmittel

Im 18. Jahrhundert entwickelte sich in den Kaffeehäusern, in denen auch Branntwein und Liqueure ausgeschenkt wurden, ein Prozeß der Informalisierung und Individualisierung des Trinkens. In dem Maß, wie sich das Trinken von festen, äußeren Anlässen und Regeln emanzipierte, stiegen die Bandbreite, Möglichkeiten und Formen, Alkohol zu genießen. Hiermit stiegen aber auch die Anforderungen, den Konsum selbständig zu kontrollieren. Um der Peinlichkeit zu entgehen, sich *vor* anderen Leuten zu betrinken, nicht *mit* ihnen, begann im 16. Jahrhundert der Rückzug der Trinker und damit der Übergang vom verhäuslichten zum asozialen Trinker.

Zwischen modernen und vormodernen Trinksitten lassen sich also typologische Unterschiede ausmachen: Der Rausch des Mittelalters war zugleich magische Praxis und soziale Pflicht. Dagegen vermochten auch das elitäre Gegenmodell des „rechten Maßes", alle Strafandrohungen und Predigten nichts auszurichten. Das gemeinsame Gelage blieb integraler Bestandteil des Lebenszusammenhanges. Das ekstatisch-entgrenzende Trinken der Vorväter aber paßte nicht in eine Gesellschaft, in der die Abhängigkeiten viel zahlreicher waren und die Handlungsketten komplizierter. Eine solche Gesellschaft brachte neue disziplinarische Zwänge hervor und setzte neue Tugenden durch. Bürger und Höflinge brauchten einen klaren Kopf für Geschäft und Karriere. Der moderne Rausch ist in diesem Sinn asoziales Verhalten, Ausstieg, Pflichtverletzung. Der Alkohol darf lediglich der psychischen Entlastung dienen. Der Exzeß ist verpönt, die Dosierung der Droge Alkohol wird zu einer schwierigen Gratwanderung.

Die Zerstörung ständischer Sicherungen, der Exodus der Landbevölkerung in die Elendsquartiere der Städte, Massenarmut und Hungerkrisen führten in der ersten Hälfte des 18. Jahrhunderts zuerst in England zu einer Verzehnfachung des Branntweinkonsums, insbesondere von Gin. Auf einen erwachsenen, männlichen Londoner kamen etwa 63 l Gin im Jahr. Den materiellen und kulturellen Zumutungen der aufkommenden Industriegesellschaft konnten insbesondere die Armen keine verinnerlichten Kontrollmechanismen entgegenstellen. Einige Jahrzehnte später brach in Deutschland eine Kartoffelschnapsepidemie aus.

In dieser Zeit gewannen auch Auffassungen an Boden, daß die mangelnde Fähigkeit, sich dauerhaft vernünftig und nüchtern zu halten, etwas Krankhaftes habe. Für die Schwäche des Willens wurden Erklärungen außerhalb der Seele und des sozialen Trinkzwanges erwogen. Es wurde über Verdickung und Übersäuerung der Säfte nachgedacht, die mit der Trunkenheit auftreten. Für starke, anhaltende Begierde wurde zunehmend das Wort „Sucht" verwandt. Die alte Bedeutung: akute Krankheit, wie der Begriff in einer Streitschrift von 1551 („eyn schwäre sucht") im Zusammenhang mit Trunkenheit verwendet wurde, blieb erhalten, die Chronizität wurde hinzugefügt. Der Primat der Moral blieb aber unangetastet. Fragen nach den Ursachen der Trunkenheit wurden nicht gestellt. Hufeland, einer der angesehensten europäischen Ärzte des ausgehenden 18. Jahrhunderts, gab 1796 ein umfassendes Aufklärungsbuch zur Hebung der Volksgesundheit heraus.

Dort heißt es: Der Branntwein führe beim Trinker zu einer Abstumpfung des moralischen Gefühls. Der „Unglückliche" (!) sei auf einem Wege, der „ohne alle Rettung" ins Verderben führe. Das gelte auch für den mäßigen Genuß: „... das wenige, was man täglich trinkt, wirkt doch immer etwas und, was noch übler ist, es bleibt nicht dabei, sondern macht immer mehr nothwendig".

Ähnlich äußerte sich zur selben Zeit der Berliner Arzt Ludwig Formey. Durch Gewöhnung werde das „berauschende Gift" ein „nothwendiges Bedürfnis"; der Trinker suche „seinen Trieb nach diesem schädlichen Getränke zu befriedigen". Steter Branntweinkonsum wurde hier im Wortsinne zu einem unkontrollierbaren Trieb und dieser zu einer den individuellen wie den sozialen Körper in seinem Bestand bedrohenden Krankheit. Hufeland und Formey blieben allerdings schwankend, ob dieses notwendige Bedürfnis nicht auch ein Laster sei.

In seiner 1802 erschienenen Aufklärungsschrift „Über die Vergiftung durch Branntwein" bezog Hufeland eindeutig Stellung. Er sah im Branntwein v. a. ein „schleichendes Gift", das zunächst die „Organisation" von Gehirn und Nerven zerstörte und in der Konsequenz auch den Willen, die Moralität und die Fähigkeit zur Selbstkontrolle. Die weiteren Leiden des Trinkers seien dann sekundäre Merkmale dieser eigentümlichen neuen Vergiftung, die man bald Trunksucht nennen wird. Die Krankheit hatte sich der Trinker unwissentlich durch Infizierung mit Branntwein zugezogen. Seltener Gebrauch führe nicht in jedem Fall zur „Anstekkung", berge aber immer die Gefahr eines Übergangs in die Vergiftung in sich. Nur als vorsichtig dosierte Arznei war Branntwein daher erlaubt. Seine freigiebige Verabfolgung durch die Mehrheit der damaligen Ärzte hielt Hufeland dagegen für eine der Ursachen der „Branntweinseuche", die „im Stillen immer weiter um sich greift, und eben dadurch am furchtbarsten ist, weil man sie nicht für eine Krankheit hält".

Etwa zur gleichen Zeit (1785) ging der schottische Marinearzt Thomas Trotter noch einen Schritt weiter, indem er den Trinker von moralischer Schuld freisprach. Seiner Auffassung nach sei die Begierde nach häufiger Trunkenheit ein von außen, nämlich durch die chemische Natur alkoholischer Getränke, hervorgerufenes Leiden. Großen Einfluß auf die weitere Entwicklung des Suchtbegriffs hatte der Psychiater und Politiker Benjamin Rush aus Philadelphia. Er schilderte drastisch die körperlichen, moralischen und sozialen Folgeschäden des akuten und v. a. fortgesetzten Branntweinkonsums. Seine Auffassung von der Sucht als einem Mittelding zwischen Laster und Krankheit und als „Krankheit des Willens" dominierte die Medizin, aber auch die Mäßigkeitsbewegungen bis in unsere Zeit.

Um die Jahrhundertwende kamen im Zuge der Rezeption von Mendel und Darwin v. a. durch den schweizer Psychiater Auguste Benedicte Forel kausalgenetische Begründungen für die Trunksucht in die Diskussion. Allein schon wegen seiner enormen Verbreitung galt der Alkohol als ein besonders gefährliches Keimgift. Der herausragende Psychiater Emil Kraepelin schrieb um 1900: „Alljährlich zahlen wir nicht nur an Landstreichern und Tagedieben oder ähnlich wertlosem Menschenmaterial, sondern auch an begabten, ja, genialen Naturen dem Gifte einen reichen Tribut". Auguste Forel schrieb, der Trinker sei eine „arge Pestbeule an unserem gesellschaftlichen Körper, der fahrlässig die Entartung der Nachkommenschaft in Kauf nehme". Den Folgen seiner sexuellen Exzesse sei durch strenge Zuchtwahl bei der Heirat entgegenzuwirken. Die radikalsten Abstinenzkämpfer jener Zeit waren überzeugt, daß die Nachkommen des „gelernten" Trinkers „geborene" Trinker werden. Zumindest werde eine Veranlagung hierfür vererbt. Von Anfang an war daher die Bekämpfung des Alkohols auch ein zentrales Anliegen der Rassenhygiene. Alfred Ploetz forderte die Zwangssterilisierung von Alkoholikern. Andere sahen dagegen, daß der Alkohol Henkersdienste für biologisch tüchtige Rassenmitglieder ausübte, indem er eine gewisse Kategorie von Minderwertigen vernichtete.

Wahrscheinlich wurden in Berlin Ende des 18. Jahrhunderts 24 l Trinkbranntwein pro Kopf und Jahr getrunken. Nach vorliegenden Schätzungen verfünffachte sich der Branntweinverbrauch zwischen der Jahrhundertwende und 1830.[17] In dieser Zeit ging der Bierverbrauch beispielsweise in Preußen von gut 80 l pro Kopf und Jahr im Jahr 1804 auf 11–15 l in den vierziger Jahren zurück. Für die erwachsene Bevölkerung kann von einem durchschnittlichen Verbrauch von 40 l Trinkbranntwein pro Jahr ausgegangen werden. Bei 33 Volumenprozent wären dies etwa 13 l reinen Alkohols. Die männliche Bevölkerung trank sicher mehr, obgleich schon damals beklagt wurde, daß häufig Frauen Schnaps tranken und Kinder zur Ruhigstellung in Schnaps getauchtes Brot bekamen. Nach 1840 war unter dem Einfluß der Mäßigkeitsbewegungen jener Zeit eine Abnahme des Pro-Kopf-Verbrauchs auf etwa 7 l pro Jahr festzustellen.

Mit der Industrialisierung wurden die Alkoholprobleme immer größer. Betrunkene Arbeiter waren unfähig zur Arbeit. Nicht nur Ärzte, sondern auch Unternehmer und Politiker erneuerten nach 1880 die Mäßigkeitsbewegung, z. B. der Deutsche Verein gegen den Mißbrauch geistiger Getränke e. V., der 1883 gegründet wurde. Aus den Mißerfolgen der Mäßigkeitsbewegungen zu Beginn des 19. Jahrhunderts zog man Konsequenzen. An Stelle der Predigt setzte man rational-wissenschaftliche Erklärungen, an die Stelle der Moral die konsequente Sicht des Alkoholmißbrauchs als – nicht zuletzt gesellschaftlich bedingte – Krankheit. Diese Auffassung kann in dem Satz zusammengefaßt werden: „Der Trinker hat in der Regel nicht mehr gesündigt als der Schwindsüchtige".

Die Verwissenschaftlichung der Alkoholfrage machte nicht zuletzt deshalb rasche Fortschritte, weil die beteiligten Nationalökonomen, Mediziner und Statistiker zu Beginn dieses Jahrhunderts das methodische und ethische Wissenschaftsverständnis der etablierten Disziplinen einbrachten.[17] Gesetzliche Regelungen konnten aber auch damals nicht durchgesetzt werden. Allerdings wurden Behörden bei der Vergabe von Schankkonzessionen zunehmend restriktiv. Ein bezeichnendes Licht auf die Situation der ersten Jahrzehnte dieses Jahrhunderts wirft die Beobachtung, daß dieselben Journalisten, Unternehmer und Staatsbeamten, die sich um die Ernüchterung der Arbeiter, Soldaten und Mütter sorgten, keineswegs gewillt waren, ihr eigenes Trinkverhalten grundsätzlich in Frage zu stellen. Beim studentischen Besäufnis auf den Kneip- und Kommerzabenden hatte die Trinkfestigkeit einen hohen Prestigewert, der Exzeß wurde zur schönen und verbindenden Jugenderinnerung. Der Alkohol blieb ein unentbehrliches Hilfsmittel zur Überwindung der Affektbarrieren gerade in jenen Schichten, in denen die Triebunterdückung am stärksten war.

Zum Verbrauch nach 1871 liegen einige Beobachtungen vor, nämlich zunächst eine wenig dramatische Zunahme. Die in dieser Zeit aktiven Mäßigkeits- und Abstinenzbewegungen setzten sich v. a. die Aufklärung der Industriearbeiter zum Ziel. Die Frage war, ob die Kampagnen der beiden Bewegungen das Konsumverhalten der Arbeiter, die etwa die Hälfte der Erwerbsbevölkerung stellten, beeinflußte. Der Ausgabenanteil für alkoholische Getränke war mit 5% sehr hoch. Diese Erhebungen wurden vom Metallarbeiterverband unterdrückt, wohl wegen der Furcht vor dem Klischee vom versoffenen Proleten. Zahlen des Kaiserlichen

Statistischen Amts von 1907 zeigen, daß der Bierverbrauch der besser gestellten Arbeiter um zwei Drittel, die Ausgaben für alkoholische Getränke in Gastwirtschaften sogar um vier Fünftel höher als bei den Beamten waren. Die Ausgaben für Branntwein waren dagegen nur geringfügig höher.

Der Gesamtalkoholverbrauch fiel zwischen 1871 und 1914 von etwa 10 l auf 7 l reinen Alkohols pro Jahr. In dieser Zeit nahm der Branntweinverbrauch um 56% ab gegenüber einer Zunahme des Bierverbrauchs v. a. in den Industriezentren. Während des Ersten Weltkrieges wurde eine Produktionseinschränkung verordnet (1917). Dies führte zu einem Branntweinverbrauch von wenig mehr als 0,5 l pro Kopf, der Bierverbrauch sank auf 35 l, nachdem er um die Jahrhundertwende 119 l in Deutschland und in Bayern 229 l betragen hatte. Zwischen den Weltkriegen stieg der Verbrauch wieder langsam an, hat aber erst etwa 1960 die Höhe der Zeit des Kaiserreichs erreicht.[17]

Die Verbrauchsweise hatte sich also in eine wenig exzessive gewandelt. Es hatte eine Angleichung des Trinkverhaltens zwischen den politisch zuvor scharf getrennten sozialen Schichten eingesetzt, ein Konsumverhalten, das den Exzeß nicht verhinderte aber privatisierte. Ein Aspekt für den Rückgang des Branntweinverbrauchs Mitte des vorigen Jahrhunderts und des Weinverbrauchs im Kaiserreich soll hier erwähnt werden. Alkoholika waren medizinische Therapeutika insbesondere zur Infektions- und Schmerzbekämpfung. Mit der Entwicklung von Schmerzmitteln wie dem Morphium und Schlafmitteln wie Brom und den Barbituraten fielen diese Anwendungsbereiche und v. a. die politischen Argumente weg.

Angesichts der rasanten Entwicklungen der biologischen Wissenschaften ist eine Änderung unseres Verständnisses der Abhängigkeitserkrankungen zwangsläufig. Obgleich der vorausgegangene historische Überblick viele Einsichten in die Rolle sozialer Faktoren für das Trinkverhalten geben konnte, sind viele Vorstellungen über die biologischen Ursachen der Abhängigkeit nicht mehr zu halten. Beispielsweise ist die Vorstellung, daß das Suchtmittel den Gesunden infizieren kann und er die Krankheit dann auf die nachfolgenden Generationen weitergibt, der historische Grundgedanke zum Vererbungsmechanismus innerhalb von Trinkerfamilien, nicht mehr aufrechtzuerhalten. Wir gehen heute aufgrund fundierter Kenntnisse davon aus, daß das Risiko, abhängig zu werden, vererbt wird. Das Risiko ist für den einzelnen unterschiedlich groß und ist für bestimmte Suchttypen teilweise beträchtlich höher als für andere (vgl. Kap. 10).

## Die Bedeutung genetischer Faktoren für die Entwicklung von Abhängigkeit

Seit etwa 1970 sind drei Strategien verfolgt worden, um herauszufinden, ob ein genetischer Anteil an Suchterkrankungen besteht, nämlich Familien-, Zwillings- und Adoptionsstudien.

Die *Familienuntersuchungen* betreffen überwiegend die Alkoholkrankheit. Winokur et al. befragten Alkoholkranke einer Klinik und fanden heraus, daß 34% der Söhne und 9% der Töchter ($F_1$-Generation) dieser Patienten ebenfalls alkoholkrank waren.[18] Solche Studien wurden in der Folgezeit noch mehrfach durchgeführt, immer mit demselben Ergebnis, daß Verwandte ersten Grades von Alkoholkranken ein bis zu siebenmal höheres Risiko haben, alkoholkrank zu werden, als Personen ohne eine solche Familiengeschichte, wie eine Metaanalyse ergab.[12] Männer hatten ein höheres Risiko als Frauen, wobei bemerkenswerterweise kein Geschlechtsunterschied bezüglich des Vererbungsmodus bestand. Das bedeutet, daß das Risiko durch die familiäre Belastung, verglichen mit dem der Allgemeinbevölkerung, prozentual bei beiden Geschlechtern etwa gleich ist.

Die Tatsache, daß Alkoholismus in Familien gehäuft auftritt bedeutet weder, daß er ausschließlich in Alkoholikerfamilien vorkommt, noch daß er ausschließlich eine genetische Ursache hat, noch daß dieselben genetischen Faktoren für alle Betroffenen identisch sind. Außerdem wurde nachgewiesen, daß familiärer Alkoholismus schwerer ist, in jüngeren Jahren beginnt, daß mehr mit Alkoholmißbrauch in Verbindung stehende Probleme vorkommen wie Verkehrsunfälle, Schlägereien und andere Delikte, und daß der Therapieerfolg schlechter ist.

Aufschlußreich sind auch Studien mit Halbgeschwistern und Analysen von Stammbäumen mehrerer Generationen.[3, 9, 16] Bei einer Stichprobe von 23 152 Alkoholkonsumenten, von denen 12,1% nach klinischen Kriterien alkoholkrank waren, stellten die

Autoren fest, daß das Risiko, abhängig zu werden, um so größer ist, je mehr Generationen von der Alkoholkrankheit betroffen waren. Das Risiko war 1,9 fach höher als das Risiko der Allgemeinbevölkerung, wenn in der Elterngeneration Alkoholismus bekannt war. Wenn nur in der Großelterngeneration Alkoholismus vorkam, war das Risiko 1,5fach höher. Wenn zwei Generationen der Familie betroffen waren, stieg das Risiko auf das 2,8 fache. Vererbt wird demnach nicht die Krankheit als solche, sondern lediglich das Risiko, diese Krankheit zu entwickeln. Im Unterschied zu vielen monogenen Erkrankungen, bei denen das Vorhandensein einer einzelnen genetischen Variable zur Ausprägung der Erkrankung führt, besteht also bei komplexen genetischen Erkrankungen, also polygenen, ein Kontinuum des Risikos für eine Krankheitsmanifestation.

Darüber hinaus ist bei diesem Vererbungsmodus keine Annahme über die zugrundeliegenden Mechanismen erforderlich. Dieses Risiko kann für jeden Einzelfall durch endogene, protektive Faktoren verändert werden und durch externe Faktoren wie Lebensbedingungen, Alkoholkonsum während der Schwangerschaft oder Geburtstraumata modifiziert werden. Dies bedeutet auch, daß die Unterscheidung zwischen familiärem und nichtfamiliärem Alkoholismus artifiziell sein könnte.

In einer Bevölkerung besteht ein Zusammenhang zwischen dem Pro-Kopf-Konsum alkoholischer Getränke und der Anzahl schwerer Trinker, die das höchste Risiko haben, manifest alkoholkrank zu werden. Angenommen, der familiäre und nichtfamiliäre Alkoholismus hätten verschiedene Ursachen, müßte eine solche Beobachtung schließen lassen, daß die Häufigkeit der nichtfamiliären Form zunimmt, während die Rate der familiären bis auf einige zusätzlich Betroffene ziemlich konstant bliebe. Dies entspricht aber nicht den epidemiologischen Beobachtungen. Tatsächlich steigt der Anteil an familiärem Alkoholismus eher stärker unter den Bedingungen eines allgemeinen Anstiegs des Verbrauchs.[13]

Bevor auf die Ergebnisse der Adoptions- und Zwillingsuntersuchungen eingegangen wird, soll der Begriff des relativen Risikos als zentralem Begriff einer polygenen Vererbung erläutert werden. Dazu möchte ich die einleuchtende Erklärung von Dieter E. Zimmer zitieren, die dieser am Beispiel des Intelligenzquotienten gegeben hat:[19]

*Die „Erblichkeit" der quantitativen Genetik ist nicht, was sich die meisten darunter vorstellen. Eine Erblichkeit von 0,5 heißt keineswegs, daß der Mensch die Hälfte seines IQ dem Schicksal der Gene verdankt und die andere Hälfte der Gnade der Umwelt. „Erblichkeit" ist ein statistischer Wert, der sich überhaupt nicht auf das Individuum bezieht, sondern auf die in einer Population gemessenen Unterschiede. Individuell ist beides sozusagen zu 100% vonnöten, eine genetische Anlage und eine Umwelt, in der sie sich entfalten kann. Eine Erblichkeit von 0,5 besagt vielmehr: Die in der Population X gemessenen Unterschiede beim Merkmal Y (sei es die Körpergröße, die Haarfarbe oder der IQ) gehen zu 50% auf unterschiedliche Gene zurück; die andere Hälfte beruht auf nichtgenetischen Faktoren, vom Milieu im Mutterleib bis zum Lebensstandard, die unter dem Allerweltswort Umwelt zusammengefaßt werden. Die Erblichkeit ist also keine Naturkonstante, der man durch genauere Messungen immer näher käme. Sie ist ein empirischer Wert, der für jede untersuchte Gruppe anders ausfallen könnte, tatsächlich aber in einem recht engen Bereich zu liegen scheint.*

*Eine hohe Erblichkeit bedeutet auch nicht, daß das betreffende Merkmal prinzipiell unabänderlich ist, sondern nur, daß sich für einen Großteil der Unterschiede nicht die Unterschiedlichkeit der Lebensbedingungen verantwortlich machen läßt. Erblich im engen Sinne heißt noch nicht einmal: Jedem Lernen entzogen. Die Größe des Wortschatzes, den einer hat, ist weitgehend erblich; trotzdem muß natürlich jedes Wort gelernt werden. Jede Anlage braucht eine Umwelt. Die Erblichkeit steigt in Umwelten, die den vollen Ausdruck des Genotyps erlauben, und nimmt in restriktiven Umwelten ab (H.H. Goldsmith).*

**Adoptionsstudien** sind eine weitere Methode, um herauszufinden, ob eine Eigenschaft genetisch oder überwiegend umweltbedingt ist, da die Verbindung zu den biologischen Eltern im Säuglingsalter abbricht. Bei der Beurteilung der Ergebnisse sollte aber bedacht werden, daß im allgemeinen „passende" Adoptiveltern ausgesucht werden, die also gewisse Ähnlichkeiten mit den biologischen Eltern haben. Darüber hinaus wird die Adoption erst mehrere Monate oder gar Jahre nach der Geburt durchgeführt. Außerdem sind biologische Eltern, die ihr Kind zur Adoption freigeben, eher ungewöhnlich und nicht so ohne weiteres mit der Allgemeinbevölkerung zu vergleichen. Trotz dieser Einschränkungen stützen die Ergebnisse der Adoptionsstudien einen genetischen Anteil bei der Alkoholkrankheit.

Eine Studie, die die gerade dargestellten Vorbehalte kontrolliert, ist eine Untersuchung aus Dänemark mit männlichen und weiblichen Adoptierten, die mit nichtadoptieren Geschwistern verglichen wurden. Die Söhne alkoholkranker Eltern hatten ein vierfach höheres Risiko selbst alkoholkrank zu werden als Söhne von nicht alkoholkranken Eltern. Außerdem bestand eine Tendenz zu einer schwereren Krankheitsform. Andere psychiatrische Erkrankungen traten in beiden Gruppen mit gleicher Häufigkeit auf. Außerdem wurde das Erkrankungsrisiko nicht erhöht, wenn ein Proband in einer alkoholkranken Familie aufwuchs. Die Alkoholismusrate war zwischen adoptierten und nichtadoptierten Brüdern nicht unterschiedlich. Töchter von alkoholkranken Eltern hatten kein erhöhtes Risiko.

Eine weitere Differenzierung wurde in der sogenannten „Stockholm Adoption Study" vorgenommen.[2] In ihr wurden 862 männliche Schweden untersucht, die während der ersten Lebensmonate, spätestens jedoch innerhalb der ersten drei Lebensjahre adoptiert worden waren. Der Durchschnitt des Adoptionsalters betrug acht Monate. Der Alkoholmißbrauch wurde in Schweregrade eingeteilt. Für den weniger häufigen Typ (der sogenannte Typ 2 mit 24%) war moderater Mißbrauch typisch. Er war unabhängig vom sozialen Hintergrund und charakterisiert durch intensive Behandlung der biologischen Eltern wegen Alkoholmißbrauchs und Kriminalität. Die biologischen Eltern des anderen sogenannten milieuabhängigen Typs 1 (Tabelle 9-1) waren nicht häufiger als die Allgemeinbevölkerung kriminell.

Sowohl Mutter wie Vater trugen zum Risiko bei, während beim Typ 2 die Mütter unauffällig waren. Das Milieu in den adoptierten Familien beeinflußte den Typ 2 nicht (Tabelle 9-1). Das relative Risiko des Typs 2 an Alkoholismus zu erkranken war mit dem ermittelten Faktor neun erheblich höher als das des Typs 1. Weitere Untersuchungen ergaben, daß das Ersterkrankungsalter beim Typ 2 in der Pubertät, also vor dem Alter von 25 Jahren, lag, während das des Typs 1 später war. Bei Frauen war das Risiko bei genetischer und nachgeburtlicher Belastung dreimal hö-

**Tabelle 9-1.** Charakteristika der beiden Alkoholismustypen. (Nach Cloninger)[2]

| | *Typ 1*<br>*(milieuabhängig)* | *Typ 2*<br>*(auf Männer beschränkt)* |
|---|---|---|
| *Häufigkeit über dem Erwartungswert (Prävalenz):* | 13% | 4% |
| *Biologischer Vater:* | Milder Alkoholmißbrauch, geringe Kriminalität: keine Behandlung | Schwerer Alkoholmißbrauch, schwere Kriminalität: beides erfordert intensive Intervention |
| *Biologische Mutter:* | Milder Alkoholmißbrauch, geringe Kriminalität | Normal |
| *Umfeld nach der Geburt:* | Beeinflußt Prävalenz und Schweregrad des Alkoholismus | Kein Einfluß auf Prävalenz, vielleicht auf Schweregrad |
| *Schweregrad des Alkoholismus des Betroffenen:* | Üblicherweise einzelne oder geringe Probleme, der Alkoholismus kann auch stark ausgeprägt sein | Üblicherweise wiederholte oder moderate Probleme, die auch schwer sein können |
| *Faktor des relativen Risikos zu erkranken:* | 2, bei ungünstigem Umfeld<br>1, bei günstigem Umfeld | 9, unabhängig vom Umfeld |

her, alkoholkrank zu werden, als ohne solche Einflüsse; es betrug 7,7 gegenüber 2,3%.

Ein dritter Ansatz, den Anteil genetischer und sozialer Einflüsse auf ein Merkmal abzuschätzen, sind *Zwillingsstudien*. Eineiige, also monozygote, Zwillinge haben identische Gene und damit genetische Risikofaktoren, während bei zweieiigen, also dizygoten, durchschnittlich die Hälfte der Gene übereinstimmen. So plausibel solch ein Ansatz erscheint, es sollte bei der Interpretation berücksichtigt werden, daß Zwillinge ein erhöhtes Risiko an Geburtskomplikationen und eine erhöhte frühkindliche Sterberate haben. Eine Analyse der Unterlagen von Soldaten aus den USA an 13 486 männlichen Zwillingspaaren ergab, daß der Anteil der Übereinstimmung von Alkoholismus bei monozygoten Zwillingspaaren bei 26,3% lag und die von dizygoten Zwillingspaaren bei 11,9.[8]

Eine weitere Studie ergab bei 404 Zwillingspaaren, die in Kliniken behandelt wurden und die zum großen Teil von neutralen Personen, die keine Kenntnisse von der Diagnose hatten, befragt worden waren, bei männlichen monozygoten Zwillingspaaren einen signifikanten Anteil der Übereinstimmung von 76 gegenüber 53% bei zweieiigen Zwillingen. Bei weiblichen Paaren 39 und 42% nicht signifikant verschieden. Außerdem wurde gezeigt, daß der genetische Anteil um so höher lag, je schwerer der Alkoholismus ausgeprägt war.[11] Eine weitere Studie, in der sowohl die Zwillinge als auch deren Eltern befragt worden waren, ergab eine Erblichkeit von Faktoren, die das Alkoholismusrisiko bestimmen, von 51 bis 59%.[10]

Zu ähnlichen Zahlen kam auch eine australische Untersuchung, der Telefoninterviews von rund 6000 Zwillingen zugrunde lagen.[7] Der Anteil der Übereinstimmung von männlichen monozygoten Paaren wurde mit 56,7%, die von dizygoten mit 33,0% berechnet. Bei weiblichen Paaren lagen die Zahlen bei 28,9 zu 15,8%. Bei Zwillingspaaren mit unterschiedlichem Geschlecht wurde gefunden, daß der männliche Zwillingspartner eine Rate von 60,0% hatte; im umgekehrten Fall betrug die Rate nur 15,1%. Daraus wurde geschlossen, daß Frauen eine deutlich stärkere genetische Belastung benötigen, um Alkoholismus auszubilden als Männer.

Diese drei Ansätze zur Untersuchung des genetischen Risikos belegen, daß genetische Faktoren das Risiko, alkoholkrank zu werden, maßgeblich beeinflussen und die Form der Manifestation prägen. Diese Faktoren sind vielfältig. Sie können beispielsweise die Konzentration von Neurotransmittern, also von Botenstoffen im Gehirn, betreffen oder die Expression von Enzymen, Züge der Persönlichkeit, Faktoren, die die Reaktion auf provozierende Situationen beeinflussen, z. B. alkoholempfindlich/-unempfindlich, oder den Anschluß an bestimmte gefährdete Gruppen. Eine wechselseitige Einflußnahme und eine solche der Umwelt einschließlich des Suchtstoffes selbst ist zu erwarten. Außerdem ändert sich der Grad der Beeinflussung durch einzelne Faktoren während des Lebens. Zuletzt sei noch darauf hingewiesen, daß dispositionelle Faktoren krankheitsfördernd aber auch protektiv sein können.

Zum Risiko der Drogenabhängigkeit liegen nur wenige Familien- und Zwillingsstudien vor. Sie weisen auf einen relevanten genetischen Einfluß auf die Entwicklung einer Drogenabhängigkeit hin, ohne daß dieser quantifiziert werden könnte. Ein Merkmal, das bei den biologischen Eltern gehäuft beobachtet wurde, ist eine antisoziale Persönlichkeit, die in der nächsten Generation zu Verhaltensstörungen und aggressivem Verhalten führen kann. Solche Persönlichkeitsmerkmale können zu Drogenabhängigkeit führen. Ein weiteres Risiko besteht, wenn die Elterngeneration alkoholabhängig ist. Dies kann direkt das Risiko für eine Drogenabhängigkeit beeinflussen. Dieser Zusammenhang wurde in zwei Studien gefunden und betrifft Männer mehr als Frauen. Angesichts der schmalen Datenbasis sollen diese Zusammenhänge nicht weiter erörtert werden.

## Strategien zur Identifizierung der Risikogene

Zur Identifizierung der für das Suchtrisiko maßgeblichen Gene wird menschliches genetisches Material verwendet, das aus weißen Blutkörperchen leicht gewonnen werden kann. In sogenannten Assoziationsstudien werden in großen Kohorten mehrerer hundert Betroffener beziehungsweise Nichtbetroffener Mutationen einzelner genetischer Abschnitte gesucht und mit etablierten statistischen Verfahren geprüft, ob eine identifizierte Mutation in der Betroffenengruppe häufiger vorkommt als in der Kontrollgruppe. Bei der Auswahl der untersuchten Gene verfolgen wir und zahlreiche andere Gruppen eine Phänotyp-Genotyp-Strategie, d.h. daß die Betroffenengruppe aufgrund des Nachweises eines Merkmals, z.B. Alkoholismus, zusammengestellt wird. Aus tierexperimentellen Untersuchungen ist bekannt, welche Nervenbahnen für typische Symptome des Alkoholismus (beispielsweise Alkoholverlangen, Entzug, teilweise auch Kontrollverlust, Rückfallneigung) bedeutsam sind. Abbaustörungen des Alkohols und insbesondere seines Abbauprodukts Acetaldehyd im Bereich der Leber können auch protektiv wirken („Flushreaktion" nach Einnahme von alkoholhaltigen Getränken, nämlich Übelkeit, Herzklopfen, Hautrötung im Kopf- und Nackenbereich, Rededrang, Schwitzen und Kreislaufstörungen). Sie sind deshalb ebenfalls Gegenstand genetischer Untersuchungen.

Aufgrund der Beobachtungen auf phänotypischer Ebene und der tierexperimentellen Befunde lassen sich sogenannte Kandidatengene ableiten. Bei den entsprechenden Assoziationsuntersuchungen werden Mutationen im Bereich des Kandidatengens mit interessierenden phänotypischen Ausprägungen verknüpft und berechnet, ob ein überzufällig häufiger Zusammenhang zwischen der genetischen Besonderheit und der Ausprägung besteht. Diese könnten Veränderungen in der Matrix der komplexen Interaktionen der Nervenbahnen im Gehirn verursachen, was zu einem erhöhten Risiko führt.[6]

Solche Assoziationsstudien erlauben auch, den relativen Anteil einer Mutation an der sogenannten Gesamtvarianz abzuschätzen. Die Varianz ist das Maß für die Abweichung der Summe der Merkmale vom Mittelwert. Die Gesamtvarianz des Phänotyps ist die Summe der Varianten, die sich aufgrund der individuellen Ursachen für die Variante ausgebildet haben. Die einzelnen Varianten haben sowohl umweltbedingte als auch genetische Ursachen. Daraus ergibt sich die Untergliederung der Gesamtvarianz in zwei Bereiche. Da es sich bei der Abhängigkeit um eine komplexe Erkrankung handelt, ist ein relativer Anteil einer bestimmten genetischen Variante an der Gesamtvarianz von beispielsweise zwei Prozent schon beachtlich. Bei Einbeziehung von Blutsverwandten können maßgebliche genetische Faktoren identifiziert werden, die typischerweise vererbt werden.

Eine weitere Methode, die in großem Umfang zur Identifizierung genetischer Mutationen bei komplexen Erkrankungen eingesetzt wird, ist der Nachweis sogenannter quantitativer Merkmalsorte. Beispielsweise konnten bei Mäusestämmen, die auf akute Alkoholgabe mit vergleichsweise langem Schlaf reagierten, sieben bis neun Stellen auf dem Genom identifiziert werden, die sich bei den „Kurzschlafmäusen" nicht fanden.[5] Um solche Stellen zu identifizieren, die zu einem bestimmten Merkmal wie der Alkoholempfindlichkeit beitragen, können die beiden Gruppen von Tieren gekreuzt werden.

Bei der Analyse der genetischen Unterschiede der Nachkommen, die das Merkmal ausprägen oder nicht, lassen sich relevante Genorte identifizieren. Mit diesen Verfahren wurde gefunden, daß das Merkmal der Entzugsunempfindlichkeit bei Mäusen auf Chromosom 2 lokalisiert ist.

Bei einer komplexen Erkrankungen – wie der Abhängigkeit – sind im Unterschied zu monogenen Erkrankungen, bei denen eine Mutation in einem bestimmten Gen erfolgt ist, multiple Genorte durch Mutationen verändert. Diese mutierten Stellen interagieren miteinander und mit spezifischen Genen sowie mit dem biologischen und nichtbiologischen Milieu. Dies wird verständlich, wenn man bedenkt, daß bei einer Zellkultur von Nervenzellen die akute Zugabe von Alkohol zu einer vermehrten Bildung von etwa 2% der Proteine führt. Der Alkohol beeinflußt also direkt oder indirekt die Zusammensetzung und Mengen der Proteine in einer Zelle. Wenn in einigen dieser Zellen genetische Mutationen vorliegen, kann man sich gut vorstellen, daß das Ergebnis einer Alkoholexposition in diesen Zellen von der Norm abweicht.

Diese Beobachtungen reichen nicht ohne weiteres dafür aus zu erklären, wie das Risiko für die Abhängigkeit durch Interaktion multipler Faktoren zustande kommt. Eine Modellvorstellung soll hier kurz dargestellt werden.[4] Die genetische Grundlage setzt die Existenz mehrerer Gene voraus, die das primäre Risiko übermitteln, daß sich die Krankheit entwickelt.

Wir müssen also die Existenz von einem Strauß von Abhängigkeitsgenen annehmen. Jeder individuelle Risikotyp hängt also von einer begrenzten Anzahl von spezifischen Genorten ab, die unabhängig voneinander im menschlichen Genom weitervererbt werden. Die Zusammensetzung dieser Gene ist bei dem einzelnen Individuum zufällig. Wenn nun bei einer bestimmten Person zwei oder mehrere solcher primärer Abhängigkeitsgene zusammentreffen, besteht die erhöhte Wahrscheinlichkeit einer Interaktion.

Die Folge solcher Interaktionen hängt von den vorhandenen primären Genen ab. Der Effekt kann einfach additiv sein, so daß sich zwei suchttypische Merkmale ausbilden. Er kann aber auch über- oder weniger als additiv sein. Jenseits dieser Ebene wird eine zweite angenommen. Hier spielen Gene eine Rolle, die nicht direkt an dem Krankheitsrisiko beteiligt sind. Diese sekundären Gene modifizieren die Voraussetzungen, unter denen die primären Abhängigkeitsgene wirken. Diese sekundären Gene können entweder einzelne oder mehrere primäre Gene beeinflussen. Sie können das Risiko verstärken oder vermindern, also protektiv wirken.

Ein Beispiel für protektive Gene sind solche, die eine Abbaustörung des Stoffwechselproduktes von Alkohol, dem Acetaldehyd, verursachen. Eine hohe Konzentration des Acetaldehyds führt zu so unangenehmen Zuständen wie Übelkeit, Herzrasen und Kreislaufstörungen, daß diese Personen weitgehend geschützt sind.[14]

Eine dritte Ebene stellen die Wechselwirkungen zwischen dem Genotyp und der Umgebung dar. Auch diese können einzelne oder mehrere der primären Abhängigkeitsgene betreffen. Dieses interaktive Modell integriert die Beobachtungen, daß das Ersterkrankungsalter für einzelne Typen charakteristisch ist (s. Tabelle 9-1), daß es ferner Geschlechtsunterschiede gibt, sowie Unterschiede beim Therapieerfolg, dem Grad der Ausprägung und schließlich in der familiären Häufung.

## Schlußfolgerungen und Zusammenfassung

Historische Berichte zeigen über die Jahrhunderte große Schwankungen der Höhe des Alkoholkonsums in der Bevölkerung. Offenbar war das Risiko exzessiven Konsums schon von jeher bekannt und wurde durch rituelle Gelage kanalisiert.

Diese Regeln ließen sich angesichts der zunehmenden Komplexität gesellschaftlicher Interaktionen nicht aufrecht erhalten, so daß es gerade in Umbruchzeiten, wie Phasen des Mittelalters und dem Beginn des Industriezeitalters, etwa in der ersten Hälfte des 18. Jahrhunderts in England und etwas später auch in Deutschland, zu Konsummengen in der Bevölkerung kam, die die heutigen Mengen von etwa 10 l reinen Alkohols pro Jahr wesentlich übertrafen. Die Folge waren gesellschaftliche Bewegungen wie die Mäßigkeits- und Abstinenzbewegungen.

Je geringer der Einfluß äußerer Zwänge ist, desto höher sind die Anforderungen an die Kontrollmechanismen des Einzelnen. Die Gesellschaft hat eine Reihe von Verfahren entwickelt, um die Entscheidung des Individuums zu beeinflussen. Eines dieser Verfahren ist die Aufklärung über die wissenschaftlichen Erkenntnisse der Ursachen der Abhängigkeit. Diese haben seit Ende des letzten Jahrhunderts und insbesondere in den letzten Jahrzehnten enorm zugenommen.

Wir können heute das genetische Risiko quantifizieren, wissen, daß es Hochrisikogruppen für die Entwicklung von Abhängigkeit gibt und andererseits Bevölkerungsgruppen mit geringem Risiko. Wir haben Vorstellungen vom Vererbungsmodus und sind dabei, die bedeutsamen Gene zu identifizieren. Aufgrund dieser Erkenntnisse ist eine fundierte Beratung der Bevölkerung möglich.

Ein großes Defizit, besonders wenn andere komplexe Erkrankungen, wie Diabetes, Bluthochdruck oder Schizophrenie, berücksichtigt werden, besteht bei den Abhängigkeitserkrankungen bezüglich der Therapie. Für die genannten komplexen Erkrankungen sind mehrstufige Therapiepläne entwickelt worden, die immer individueller gestaltet werden können. Andererseits werden bei Suchterkrankungen psychologische Methoden weitgehend ausschließlich eingesetzt, mit Ausnahme der Substitutionstherapie bei Opiatabhängigen und vereinzelt Acamprosat bei Alkoholabhängigen. Angesichts der wissenschaftlichen Erkenntnisse der letzten Jahre, die zweifelsfrei auch neurobiologische und genetische Anteile bei Suchterkrankungen nachgewiesen haben, ist es unverständlich, daß Bemühungen weitgehend fehlen, diese Erkenntnisse auch den Suchtkranken nutzbar zu machen.

## Literatur

1. Cloninger CR (1987) Recent advances in family studies of alcoholism. In: Goedde HW, Agarwal DP (eds) Genetics and alcoholism. Allen R. Liss, New York, pp 47–60
2. Cloninger CR, Bohman M, Sigvardssom S (1981) Inheritance of alcohol abuse, cross fostering analysis of adopted men. Achives of General Psychiatry 38:861–868

3. Dawson DA, Harford TC, Grant BF (1992) Familiy history as a predictor of alcohol dependence. Alcoholism: Clinical and Experimental Research 16:572–575
4. Devor EJ (1993) Why there is no gene for alcoholism. Behavioural Genetics 23:145–151
5. Dudek BC, Underwood KA (1993) Selective breeding, congenic strains and other classical genetic approaches to the analysis of alcohol-related polygenic pleiotropisms. Behavioural Genetics 23:179–189
6. Finckh U, Rommelspacher H, Kuhn S et al (1997) Influence of the dopamine $D_2$ receptor (DRD2) genotype on neuroadaptive effects of alcohol and the clinical outcome of alcoholism. Pharmacogenetics 7:271–281
7. Heath AC, Madden PAF, Bucholu KK et al (1994) Genetic contribution to alcoholism risk in women. Annual meeting of the Research Society on Alcoholism. Mani, Hawaii, June 18–23 (Kurzfassung)
8. Hrubeck Z, Omenn GS (1981) Evidence for genetic predisposition to alcoholic cirrhosis and psychosis: twin concordance for alcoholism and its biological end points by zygosity among male veterans. Alcoholism: Clinical and Experimental Research 5:207–215
9. Kaij L, Dock J (1975) Grandsons of alcoholics: a test of sex-linked transmission of alcohol abuse. Archives of General Psychiatry 32:1379–1381
10. Kendler KS, Neale MC, Heath AC et al (1994) A twin-family study of alcoholism in women. American Journal of Psychiatry 151:707–715
11. McGue M, Pickens RW, Svikis DS (1992) Sex and age effects on the inheritance of alcohol problems: A twin study. Journal of Abnormal Psychology 101:3–17
12. Merikangas K (1990) The genetic epidemiology of alcoholism. Psychological Medicine 20:11–22
13. Reich T, Cloninger CR, van Eerdewegh P et al (1988) Secular trends in the familial transmission of alcoholism. Alcoholism: Clinical and Experimental Research 12:458–464
14. Rommelspacher H (1998) Alcohol. In: Gölz J (Hrsg) Moderne Suchtmedizin, Bd 4/1. Thieme, Stuttgart New York, S 1–6
15. Rommelspacher H (1997) Neurobiologische Grundlagen der Alkoholabhängigkeit. In: Soyka M, Möller HJ (Hrsg) Alkoholismus als psychische Störung. Springer, Berlin Heidelberg New York Tokio, S 33–59
16. Saunders JB, Williams R (1983) The genetics of alcoholism: is there an inherited susceptibility of alcohol-related problems? Alcohol and Alcoholism 18:189–217
17. Spode H (1993) Die Macht der Trunkenheit. Leske & Budrich, Opladen
18. Winokur G, Reich T, Rimmer J, Pitts FN (1970) Alcoholism III – Diagnosis and familial psychiatric illness in 259 alcoholic probands. Archives of Genetics and Psychiatry 23:104–111
19. Zimmer DE (1998) Das Erbe im Kopf. Die Zeit No. 17:23
20. Jahrbuch Sucht '98 (1997) Deutsche Hauptstelle gegen die Suchtgefahren. Neuland, Geesthacht
21. Watzl H (1996) Zur Geschichte des Alkohols. Schriftenreihe zum Problem der Suchtgefahren Bd 38. Lambertus, Freiburg i. Br., S 13–30

# KAPITEL 10

# Medizinethische Aspekte der Sucht

LUTZ G. SCHMIDT

Die Bedeutung von Erblichkeit, Umwelt und Eigenverantwortung für die Entstehung und Behandlung süchtigen Verhaltens soll im Kontext von drei Modellen, dem normativen, dem soziologischen und dem biomedizinischen Modell dargestellt werden.[7, 10] Es wird gezeigt, daß die vier Säulen einer modernen Sucht- und Drogenpolitik, nämlich Prävention, Repression, Therapie und Rehabilitation durch diese Modelle in unterschiedlicher Weise begründet werden. Dabei werden diese Modelle unter medizin-ethischem Aspekt betrachtet.

## Das normative Modell

Das normative Modell basiert auf einer deontologischen Ethik, die besagt, daß Handlungen unabhängig von ihren Folgen entweder gut oder schlecht sind. Eine selbstverantwortete Lebensführung hat danach einen hohen moralischen Wert. In jüdischer und christlicher Lehre wird Suchtmittelkonsum jedoch als Sünde oder Laster, im Islam sogar als Verbrechen betrachtet. In historischer Perspektive unterliegen damit Suchtkranke, wie im übrigen auch psychisch Kranke und Kriminelle, einer Jahrhunderte alten, gesellschaftlichen Diskriminierung.

So war es Ausdruck des Zeitgeistes, daß in der Psychiatrielehre des 18. und 19. Jahrhunderts psychische Störungen unter anderem auch als Ausdruck eines moralischen Verfalls aufgefaßt wurden.

Diese Vorstellungen kamen unter dem Einfluß der im 19. Jahrhundert zeitweise vorherrschenden Degenerationslehre von Morel auf, wonach der Niedergang nicht nur einzelner Individuen, sondern auch von Familien und Rassen, schließlich auch der modernen Gesellschaft auf Entartungen zurückgehen solle, die wiederum durch Erbfehler oder negative Umwelteinflüsse hervorgerufen würden.

Die Toxomanie – also die (lustvolle) Hingabe gegenüber einer Droge – wie auch die Kleptomanie oder Nymphomanie, war in der Monomanielehre Esquirols Ausdruck der Entartung einzelner Leidenschaften und damit Folge des Sittenverfalls des Menschen. Zwar verspreche der Konsum von Alkohol oder Drogen Ruhe und Trost, Erleichterung oder Belebung; das unverantwortliche Nachgeben gegenüber Stimmungen oder Augenblickswünschen stürze den Menschen aber ins Elend, was Ausdruck ausgleichender Gerechtigkeit, die Strafe für die lustvolle Seite des Suchtmittelkonsums sei.

Vertreter der romantischen Medizin, wie Heinroth, sahen aus einer religiös-metaphysischen Perspektive die körperliche Zerrüttung als Folge moralischen Versagens und von Versündigung an. Der Schwede H. M. Huss, der als erster den chronischen Alkoholismus als selbständiges Krankheitsbild erfaßte, beschrieb die charakterliche Verkommenheit und die Willensschwäche des Abhängigen als typische Zeichen der Kranken. Auch Kraepelin bezeichnete Trunksüchtige als willensschwache Personen, die nicht in der Lage seien, dem Trinken zu entsagen. Erst für Vertreter der anthropologischen Psychiatrie, wie Zutt, war „Süchtigkeit eine Gefahr des Menschen und nicht einiger Willensschwacher"; die Gefahr der Entwicklung zur süchtigen Fehlhaltung wurde als wesenhaft zum Menschen gehörig angesehen und war nicht mehr der Fehler eines einzelnen.

Zwar gilt in der heutigen Psychiatrie die Verknüpfung von psychischen Erkrankungen eines Menschen und seinem moralischen Verhalten als überwunden und ätiologische Vorstellungen, daß seelische Störungen Folgen einer unmoralischen Lebensführung seien, werden nicht mehr vertreten. Die Diskriminierung v. a. Suchtkranker kommt aber immer wieder auf, wenn gesellschaftliche Ressourcen als knapp beurteilt werden. Schon überwunden geglaubte, unterschwellige Moralitätsvorstellungen gewinnen dann erneut an Bedeutung.

So wird vielfach auf das Argument der Selbstverursachung der Sucht zurückgegriffen, wenn es gilt, bei Abhängigen Leistungen aus dem Solidarsystem der Krankenkassen zu begrenzen oder Sonderregelungen für Suchtkranke mit dem Hinweis auf die Kosten im Gesundheitswesen einzuführen. Aktuelle Beispiele sind die Rücknahme der Krankenkassenleistungen für Entgiftungsbehandlungen in Berlin auf sieben Tage, die ethische Diskussion über Lebertransplantationen bei Alkoholkranken [4, 11] oder Pläne, die Kostenübernahme einer Methadonsubstitution von der Teilnahme an psychosozialen Begleitprogrammen abhängig zu machen.[6] Im Gegensatz zu Suchtkranken haben beispielsweise Patienten mit internistischen Erkrankungen, wie Diabetes mellitus, Hypertonie oder Herzinfarkt eine vergleichsweise moralische Abwertung nicht zu vergegenwärtigen.

Dabei ist heute unstrittig, daß alle genannten Erkrankungen ebenfalls eine komplexe und multifaktorielle Ätiologie haben und vom individuellen Verhalten des einzelnen abhängig sind.

Unmittelbare Selbstschädigungen, etwa durch den Konsum von Alkohol oder Drogen, durch ungesunde Ernährung oder Bewegungsmangel fallen in den Bereich der Selbstbestimmung und freiheitlichen Selbstverantwortung, wobei unsere Verfassung dem einzelnen auch die Freiheit zur Krankheit zubilligt. Ein Ausschluß der selbstverschuldet krank Gewordenen von medizinischen Leistungen trifft jedoch auf das Recht auf Leben und körperliche Unversehrtheit, das nach dem Grundgesetz jedem Menschen zusteht und den Staat verpflichtet, sich schützend und fördernd für diese Rechtsgüter einzusetzen.[13]

Dabei kann der Sozialstaat ein normatives Konzept im pädagogisch-edukativen Bereich propagieren und beispielsweise in der Schule, in gesellschaftpolitischen Informations- und Aufklärungskampagnen auf den verantwortungsvollen Umgang mit Genuß- oder Suchtmitteln hinwirken. Abgehoben wird dabei auf das Leitbild des autonomen Menschen, der in selbstverantworteter Lebensführung auch ohne Alkohol, Nikotin oder Drogen sein Leben genießen kann („Keine Macht den Drogen"). Ziel dieser Maßnahmen ist hier der gesunde Mensch, ihr Zweck ist die Primärprävention.

## Das soziologische Modell

In jeder Gesellschaft hängen Konsumgewohnheiten legaler und illegaler Drogen von ethnisch-kulturellen sowie gesellschaftlich-sozialen Regeln ab;[19] exzessiver Konsum wird darin als ein im statistisch-deskriptiven Sinne normabweichendes oder deviantes Verhalten eines Teils der Bevölkerung verstanden.

In manchen Kulturen regeln beispielsweise religiöse Vorschriften den Umgang mit Alkohol. In sogenannten Abstinenzkulturen, wie dem Islam, ist sein Genuß aus religiösen Motiven heraus verboten.

In Permissivkulturen, wie den mediterranen Ländern, werden alkoholische Getränke dagegen regelmäßig zum Essen und damit auch zur Löschung des Durstes eingenommen, wodurch ein „Spiegel-" oder Dauertrinken gefördert wird. In Ambivalenzkulturen, wie dem amerikanischen Puritanismus oder in Skandinavien, in denen der Umgang mit Alkohol eng reglementiert ist, findet man in Abweichung von der Norm eher Trinkexzesse, worauf das Kontrollverlustphänomen schon zurückgeführt wurde. Ist der Umgang mit Alkohol nicht in Riten und Normen einer Kultur eingebunden, können die Wirkungen des Alkoholtrinkens sich bekanntermaßen massiv zerstörerisch auswirken, wie das Beipiel der amerikanischen Indianer oder der australischen Aborigines nahelegt.

Des weiteren hängt die Wahrscheinlichkeit eines Alkohol- oder Drogenkonsums von staatlichen oder gesellschaftlichen Faktoren ab. Art und Ausmaß der Verfügbarkeit – die sogenannte „Griffnähe" von Alkohol oder Drogen – sind dabei entscheidend über die Höhe des Konsums. Rechtliche Maßnahmen, die diesen Zugang direkt limitieren, wie Preis, Steuern, Altersbeschränkung im Zugang zu Verkaufsstellen, eingeschränkte Ladenöffnungszeiten, gelten als wirksamer in der Begrenzung von Suchtproblemen als Strafmaßnahmen, wie Verurteilungen oder Inhaftierungen. Allerdings dürfte der Einfluß der inzwischen überaus verführerisch gestalteten und fast ubiquitär vorhandenen Werbung für Tabakwaren und alkoholische Getränke kaum zu überschätzen sein.

Nach rollentheoretischen Vorstellungen haben suchtkranke Menschen – wie andere Patienten auch – Anspruch auf professionelle Hilfe. Entsprechend gelten die Betreffenden als entlastet von ihren sozialen Pflichten gegenüber Arbeitgeber und Familie, sind aber auch zur Mitarbeit in der Therapie zur Herstellung ihrer sozialen Funktion verpflichtet. Auf diese Weise wird ein sozialstaatliches System in seiner Struktur aufrechterhalten. Aus medizinethischer Sicht sind Behandlungen dann aber bedenklich, wenn mit ihrer Hilfe unter „sozialpolitischen" Indikationen und ohne Berücksichtigung des Einzelfalls gesellschaftliche Ziele, wie z. B. die Verminderung der Kriminalität durchgesetzt würden.[17]

Die Methadonsubstitution wurde in den USA als sozialpolitische Strategie v. a. mit dem Argument eingeführt, die Kriminalitätsraten in der Gesellschaft zu verringern. Wird beispielsweise in der Legalisierungsdebatte von Drogen oder in der aktuellen Diskussion um die ärztliche Heroinverschreibung das Ziel angestrebt, die Beschaffungskriminalität zu senken und so die öffentliche Ordnung zu sichern, hätten solche Maßnahmen v. a. die Funktion der Kontrolle einer sozial devianten Minderheit und wären aus medizin-ethischer Sicht unannehmbar.

Dies bedeutet aber auch, daß repressive Maßnahmen der Polizei und Justiz – als Schutz der gesunden Mehrheit vor einer gesellschaftlichen Minderheit, die sich am Drogenhandel bereichert – damit bei den „Dealern" akzeptabel sind. Problematisch ist ihre Anwendung aber bei Suchtkranken, die im Rahmen der Eigenbedarfsdeckung zu „kleinen Dealern" werden.

## Das biomedizinische Modell

### Zur Autonomie des Suchtkranken

Das biomedizinische Modell fokussiert sich nun auf die individuelle Person, speziell den kranken Menschen, der durch seine Krankheit in seiner Autonomie und Selbstbestimmmung. eingeschränkt sein kann. Dabei wird Suchtmittelmißbrauch oder Abhängigkeit, wie auch andere Krankheiten, zunächst über allgemeine Krankheitsmerkmale definiert. Hierzu zählen:
- ein körperlicher oder seelischer Leidenszustand, der sich gegenüber der Beeinflussung durch den Betroffenen weitgehend verselbständigt hat,
- Störungen körperlicher Regulationsprozesse,
- die Beeinträchtigung der sozialen Funktionsfähigkeit.

Dabei wird unter Mißbrauch beziehungsweise unter schädlichem Gebrauch im Sinne der Internationalen Klassifikation von Erkrankungen (ICD-10) der Weltgesundheitsorganisation (WHO)[22] ein solcher exzessiver Konsum verstanden, der zu körperlichen oder psychischen Gesundheitsstörungen führt. Die Mengenangabe von Alkohol oder Drogen ist hierbei nicht diagnoserelevant, da sich die Menschen erheblich in ihren Reaktionsweisen darauf unterscheiden.

Nach dem amerikanischen Diagnosesystem DSM IV kann Mißbrauch bzw. schädlicher Gebrauch außerdem noch diagnostiziert werden, wenn sich aus dem exzessiven Konsum negative soziale Konsequenzen, wie z. B. wiederholtes Fernbleiben von der Arbeit, Vernachlässigung von Haushalt und Kindern, ableiten lassen. Schädlichem Gebrauch oder Mißbrauch liegt dabei das Motiv zugrunde, die Befindlichkeit positiv zu verändern, wobei auch gesundheitliche Schäden in Kauf genommen werden. Dieser Wunsch kann vom Konsumenten aber zurückgewiesen werden, er ist prinzipiell überwindbar.

Merkmale der Abhängigkeit beziehungsweise des sogenannten Abhängigkeitssyndroms sind gemäß der Definition der Weltgesundheitsorganisation (WHO):[22]

1. Ein starker Wunsch oder eine Art Zwang, psychotrope Substanzen, also Substanzen mit psychischen Wirkungen, zu konsumieren,
2. verminderte Kontrollfähigkeit bezüglich des Beginns, der Beendigung und der Menge des Konsums,
3. ein körperliches Entzugssyndrom,
4. Nachweis einer Toleranz (hiermit ist das Phänomen des Nachlassens der gewünschten, euphorisierenden Wirkung bei gleichbleibender Dosis gemeint bzw. die Notwendigkeit der Dosissteigerung zur Erzielung der gewünschten Wirkung),
5. fortschreitende Vernachlässigung anderer Vergnügen oder Interessen zugunsten des Substanzkonsums,
6. anhaltender Substanzkonsum trotz des Nachweises schädlicher Folgen.

Zwar wird Abhängigkeit v. a. über die körperlichen Zeichen, also über Entzugssymptome und Toleranzentwicklung, erkannt und diagnostiziert, und diese wiederum hängen ab von der Art der einzelnen Substanz. So unterscheiden sich beispielsweise Entzugssymptome von Alkohol erheblich von denen bei Opiaten oder Kokain. Entscheidend und zentral für Sucht ist aber die psychische Abhängigkeit mit dem zwanghaften, unabweisbaren Wunsch nach Konsum einer bestimmten Substanz – im Jargon das „craving" – sowie der Verlust der Verhaltenskontrolle über den Substanzkonsum, der von Jellinek als „Kontrollverlust" bezeichnet wurde.

Sogar bei den nicht stoffgebundenen Süchten, den sog. Tätigkeitssüchten, wie z. B. der Spielsucht, kann ein nicht abweisbares Verlangen und ein Kontrollverlust auftreten. Damit kann im Rahmen der psychischen Abhängigkeit die Autonomie des Betroffenen eingeschränkt sein. Sie hat kognitive, emotionale und voluntative Aspekte.

Per definitionem ist der Abhängige ja gerade dadurch gekennzeichnet, daß er Vor- und Nachteile eines Suchtmittelkonsums vielleicht noch rational zu erkennen vermag; wegen seiner besonderen emotionalen Bedürfnisse, Lustgefühle herbeizuführen beziehungsweise unangenehme Entzugserscheinungen möglichst zu vermeiden, kommt er aufgrund einer eigenen Wertsetzung zu einer speziellen Willensbildung für seine Entscheidung, den Alkohol- oder Drogenkonsum fortzusetzen. Dies könnte bedeuten, daß beispielsweise Heroinabhängige in bezug auf eine Methadonsubstitution oder eine ärztliche Originalstoffverschreibung in ihrer Willensbildung nicht frei – eben abhängig – und möglicherweise nicht einwilligungsfähig sind.

Auch in der Rechtsprechung wird jedoch grundsätzlich die Selbstverfügbarkeit des suchtkrank gewordenen Patienten und damit sein „natürlicher" Wille bejaht; deshalb sind Betreuungen allein zum Zwecke der Behandlung der Abhängigkeit gegen den Willen der Betroffenen rechtlich nicht zulässig. Lediglich wenn Suchterkrankungen kompliziert sind, d. h. im Rahmen krisenhafter Zuspitzungen, wie in der akuten Intoxikation, der drogeninduzierten Psychose, im ausgeprägten Entzugssyndrom, der alkoholischen Demenz, können Einsichts- und Steuerungsfähigkeit eingeschränkt oder sogar aufgehoben sein, woraus die Berechtigung zu Zwangsmaßnahmen oder -betreuungen abgeleitet wird.

Entsprechend werden auch hohe Anforderungen an die Zuerkennung einer Schuldunfähigkeit eines Suchtkranken gesetzt.[9]

Drogenabhängigkeit als solche begründet noch keine erhebliche Verminderung der Schuldfähigkeit; bloße „Willensschwäche" oder sonstige Charaktermängel, die nicht selbst Folge einer „krankhaften" Störung der Geistestätigkeit sind, rechtfertigen nicht die Annahme erheblich verminderter Zurechnungsfähigkeit. Auch in der Therapie Suchtkranker spielt die Bedeutung der Autonomie eine wichtige Rolle. Das therapeutische Bündnis mit den autonomen, „gesunden Anteilen" des Patienten und der Einbezug seiner Selbsthilfepotentiale und seiner Selbstwirksamkeitsüberzeugungen ist Voraussetzung für das Gelingen von Rehabilitationsbemühungen.

## *Bedingtheiten des Erlebens und Verhaltens suchtkranker Menschen*

Auch wenn Rechtssprechung und der Therapiebereich über weiten Strecken zunächst von der Autonomie und Selbstverfügbarkeit des Suchtkranken ausgehen und beide nur bei schweren Krankheitszuständen Einschränkungen der Selbstbestimmung und der Eigenverantwortung anerkennen, hat die Forschung zunehmend Einblicke in die Bedingtheiten des Erlebens und Verhaltens suchtkranker Menschen gewährt.[2] Dabei sollen einige neuere Erkenntnisse zur Arbeits- und Funktionsweise des Gehirns von Suchtkranken etwas ausführlicher dargestellt werden. Sie sollen verständlich machen, wodurch der Entschluß eines Menschen bestimmt wird, exzessiv Alkohol zu trinken oder wiederholt Drogen zu nehmen, einen süchtigen Konsum aufrechtzuerhalten oder immer wieder Rückfälle entstehen zu lassen.

### Soziale Faktoren

So ist inzwischen klar, daß soziale Faktoren eine wichtige Rolle für den Beginn und die Aufrechterhaltung exzessiven Alkohol- oder Drogenkonsums spielen. Haben Mitglieder der Primärgruppe, wie die Eltern, ein Problem mit Suchtmitteln, so ist das Risiko, daß auch deren Kinder Suchtmittel einnehmen, erhöht (vgl. Kap. 9).

Ein erhöhter Alkohol- und Drogenkonsum kommt ferner bei Menschen mit Sozialisations- und Erziehungsdefiziten vor, d. h. wenn die unmittelbare Umgebung einen verwahrlosenden, chaotischen oder mißhandelnden Charakter hat. Da die Qualität der emotionalen Beziehung ebenfalls eine wichtige Rolle spielt, sind Kinder besonders gefährdet, wenn sie psychischer, körperlicher oder sexueller Gewalt in der Familie ausgesetzt sind. Jugendliche aus inkompletten Familien, bei denen eine Erziehungsperson fehlt und andere diesen Mangel nicht kompensieren, haben auch ein erhöhtes Risiko, einen exzessiven Alkohol- oder Drogenkonsum zu entwickeln.

Bekannt ist ferner, daß heranwachsende Jugendliche im Rahmen der Ablösungsprozesse von den Eltern sich zunehmend an ihrer Altersgruppe oder „peer group" orientieren. Aufgrund von Neugier, sozialem Druck oder Vorbildfunktion dieser Gruppe können erste Alkohol- oder Drogenerfahrungen resultieren, die – falls diese Gruppe einen regelmäßigen Alkohol-, Nikotin- oder Cannabiskonsum betreibt – dann aufgrund zunehmend ins Spiel kommender pharmakologischer Faktoren immer wieder angestrebt werden. Schließlich ist Arbeitslosigkeit als ein weiterer Risikofaktor für exzessiven Alkoholkonsum identifiziert worden.[12]

Zusammengenommen zeigen viele Untersuchungen zur Entstehung süchtigen Verhaltens, daß soziale Faktoren v. a. für den Beginn und die Art des Alkohol- oder Drogenkonsums verantwortlich sind. Die genannten vielfältigen sozialen Faktoren determinieren in einer sehr umfassenden Weise den Trinkstil, die Trinksitten oder das Einnahmemuster von Drogen und können damit auch in einem medizinischen Sinne v. a. zur Entstehung eines „Mißbrauchs oder Abusus" von Alkohol oder Drogen beitragen.[14] Die Entstehung einer Abhängigkeit im engeren Sinne – mit Merkmalen eines zwanghaft-unwiderstehlichen Verlangens und des Kontrollverlusts – können sie jedoch nicht gut erklären. Hierzu müssen genetische Faktoren und bestimmte Bahnungsprozesse im Gehirn dazukommen.

## Genetische Disposition

Eine genetische Disposition ist am besten für den Alkoholismus belegt und schon seit den klassischen Arbeiten von Aristoteles und Plutarch bekannt. Neuere Familienuntersuchungen haben gezeigt, daß die Wahrscheinlichkeit eines Familienangehörigen einer alkoholabhängigen Person, selbst Alkoholprobleme zu entwickeln, drei- bis viermal höher ist als das Risiko eines unbelasteten Familienmitgliedes. Zwillingsstudien an Kindern alkoholkranker Eltern zeigten ferner höhere Übereinstimmungsraten alkoholismusbezogener Störungen bei eineiigen im Vergleich zu zweieiigen Zwillingen (vgl. Kap. 9).

Weitere Studien mit besonderer Analysetechnik haben gezeigt, daß individuumsspezifische Umgebungsfaktoren, insbesondere kritische Lebensereignisse im Erwachsenenalter, einen ähnlich starken Effekt auf die Entwicklung einer Abhängigkeit wie genetische Faktoren haben. Wie schon ausgeführt, scheinen familiäre Milieufaktoren v. a. über die Vermittlung eines ähnlichen Trinkstils zu exzessivem Konsum und alkoholbezogenen Problemen zu führen; ihr Anteil am Auftreten der Alkoholabhängigkeit ist aber vernachlässigbar.

Adoptionsstudien haben schließlich gezeigt, daß wegadoptierte Kinder alkoholkranker Eltern ein erhöhtes Risiko behalten, auch alkoholkrank zu werden, selbst wenn sie bei gesunden Adoptiveltern aufwachsen. Dabei wird das Risiko nicht weiter erhöht, wenn die Adoptiveltern selbst wieder alkoholkrank sind.

Aufgrund der Vererbungsmuster des Alkoholismus wird angenommen, daß viele genetische Faktoren mit Umgebungsfaktoren interagieren. So wird beispielsweise ein Subtyp Alkoholkranker mit hoher genetischer Disposition, v. a. bei Männern mit antisozialen Persönlichkeitsmerkmalen und frühem Erkrankungsbeginn von einem zweiten Subtyp mit geringer genetischer Belastung und einem späteren Beginn unterschieden. Unwahrscheinlich ist, daß ein einheitliches Einzelgen für alle familiären Varianten des Alkoholismus verantwortlich ist. Man nimmt an, daß Produkte verschiedenster Genvarianten, wie beispielsweise Neurotransmitter, Rezeptoren oder von Enzymen in den Nervenzellen in sehr unterschiedlicher Weise auf die Wirkung von Alkohol ansprechen.

Nach Ergebnissen tierexperimenteller Alkoholismusforschung ist von der Bedeutung von Genen ausgehen, die auch bei verschiedenen Menschen in unterschiedlicher Weise verantwortlich sind für das Ausmaß der Euphorisierung, für die Empfindlichkeit gegenüber unerwünschten Wirkungen, wie beipielsweise Kopfschmerz, oder Schwindel, für das Nachlassen der Alkoholeffekte, die sogenannte „Neuroadaptation", für Entzugssymptome wie Zittern oder Schwitzen oder für Persönlichkeitsmerkmale, die einem Suchtmittelkonsum besonders nahestehen, wie Neugier oder Ängstlichkeit.[3, 15, 18]

Jedes dieser Merkmale kommt wahrscheinlich auch erst wiederum durch das Zusammenspiel mehrerer Gene zustande; solche Gene nennt man quantitative Merkmalsorte. Sie sind an der Ausprägung eines zu beobachtenden Merkmals allerdings nur mäßig bis gering beteiligt und sind im einzelnen weder hinreichend noch notwendig.

Spezifische Genvariationen, die das Erkrankungsrisiko beeinflussen, sind weitgehend unbekannt. Die einzig sicher identifizierten risikomodulierenden Gene kontrollieren den Alkoholstoffwechsel.[14] Bei Asiaten ist eine genetische Variante häufig, bei der die Verstoffwechselung des Alkohols erschwert ist. Nach dem Konsum von Alkohol tritt bei ihnen ein sogenanntes „Flushing-Syndrom" auf (vgl. Kap. 9). Da diese Zustände aber sehr unangenehm sind, trinken diese Asiaten nur wenig Alkohol und werden entsprechend seltener alkoholabhängig als Asiaten, die diese genetische Variante nicht haben. Allerdings spielen diese protektiv wirksamen Genvarianten aufgrund ihrer Seltenheit in europäischen Populationen keine große Rolle.

### Empfindlichkeitssteigerung des Belohnungssystems durch die Auswirkungen negativer früher Erfahrungen

Wir wissen aus Selbstreizungsexperimenten von Tieren, daß sie sich bis zur physischen Erschöpfung, ja schließlich bis zum Tod, mit intrazerebralen Elektroden oder Suchtmittelinjektionen ins Gehirn stimulieren, wenn bestimmte Nervenzellverbindungen im Gehirn gereizt werden, die man als „Belohnungssystem" bezeichnet. Bei Experimenten, in denen Tiere für die Belohnung mit einem

Suchtmittel „arbeiten" beziehungsweise sich anstrengen müssen, wird aber auch erkennbar, daß erhebliche Unterschiede zwischen Tieren bezüglich der Ansprechbarkeit für solche Suchtmittel existieren. Auch beim Menschen ist diese erhebliche interindividuelle Variabilität in den sehr unterschiedlichen positiven und oder auch negativen Reaktionen auf Suchtmittel nachweisbar.[20]

Neben besonders genetisch bedingten Risikogruppen, z. B. den Söhnen von alkoholkranken Vätern, weisen insbesondere Individuen, die in frühen Entwicklungsperioden besonderen Stress erlebt haben, eine hohe Empfindlichkeit dieses Belohnungssystem auf. Neugeborene Tiere, die unmittelbar nach der Geburt besonderen Umweltbelastungen ausgesetzt werden, entwickeln eine gesteigerte Empfindlichkeit ihres Belohnungssystems. Auch werden beim Menschen Auffälligkeiten in der Geburtsperiode oder frühkindlichen Entwicklung nicht selten in Verbindung mit späteren Teilleistungs-, emotionalen oder Verhaltensstörungen gebracht, die wiederum den Boden für eine spätere Suchtentwicklung bereiten können.[8]

### Besondere Bahnungen der Erregungsübertragung im Gehirn durch Suchtmittel

Die wichtigste Bereicherung in der Suchtforschung der letzten Jahre war die Erkenntnis, daß diejenigen Gehirnprozesse der Erregung und Informationsverarbeitung, die aufgrund positiver Verstärkermechanismen zustande kommen, durch alkohol- und drogenbedingte Bahnungsvorgänge noch weiter verstärkt werden und die Entwicklung süchtigen Verhaltens am besten erklären.[16] Wichtig ist dabei, daß mit zunehmender Bahnung nicht die euphorisierenden Wirkungen der Suchtmittel zunehmen, sondern daß der von Alkohol, Drogen oder assoziierten Stimuli ausgehende Anreizcharakter immer stärker wahrgenommen und verhaltensprägend wird.

Bei der Generalisierung von belohnungsanzeigenden Reizen spielen die klassischen Lernmodelle eine wichtige Rolle. Ursprünglich neutrale Reize, die mit dem Drogenkonsum oder Alkoholtrinken assoziiert waren, können später allein präsentiert Alkohol- oder Drogenverlangen und damit einen Rückfall auslösen. Im Hintergrund dieses Verhaltens vermutet man veränderte

Nervenzellverbindungen, die durch Umstellungen der Genexpression der Zelle mit der Folge der Umstellung ihres Stoffwechsels und des Arbeitsplans der Zelle zustandegekommen sind. Die Folge ist eine veränderte Vernetzung der Neurone; dafür wurde auch schon der Ausdruck „Suchtgedächtnis" geprägt.

Der Zustand der Abhängigkeit wird aufrecht erhalten, wenn eine bestimmte zeitliche Schwelle im Konsummuster überschritten ist, der sogenannte „point of no return".[2] Dieses Phänomen, daß ab einem bestimmten Zeitpunkt sich das Konsum- oder Trinkverhalten einer alkoholabhängigen Laborratte oder eines abhängig gewordenen Mensch dramatisch ändert, kann als Phänomen immer wieder beobachtet werden, wenngleich die dahinter stehenden neurobiologischen Mechanismen noch nicht gut verstanden werden. Bis dahin wird im übrigen der Zustand der Abhängigkeit auf der subjektiven Ebene im Erleben eines Suchtkranken oft verdrängt oder verleugnet, was als ein überindividuelles krankheitsbestimmendes Merkmal angesehen werden kann.

Interessanterweise stellt sich Abhängigkeit v. a. dann ein, wenn die Einnahme auf freiwilliger Basis zustande gekommen ist;[21] bei Zwangsverabreichung von Suchtstoffen entsteht meist lediglich eine körperliche Abhängigkeit, die mit dem Nachlassen der Entzugserscheinungen aber ebenfalls überwunden wird.

Die hohe Empfindlichkeit des suchtkranken Gehirns gegenüber bestimmten Unwelteindrücken ist auch ein Grund für seine besondere Rückfallneigung. Bestimmte Reizkonstellationen, die eng mit früherem Suchtmittelkonsum assoziiert waren, wie z. B. der Besuch der Stammkneipe eines Alkoholkranken, der Geruch der gewohnten Biermarke, der Anblick eines Heroinbesteckes durch einen Opiatabhängigen, können den sogenannten „Opiathunger", „Schußgeilheit", „Sauf- oder Trinkdruck" induzieren und konsektiv Rückfälle auslösen.

Ein solches Verlangen kann aber nicht nur durch äußere Eindrücke, sondern auch durch Veränderungen der Innenbefindlichkeit eines Menschen in Form aufkommender depressiver Stimmungen oder besonderer Erinnerungen ausgelöst werden. Nach einem ersten Schluck Alkohol wird dieses Verlangen als noch gesteigert erlebt, mit der Folge, daß weiteres heftiges Trinken gebahnt und süchtiges Trinken schließlich mit Kontrollverlust wieder aufgenommen wird. Während vor oder unmittelbar nach dem ersten Schluck noch eine gewisse Wahlfreiheit zur Weiterführung oder Beendigung des Trinkens besteht, wird die Realisierung alternativer Verhaltensoptionen bei weiterem Trinken durch abnehmende Selbstkritik immer schwieriger.

## Ein kurzes Fazit

Suchterkrankungen kommen durch das komplexe Zusammenspiel von Umwelteinflüssen und genetischen Faktoren zustande. Während familiäre Faktoren v. a. die Konsumgewohnheiten prägen, entsteht Abhängigkeit von Suchtmitteln auf der Basis negativer individueller Erfahrungen und genetischer Dispositionen. Diese kennt man bislang noch nicht im Detail. Anzunehmen ist aber, wenn mehrere Risikogene in einem Individuum vorhanden sind, steigt das Risiko für eine Suchterkrankung.

Zu ihrer Ausprägung ist aber auch die wiederholte und auf Freiwilligkeit basierende Einwirkung von Suchtmitteln auf das Gehirn notwendig. Dabei hat der Mensch im Rahmen unserer Rechtsordnung die Freiheit, seine Gesundheit durch die Einnahme von Suchtmitteln zu gefährden; der suchtkrank Gewordene hat aber auch Anspruch auf medizinische Leistungen aufgrund seines Rechtes auf Leben und körperliche Unversehrtheit.

Grundsätzlich wird auch beim Suchtkranken von der Autonomie des Patienten und von der Fähigkeit zur Eigenverantwortung ausgegangen. Diese ist lediglich in besonderen Situationen, bei schwerer Vergiftung oder im Entzug, bei Psychose oder Demenz eingeschränkt oder aufgehoben. Dabei gewinnt die moderne Forschung immer mehr Einblicke in die Bedingtheiten des Erlebens und Verhaltens süchtiger Menschen.

## Literatur

1. Cloninger CR (1987) Neurogenetic adaptive mechanisms in alcoholism. Science 236:410–416
2. Coper H, Rommelspacher H, Wolfgramm J (1990) The „point of no return" as a target of experimental research on drug dependence. Drug and Alcohol Dependence 25:129–134
3. Crabbe JC, Belknap JK, Buck KJ (1994) Genetic animal models of alcohol and drug abuse. Science 264:1715–1723

4. Cohen C, Benjamin M (1991) Alcoholics and liver transplantation and the Ethics and Social Impact Committee of the Transplantation and Healthy Policy Center. Journal of the American Medical Association 265:1299–1301
5. Deutsches Ärzteblatt (1997) Gesundheitsminister fordern Modellprojekt zur Heroinvergabe. Deutsches Ärzteblatt: B, S 2804
6. Deutsches Ärzteblatt (1998) Bekanntmachung des aktuellen Themenkataloges des Bundesausschusses der Ärzte und Krankenkassen zu Überprüfungen gemäß § 135 Abs.1 SBGV. Deutsches Ärzteblatt: B, S 48
7. Erickson CK (1992) A pharmacologist's opinion on alcoholism: the disease debate needs to stop. Alcohol & Alcoholism 27:325–328
8. Ernst C (1993) Frühe Lebensbedingungen und spätere psychische Störungen. Nervenarzt 64:553–561
9. Gerchow J (1987) Die rechtlichen Aspekte bei Suchtkranken. In: Kisker KP, Lauter H, Meyer JE, Müller C, Strömgren E (Hrsg) Psychiatrie der Gegenwart, Bd 3: Abhängigkeit und Sucht. Springer, Berlin Heidelberg New York Tokio, S 81–103
10. Hill SY (1985) The disease concept of alcoholism: a review. Drug and Alcohol Dependence 16:193–214
11. Howard L, Fahy T (1997) Liver transplantation for alcoholic liver disease. British Journal of Psychiatry 171:497–500
12. Janlert U, Hammerström A (1992) Alcohol consumption among unemployed youths: results from a prospective study. British Journal of Addiction 87:703–714
13. Kirchhof P (1998) Gerechte Verteilung medizinischer Leistungen im Rahmen des Finanzierbaren. Münchner Medizinische Wochenschrift 140:200–204
14. Maier W (1995) Mechanismen der familiären Übertragung von Alkoholabhängigkeit und Alkoholabusus. Zeitschrift für Klinische Psychologie 24:147–158
15. Plomin R, Owen MJ, McGuffin P (1994) The genetic basis of complex human behaviors. Science 264:1733–1739
16. Robinson TE, Berridge KC (1993) The neural basis of drug craving: an incentive sensitization theory of addiction. Brain Research Reviews 18:247–291
17. Scherbaum N (1992) Die Methadontherapie in der ethischen Diskussion. Ethik in der Medizin 4:62–71
18. Schmidt LG, Harms H, Kuhn S, Rommelspacher H, Sander T (1998) Modification of alcohol withdrawal by the A9 allele of the dopamine transporter gene. American Journal of Psychiatry 155:474–478
19. Schmidt LG (1999) Alkoholmißbrauch und Alkoholabhängigkeit: Ätiolologie, Epidemiologie und Diagnostik. In: Helmchen H, Lauter H, Henn F, Sartorius N (Hrsg) Psychiatrie der Gegenwart, Bd IV. Springer, Berlin Heidelberg New York Tokio (im Druck)
20. Schuckit MA (1994) Low level of response to alcohol as a predictor of future alcoholism. American Journal of Psychiatry 151:184–189
21. Wolfgramm J (1995) Abhängigkeitsentwicklung im Tiermodell. Zeitschrift für Klinische Psychologie 24:107–117
22. Weltgesundheitsorganisation (1993) Internationale Klassifikation psychischer Störungen. ICD-10 Kapitel V (F). Klinisch-diagnostische Leitlinien. Huber, Bern Göttingen Toronto Seattle, S 92–93

KAPITEL 11

# Die Molekularbiologie der Alzheimer-Krankheit

BRITTA URMONEIT

Mit der Zahnbürste kämmt er sich sein Haar. Neulich hat er den Herd angelassen. In den Schränken stehen ungespülte Tassen und Teller. Den Arzttermin letzte Woche hat er vergessen. An die Geburtstage seiner Angehörigen erinnert er sich schon lange nicht mehr. Jetzt kennt er nicht mal mehr die Namen seiner Kinder.

So kann sie beginnen, die gefürchtete Alzheimer-Krankheit. Unmerklich und schleichend vollzieht sie sich heute bei jedem fünften Menschen im Alter von über 80 Jahren. Vom Auftreten der ersten Symptome bis zum Tod können neun Jahre vergehen. Eine schlimme Zeit für die Betroffenen, wie auch für die Angehörigen.

Noch vor einigen Jahren wußten nur Wenige, was die Alzheimer-Krankheit überhaupt ist, und nur wenige Menschen schienen betroffen. Aber heutzutage ist die Alzheimer-Krankheit auch bei uns fast jedem ein Begriff. In der Presse gibt es Schlagzeilen wie „Zeitzünder im Gehirn" (*Der Spiegel*), „Wirre Fäden im Gehirn" (*Die Zeit*), „Unheilbar alt" (*Woche*) oder „Verwirrender Kabelbrand im Gehirn" (*taz*). Durch die verstärkten Berichterstattungen in den letzten Jahren ist es zwar zu einer begrüßenswert gesteigerten Kenntnis der Erkrankung in der Öffentlichkeit gekommen; auf der anderen Seite schüren solche Artikel aber auch völlig unnötige Befürchtungen, so daß mittlerweile auch schon jüngere Menschen glauben, selbst daran erkrankt zu sein.

Man sollte nicht gleich in Panik geraten, wenn einem eine Telefonnummer nicht einfällt oder man schon wieder den Autoschlüssel verlegt hat. Vergeßlichkeit kommt lebenslang vor. Sie tritt auch bei vielbeschäftigten jungen Menschen auf, die zwischen „wichtig" und „weniger wichtig" sondieren müssen oder sich nicht auf das Wesentliche konzentrieren können.

Was genau bedeutet aber nun diese Bezeichnung – „Alzheimer"? Alois Alzheimer war Psychiater und Neuropathologe an der Psychiatrischen Klinik in München. Vor rund neunzig Jahren dokumentierte er erstmals den Zusammenhang zwischen dem Krankheitsbild der Patientin Auguste D. und jenen im Gehirn gefundenen neuropathologischen Merkmalen der Verstorbenen, auf die im folgenden Text noch eingegangen wird. Auch heute noch gelten die von ihm entdeckten pathologischen Korrelate im Gewebe des Gehirns. Sie sind die Kriterien zur sogenannten Postmortem-Diagnose – also nach Eintritt des Todes – der Alzheimer-Krankheit in der Neuropathologie.

Zu Zeiten Alzheimers, am Anfang unseres Jahrhunderts, war man der Ansicht, daß diese Krankheit eine Seltenheit sei, denn alt zu werden galt damals noch als Glückssache. Heutzutage ist die Situation völlig anders: Auf fast jeden Berufstätigen kommt ein Rentner. Alzheimer selbst starb recht früh mit 51 Jahren, nicht etwa an der nach ihm benannten Krankheit, sondern an einer Niereninsuffizienz.

In Deutschland wagen sich auch heutzutage nur selten Betroffene oder Angehörige an die Öffentlichkeit. Anders ist die Situation in den USA, wo Prominente wie Ex-Präsident Ronald Reagan und Hollywood-Star Rita Hayworth sich zu ihrer Krankheit bekannten, was verstärkte finanzielle Zuwendungen seitens der US-Regierung an Forschungseinrichtungen mit der Zielsetzung der Erforschung und Bekämpfung der Alzheimer-Krankheit zur Folge hatte. In der Bundesrepublik Deutschland wird seit Mitte der achtziger Jahre intensiv geforscht, um das Rätsel der Alzheimer-Krankheit zu lösen.

## Was ist die Alzheimer-Krankheit?

Alzheimer (mit diesem Begriff soll der Morbus Alzheimer auch im folgenden vereinfacht bezeichnet werden) ist eine chronisch fortschreitende Erkrankung des zentralen Nervensystems mit einer wahrscheinlich langen präklinischen Phase ohne früh erkennbare Symptome.

In der medizinischen Fachsprache fällt Alzheimer unter die Demenzerkrankungen, hergeleitet aus dem lateinischen *dementia*, was soviel wie „Verrücktheit" oder „Wahnsinn" bedeutet. Sie ist eine typisch altersabhängige Krankheit, daß heißt, die Manifestation der Krankheit weist eine mit dem Alter wachsende Häufigkeit auf. Die *Dementia senilis* wurde 1910 nach ihrem Entdecker, dem Pathologen Alois Alzheimer (1864-1915), als Alzheimer-Krankheit benannt. Er beschrieb dieses Leiden erstmalig 1906 in Tübingen auf einer Tagung südwestdeutscher Irrenärzte als einen eigenartigen, schweren Erkrankungsprozeß der Hirnrinde:[2] „Über die ganze Rinde zerstreut, besonders zahlreich in den oberen Schichten, findet man miliare Herdchen, welche durch Einlagerung eines eigenartigen Stoffes in die Hirnrinde bedingt sind."

Erst in den letzten Jahren wird dieser Krankheit stärkere Aufmerksamkeit gewidmet, denn heute ist sie die vierthäufigste Todesursache in den westlichen Industrienationen und stellt somit ein zunehmendes Problem dar. Dies hat auf der einen Seite mit der steigenden Lebenserwartung zu tun, denn die fortschrittliche hygienische und medizinische Versorgung der Bevölkerung hat zu einer Umschichtung der Alterspyramide geführt. Auf der anderen Seite besteht der Grund aber auch darin, daß dieses Krankheitsbild bis in die achtziger Jahre nicht in den medizinischen Lehrbüchern zu finden war.

Man nahm vorher noch an, daß die Ursache für die auffällige Vergeßlichkeit einiger Patienten in einer allgemeinen „Verkalkung" zu suchen sei, welche zu den klinischen Symptomen führte. Erst durch die Untersuchungen von B.E. Tomlinson[50] aus England kam es dazu, daß mehr als 50% der Demenzen dem Alzheimer-Typ zugeschrieben wurden. Ungefähr 15% der gesamten Bevölkerung im Alter von über 65 Jahren sind hiervon betroffen. Allein für Deutschland wird zur Zeit mit bis zu 800 000 erkrankten Personen gerechnet; weltweit schätzt man die Anzahl auf 17 Millionen. Angesichts einer drastisch gestiegenen Lebenserwartung der Bevölkerung in den westlichen Industrienationen wird diese Entwicklung zu einer erheblichen Belastung aller sozialen Pflegeeinrichtungen führen. Experten sprechen im Zusammenhang mit Alzheimer sogar schon von der „Krankheit des 21. Jahrhunderts".

Die Alzheimer-Krankheit äußert sich in steigender Abnahme intellektueller Fähigkeiten; betroffen sind zum Beispiel die Merkfähigkeit, das Lernvermögen, die Wahrnehmung der Umwelt sowie die Fähigkeiten der verbalen Kommunikation, des Schreibens und des Lesens.

In der lange verschollenen Krankenakte, der ersten Alzheimer-Patientin Auguste D. von 1906, protokollierte Alzheimer damals: „Wie heißen Sie?" „Auguste." „Ihr Mann?" „Ich glaube Auguste." „Ihr Mann?" „Ach so mein Mann ..." „Sind Sie verheiratet?" „Zu Auguste."

Diese drastischen Veränderungen führen zu einem totalen Verlust der Persönlichkeit, so daß sich die Betroffenen in einen frühkindlichen Zustand zurückentwickeln. Dies hat eine extreme Pflegebedürftigkeit zur Folge, da die Patienten nicht mehr in der Lage sind, die Anforderungen des alltäglichen Lebens eigenständig zu meistern.

Zu Beginn der Krankheit können selbst Fachleute noch Probleme bei der Unterscheidung zwischen der normalen Altersvergeßlichkeit und der durch Alzheimer bedingten Vergeßlichkeit haben. Die normale Altersvergeßlichkeit ist eine im zunehmenden Alter häufige Erscheinung, die durch die Verlangsamung und Einschränkung bestimmter biologischer Prozesse hervorgerufen wird, ohne daß es zu sonstigen Einschränkungen der geistigen Fähigkeiten käme. Die Alzheimer-Krankheit hat aber weitaus schwerwiegendere Gedächtnisstörungen zur Folge, die bei fortschreitender Krankheit mit anderen Ausfällen verknüpft sind.

Untersuchungen an Gehirnen von verstorbenen Alzheimer-Patienten zeigen im Extremfall eine deutliche Veringerung des Gehirngewichtes. Es kann zu einem fünfzigprozentigen Verlust von Nervenzellen kommen. Diese Gehirnschrumpfung ist aber erst in deutlich fortgeschrittenem Stadium zu beobachten. Anfänglich sind nur die Verknüpfungsstellen der Nervenzellen, die sogenannten Synapsen, reduziert. Parallel zeichnet sich ein deutlicher Rückgang an Nervenbotenstoffen, den sogenannten Neurotransmittern, ab.

Die auffälligsten Kennzeichen der Alzheimer-Krankheit sind die in die Rinde des Großhirns eingestreuten, kleinen herdförmigen Substanzeinlagerungen, die von Alois Alzheimer als miliare (von lat. miliaris, Hirskörnchen) Herdchen oder später „Plaques" bezeichnet wurden (Abb. 11-1 und 11-2). Neben den Ablagerungen im Gewebe der Hirnrinde und einem bestimmten Hirnbereich, dem Hippocampus, findet man diese Ablagerungen auch

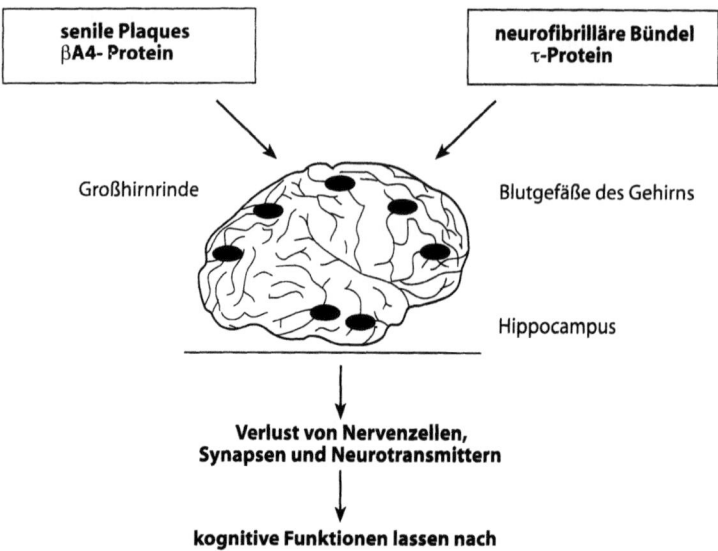

**Abb. 11-1.** Charakteristisch im mikroskopischen Präparat für das Gehirn von Alzheimer-Patienten sind die senilen Plaques, die aus dem βA4-Protein bestehen, und die Alzheimer-Fibrillen oder neurofibrillären Bündel (NFT), die aus dem Zellskelettprotein TAU bestehen. Während die Plaques zwischen den Zellen liegen, befinden sich die neurofibrillären Bündel innnerhalb der Zellen. Diese abnormen Proteinablagerungen lagern sich in Hirnbereichen ab, die für kognitive Funktionen verantwortlich sind, wie der Großhirnrinde und dem Hippocampus. Zusätzlich kommt es auch zu Ablagerungen des βA4-Proteins in den Blutgefäßen des Gehirns. Die Aggregate stören die Vitalität, und Nervenzellen sterben ab

in den Wänden der feinen Blutgefäße der Großhirnrinde und in der weichen Hirnhaut wieder. Bei den Betroffenen kommt es ab einem gewissen Grad von Ablagerungen zu Hirnblutungen, was zu schweren neurologischen Erkrankungen führen kann.

Aufgrund ihrer Anfärbbarkeit mit dem Farbstoff Kongorot und der Lichtdoppelbrechung im Polarisationsmikroskop wurden die senilen Plaques als Amyloid bezeichnet[15], nachdem zuvor der deutsche Pathologe Rudolf Virchow 1854 diesen Begriff prägte. Amyloid bedeutet „stärkeähnlicher Stoff" (lat. amylum = Stärke), da vermutet wurde, daß es sich bei den Ablagerungen wie bei der Stärke um Polysaccharide, also langkettige Zuckermoleküle, handelt.[52] Heute werden deswegen alle abnormalen Proteinablagerungen im Körper als Amyloidosen bezeichnet.

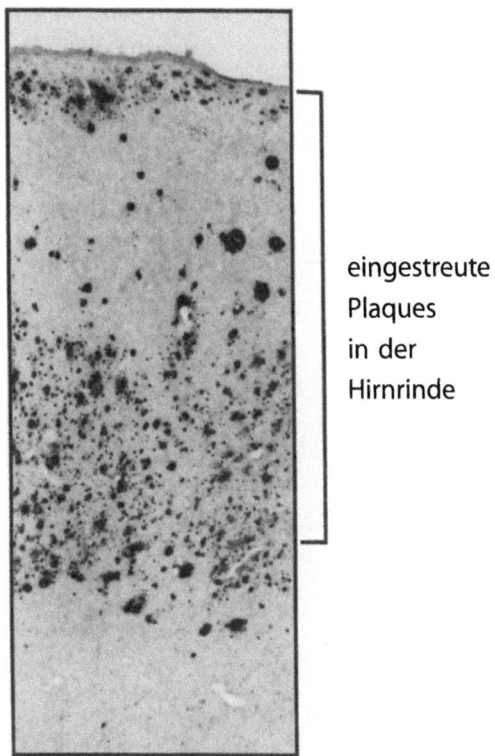

eingestreute Plaques in der Hirnrinde

**Abb. 11-2.** Ein spezifisches Korrelat der Alzheimer-Krankheit sind die Plaques, nachgewiesen mit einer spezifischen Nachweismethode in der Großhirnrinde des Menschen. Die Plaques, wie sie schon von Alois Alzheimer 1906 in seiner bahnbrechenden Arbeit bezeichnet wurden, bestehen aus dem βA4-Protein, das unter bestimmten Bedingungen aggregiert und in immer größer werdenden abnormalen Ablagerungen oder senilen Plaques im Gehirn resultiert

Innerhalb der Gefäße findet man die Ablagerungen in Schichten wieder, die aus glatten Gefäßmuskelzellen bestehen. Diese Form der Ablagerung kann auch isoliert auftreten. Hier kommt es ausschließlich zu Ablagerungen in den feinen Blutgefäßen des Gehirns, den sogenannten Arteriolen. Sie wird als „Kongophile Angiopathie" der Alzheimer-Krankheit, eine gesonderte Form, beschrieben. Hierbei handelt es sich also um eine Gefäßerkrankung, bei der sich das β-Amyloid besonders gut mit dem Farbstoff Kongorot spezifisch anfärben läßt. Wie es zu dieser Art von Ablagerungen in den Gefäßen der Großhirnrinde kommt, ist noch ungeklärt.

Ein weiteres Merkmal stellen die degenerierenden Nervenzellen dar, in denen sich umeinander verdrehte Fasern bzw. Bündel anhäufen, sogenannte „Alzheimer-Fibrillen". Zusätzlich finden sich bestimmte Typen von Zellen, die verstärkt bei entzündlichen Vorgängen im Gehirn in Alarmbereitschaft treten, sogenannte Astrozyten, Mikrogliazellen und Monozyten.[55]

### Was sind Alzheimer-Fibrillen?

An Gehirnpräparaten, die mit einer speziellen Färbemethode behandelt wurden, konnte Alois Alzheimer schon damals merkwürdige Veränderungen der Nervenfibrillen beobachten:

*Im Inneren einer im übrigen noch normal erscheinenden Zelle treten zunächst eine oder einige Fibrillen durch ihre besondere Dicke hervor. Im weiteren Verlauf zeigen sich dann viele nebeneinander verlaufende Fibrillen in der gleichen Weise verändert. Dann legen sie sich zu dichten Bündeln zusammen und treten allmählich an die Oberfläche der Zelle.*

Diese genaue Beobachtung gilt auch heute noch; man geht davon aus, daß diese Alzheimer-Fibrillen innerhalb der Nervenzellen und nach dem Absterben der Zelle frei vorliegend zurückbleiben.

Heute werden die Alzheimer-Fibrillen, die neben den Plaques das zweite wichtige Merkmal eines Alzheimer-Gehirns darstellen, als „neurofibrilläre Bündel" (von engl. „neurofibrillary tangles", NFT, oder einfach „tangles")[1] bezeichnet. Sie erscheinen unter dem Mikroskop als Bündel in Form einer Doppelhelix gewundener, DNA-ähnlicher, Filamentpaare (von engl. „paired helical filaments", PHF). Hauptbestandteil der NFT und PHF ist ein Eiweißmolekül mit dem Namen „Tau". Es hat eine stäbchenförmige Struktur und bindet sich mit Hilfe armähnlicher Strukturen an ein Bestandteil des Zellskelettes, den oben erwähnten Mikrotubuli, und wird deswegen auch als mikrotubuli-assoziiertes Protein bezeichnet.[8]

Durch diese Bindung werden die röhrenförmigen Proteinstrukturen zusätzlich stabilisiert. Mikrotubulis sind wichtige Bestandteile des Zellskelettes und von eminenter Bedeutung für die Aufrechterhaltung von Form und Funktion der Nervenzelle.[5, 16, 19] Wie kommt es aber zur Ausbildung der Alzheimer-Fibrillen, die hauptsächlich aus dem Eiweiß $\tau$ bestehen? Das $\tau$-Protein ist ein sogenanntes Phosphoprotein, ihm können also Phosphatgruppen angehängt werden, die wiederum eine biologische Funktion haben.[10] Dabei wird die Balance zwischen Anhängen und Loslösen von Phosphatgruppen durch spezifische Enzymgruppen reguliert.

Das im Gehirn eines Alzheimer-Patienten vorliegende Tau als Bestandteil der Fibrillen ist übermäßig stark phosphoryliert.[23] So kam es zur wissenschaftlichen Erklärung der NFT: Es wird vermutet, daß eine übermäßige oder abnormale Phosphorylierung des Tau- ($\tau$-)Proteins dazu führt, daß es sich nicht mehr an die zellskelettbildenden Mikrotubuli binden kann.[7] Statt dessen lagern sich Moleküle des Proteins untereinander zu PHF zusammen. Durch die Schwächung des Zellskelettes kommt es früher oder später zum Absterben der Nervenzelle, bis zum Schluß nur noch PHF vorliegen.

Der Zusammenhang zwischen den Fibrillen und den Plaques in der Alzheimer-Pathologie ist zur Zeit noch ungeklärt, da die beiden Veränderungen im Alzheimer-Gehirn keine starke räumliche Korrelation aufweisen. Andere Autoren postulieren jedoch eine Interaktion zwischen Tau und dem Vorläufer der senilen Plaques[41].

Im Gegensatz zu den Plaques sind die Faserbündel nicht ausschließlich auf die Alzheimer-Krankheit beschränkt. Ein direkter kausaler Zusammenhang ist deswegen auch noch fraglich. Allerdings ist man sich einig, daß auch die Alzheimer-Erkrankung nicht nur aus einer einzigen Ursache entsteht, sondern multifaktoriell. Wie bei allen biologischen Prozessen sind auch für die Entstehung dieser Krankheit sehr viele verschiedene Moleküle und zelluläre sowie biochemische Vorgänge verantwortlich. Der folgende Text widmet sich detailliert dem zweiten Hauptmerkmal der Alzheimer-Krankheit, den außerhalb der Zelle befindlichen, sog. extrazellulären senilen Plaques.

## Was sind die eigenartigen „Herdchen" in der Hirnrinde, die Alzheimer schon vor 90 Jahren als Plaques beschrieb?

Ein großer Teil dessen, was bis heute über die molekularen Prozesse bekannt ist, die sich bei der Alzheimer-Krankheit abspielen, geht direkt oder indirekt auf die Entschlüsselung des Hauptbestandteiles der senilen Plaques zurück. So isolierten G. Glenner und C. Wong an der Universität von Kalifornien in San Diego 1984 die Ablagerungen aus Blutgefäßen und analysierten den Hauptbestandteil biochemisch.[18] Nur ein Jahr später gelang es auch K. Beyreuther, heute am Zentrum für Molekularbiologie der Universität Heidelberg, zusammen mit C. Masters vom Institut für Pathologie in Melbourne, die Ablagerungen aus der Großhirnrinde zu isolieren und dessen Hauptbestandteil zu analysieren.[28]

Unabhängig voneinander stellten die Wissenschaftler fest, daß die Ablagerungen zum größten Teil aus einem Eiweißstoff, dem sogenannten $\beta$-Amyloid ($\beta$A4), bestehen. Mit nur vier Kilodalton Molekülmasse (MG 4000) handelt es sich dabei um ein besonders kleines und zudem hydrophobes, also wasserabweisendes Protein. Seine wissenschaftliche Kurzbezeichnung leitet sich von der räumlichen Anordnung der Molekülkette her, der sogenannten $\beta$-Faltblattstruktur. Es neigt dazu, unlösliche Aggregate zu bilden,[22] gewissermaßen mikroskopisch kleine Klumpen. Die Ursache für diese Aggregation liegt in der Wechselwirkung von hydrophoben Aminosäureresten innerhalb des $\beta$A4-Proteins.

Die Isolierung des $\beta$A4 aus den Ablagerungen der Blutgefäße des Gehirns sowie aus den Ablagerungen der Großhirnrinde zeigte auch, daß es aus einer unterschiedlich langen Kette von Aminosäuren bestehen kann. Die Länge des $\beta$A4-Proteins kann dabei Variationen von 39–43 Aminosäuren aufweisen. Dabei ist es die längere Variante, mit 42 oder sogar 43 Aminosäuren, die sich am schnellsten und am aggressivsten zu unlöslichen Aggregaten zusammenlagert.[9]

Drei Jahre nach der Identifizierung des $\beta$A4 in den Plaques wurde überraschend festgestellt, daß das $\beta$A4-Protein Spaltprodukt eines sehr viel größeren Vorläuferproteins, dem Amyloid-Vorläuferprotein ist (Abb. 11-2).[25] Das APP (von engl. „amyloid precursor protein") gehört zu einer Familie großer, in der Zellmembran lokalisierter sogenannter „Membranproteine". Die genetische Information, also das Gen, für das APP ist auf dem langen Arm des Chromosoms 21 lokalisiert.[25]

Das menschliche APP gehört zu einer Proteinfamilie, die überall im Körper synthetisiert wird.[49] APP-ähnliche Proteine wurden sowohl in Säugetieren[53] als auch in der kleinen Taufliege *Drosophila melanogaster*[36] und dem Fadenwurm *Caenorhabditis elegans*[37] gefunden, woraus sich schließen läßt, daß APP schon frühzeitig in der Evolution eine wichtige Funktion ausübte. Man spricht in einem solchen Fall von einem konservierten Protein.

Das βA4-Protein ist Bestandteil des größeren Vorläuferproteins APP und entsteht als dessen Spaltprodukt. In der Zeit zwischen dem Ende der 80er und Anfang der 90erJahre zeigten verschiedene Wissenschaftler, daß zwei bestimmte Enzyme βA4 spezifisch aus dem APP herausschneiden können (Abb. 11-3). Die Protease, die am Beginn des β-Amyloids schneidet, wird Beta-(β-)Sekretase[39], jene am Ende Gamma-(γ-)Sekretase[20] genannt. So kommt es schließlich zur βA4-Entstehung. Eine dritte Protease, die Alpha-(α-)Sekretase[17], schneidet direkt innerhalb des βA4-Proteins. Die erste Möglichkeit wird deswegen auch als der amyloidogene Weg bezeichnet, da es durch β- und γ-Sekretase zur βA4-Entstehung kommt.

Die zweite Möglichkeit wird als der nichtamyloidogene Weg bezeichnet, da βA4 durch die α-Sekretase zerstört wird. Nach dem Schneiden der Sekretasen bleiben Proteinfragmente in der Membran der Zelle und werden von dieser in ihre Bestandteile oder Bausteine die Aminosäuren zerlegt und von ihr wiederverwendet. Die erwähnte unterschiedliche Länge des βA4-Proteins resultiert aus mehreren γ-Sekretase-Schnittstellen, die in der Transmembranregion des Vorläuferproteins liegen (Abb. 11-4).

Die Aktivität der γ-Sekretase wirft ein besonderes Rätsel auf. Es ist noch unklar, ob ihr Schnitt innerhalb der Membranregion erfolgt. Solch ein Enzym wäre eine Seltenheit (Abb. 11-4). Der Schnitt der γ-Sekretase erfolgt als letzter, nachdem α- und β-Sekretase, konkurrierend miteinander, geschnitten haben. Alle drei Sekretasen konnten bislang nicht isoliert werden. Man ist ihnen aber bereits auf der Spur, und mit komplexen molekularbiologischen und biochemischen Methoden konnten ihre Eigenarten schon weitestgehend indirekt erforscht werden.

# Die Molekularbiologie der Alzheimer-Krankheit

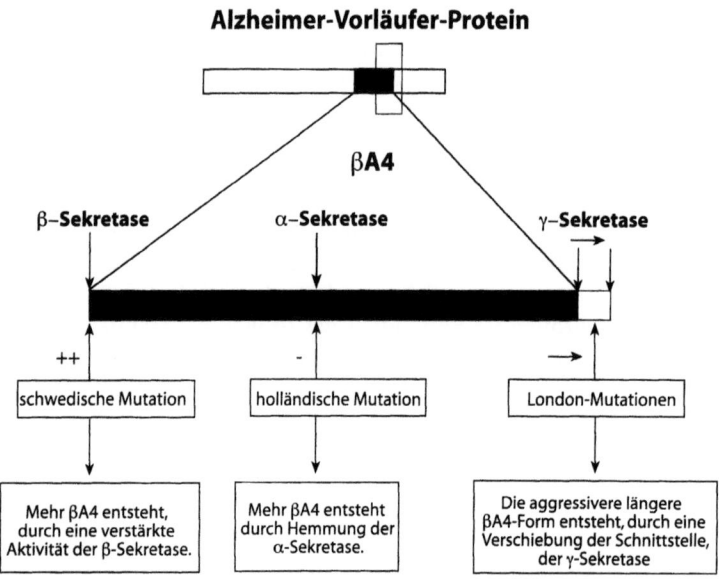

**Abb. 11-3.** Mutationen in dem Alzheimer-Vorläufer-Protein-Gen (APP-Gen), die zu der relativ seltenden vererbbaren Alzheimer-Frühform führen. Die obere Darstellung zeigt das APP und dessen Untereinheit, den *βA4-Abschnitt (schwarzer Balken)*. Der vergrößerte Ausschnitt zeigt das *βA4-Protein* mit den Schnittstellen der das APP spaltenden drei Sekretasen. Seit Anfang der 90er Jahre sind mehrere verschiedene APP-Mutationen bekannt geworden. Alle befinden sich in unmittelbarer Nähe zu den Schnittstellen der Sekretasen in dem *βA4-Abschnitt*. Die Mutationen führen entweder zu einer vermehrten *βA4-Entstehung* oder zu einer längeren und damit aggresiveren *βA4-Form*, die schneller aggregiert (weitere Einzelheiten s. Text)

Die Wissenschaftler, die sich mit der Erforschung der molekularen Aspekte der Alzheimer-Krankheit beschäftigen, stellten sich schon recht früh die Frage welche physiologische Funktion das Vorläuferprotein und welche Funktion das β-Amyloidprotein ausübt. Für ein besseres Verständnis müssen zwischen intakter, der ungeschnittenen APP-Form und durch α- oder β-Sekretase geschnittene sekretorischer APP-Form unterschieden werden. Die genaue physiologische Funktion des intakten APP-Proteins in der Membran ist noch nicht bekannt. Man kann jeweils nur aus Laborexperimenten auf mögliche physiologische Funktionen beim Menschen schließen.

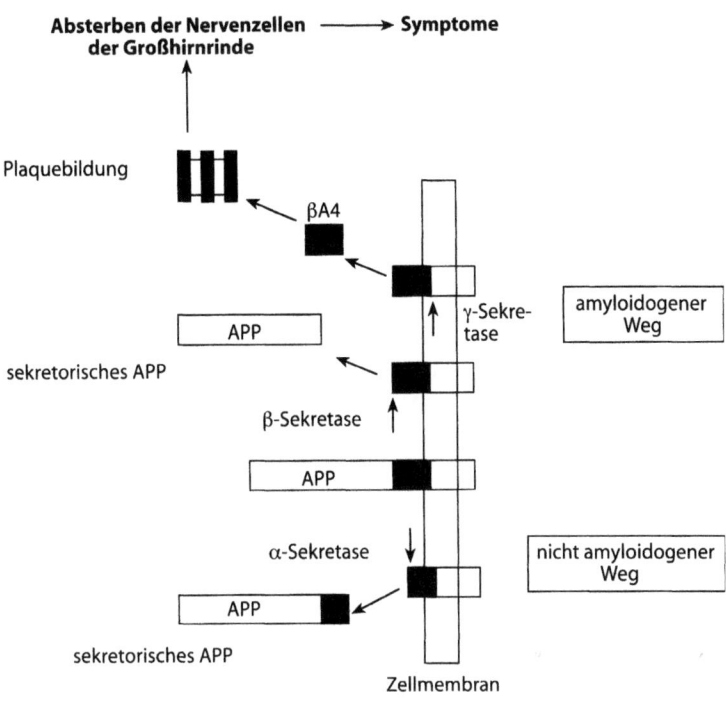

**Abb. 11-4.** Darstellung der βA4-Proteinentstehung durch β- und γ-Sekretase-Aktivität im APP. Drei bislang nicht isolierte Sekretasen sind im APP aktiv, dabei sind zwei von ihnen für die Entstehung von βA4 verantwortlich. Man unterscheidet zwischen zwei Synthesewegen bei der Weiterverarbeitung. Ein Weg erfolgt durch die Aktivität der α-Sekretase im βA4-Protein, wobei es nicht zur βA4-Entstehung kommt, der sogenannte nichtamyloidogene Weg (vgl. Text). Der andere Weg wird durch die β-Sekretase eingeleitet. Letztlich führt die Aktivität der γ-Sekretase innerhalb der Membranregion von APP zur Freisetzung von βA4 in die äußere Umgebung, wo es dann schließlich zur Aggregation des Proteins kommt. Dieser Weg wird als der amyloidogene Weg bezeichnet

Die Struktur des Proteins läßt vermuten, daß es sich um einen sogenannten „Zelloberflächenrezeptor" handeln könnte, also um eine Empfangs- und Aufnahmeeinrichtung der Zellmembran und damit des Körpers insgesamt. APP ist zum Beispiel fähig, bestimmte Partikel wie Zink, Kupfer und spezifische Proteine zu binden.[31] Ein entsprechendes Bindungsmolekül, ein sogenannter Ligand, wurde bisher aber noch nicht identifiziert. Ein Ligand ist eine bestimmmte Substanz oder ein Protein, welches an den Rezeptor über biochemische Interaktionen spezifisch gebunden wird. Vermutlich dient das membranständige APP jedoch als Rezeptormolekül für Zell-Zell- und Zell-Matrix-Interaktionen.[12] Als „Matrix" wird hierbei die Interzellularsubstanz bezeichnet, die den Zwischenraum zwischen den einzelnen Zellen ausfüllt.

Die geschnittene APP-Form ist im Blut und in der Hirn-Rückenmarksflüssigkeit (zerebrospinale Flüssigkeit oder auch kurz Liquor genannt) nachweisbar. Wie in Laborexperimenten nachgewiesen werden konnte, fördert sie den Auswuchs von Nervenästchen oder Neuriten[54] und ist bei Wundheilungsprozessen als Blutgerinnungsfaktor beteiligt[32].

Erst kürzlich konnte eine Gruppe von Wissenschaftlern um V. Herzog vom Institut für Zellbiologie an der Universität Bonn zeigen, daß das gespaltene oder geschnittene Vorläuferprotein APP auch im Stoffwechsel der Schilddrüse eine entscheidende Rolle spielt. Es sorgt dort für die Bildung von Schilddrüsengewebe, steuert Jodaufnahme und -transport sowie die Freisetzung von Schilddrüsenhormonen.[34]

Über die Funktion des βA4-Proteins ist noch nichts bekannt. Es wird angenommen, daß es keine physiologische Funktion hat, sondern nur durch einen Fehlmetabolismus entsteht. Aus Laboruntersuchungen ging hervor, daß βA4 ein starkes Gift für kultivierte Nervenzellen ist. Seit einer Veröffentlichung aus den USA im Jahre 1992 ist bekannt, daß βA4 als lösliches Produkt im normalen zellulären Stoffwechsel vorkommt. So konnte es im Blutplasma und im Liquor sowohl von Gesunden als auch von Kranken nachgewiesen werden.[40] In dieser Flüssigkeit schwanken die molaren Konzentrationen zwischen $10^{-8}$ und $10^{-10}$ mol/l.[48] Untersuchungen ergaben keinen Zusammenhang zwischen der Konzentration im Blut bzw. im Liquor und der Alzheimer-Krankheit. Viele Wissenschaftler hatten anfänglich nach der Entdeckung des βA4-Proteins in den biologischen Flüssigkeiten gehofft, endlich einen verläßlichen Diagnosemarker gefunden zu haben. Wie stellt man sich aber nun die Entstehung der Krankheit vor?

Eine mögliche Antwort gibt die Amyloidhypothese. Die Amyloidhypothese geht davon aus, daß das βA4 die Ursache für die Degeneration des Nervengewebes ist. Aus bislang unbekannten Gründen kommt es zu einer verstärkten Freisetzung des βA4 in den Liqour. Ab einer bestimmten Menge verklumpen die Proteinmoleküle untereinander und lagern sich außen auf den Nervenzellen ab (Abb. 11-4). In diesem Stadium der Aggregation können keine Proteasen mehr die Aggregate abbauen.

Dies hat zur Folge, daß die kleinen Aggregate schnell wachsen und damit die Vitalität der Nervenzellen beeinträchtigen. Die Nervenzellen sterben, und ab einem gewissen Ausmaß treten dann die klinischen Symptome auf. Neben den Verfechtern dieser Hypothese gibt es eine Gruppe von Wissenschaftlern, die die Ursache der Neurodegeneration nicht der Aggregatbildung zuspricht, sondern annimmt, daß der Nervenzelltod den Ablagerungen vorausgeht.

Ein weiteres Rätsel der Alzheimer-Krankheit konnte bislang jedoch durch keine Hypothese erklärt werden. Die Menge der senilen Plaques entspricht offenbar nicht der Schwere der Krankheitssymptome. So gibt es schwer demente Patienten, die nur sehr wenige Plaques haben, aber auch Menschen, die viele Plaques haben, aber überhaupt keine klinischen Alzheimer-Symptome aufweisen. Das ist ein schweres Gegenargument für jene Wissenschaftler, die das Protein τ bzw. die neurofibrillären Bündel für die Neurodegeneration verantwortlich machen. Viele experimentelle Ansätze und weitere Entdeckungen sprechen jedoch für die Amyloidhypothese.

Spielt die Vererbung bei der Alzheimer-Krankheit eine Rolle? Eine genetische Komponente der Alzheimer-Krankheit gilt als gesichert. Hierfür sprechen zahlreiche Familien-, Zwillings- und Fallstudien. So wurde bisher in 88 Familien ein dominanter Erbgang beschrieben, bei dem die Symptomatik in jeder Generation auftritt und auch möglicherweise mischerbige Personen immer erkranken. Fast genau die Hälfte, nämlich 48,6% der Mitglieder dieser Familien wiesen die Erkrankung auf,[43] während die andere Hälfte von beiden Elternteilen offenbar diesbezüglich gesunde Gene erhalten hatte. Vererbt wird in diesen Familien eine Veränderung, eine Mutation auf dem Chromosom 21, und zwar in dem Gen für das Vorläuferprotein APP. Die betroffenen Patienten erkranken bereits vor dem 65. Lebensjahr; diese Form der Alzheimer-Krankheit wird als Alzheimer-Frühform bezeichnet. Bis heute sind mindestens acht verschiedene Mutationen im APP-Gen bekannt, die zu Alzheimer führen. Die familiären Formen sind selten. In Deutschland ist bislang keine Famile mit einer APP-Mutation bekannt geworden.

Die erste pathogene APP-Mutation wurde in einer holländischen Familie entdeckt.[21] Ein nur punktueller Austausch einer einzigen Nukleinsäure im vergleichsweise riesigen βA4-Gen führt zu einem Austausch nur einer Aminosäure in der langen Kette. Dadurch wird vermutlich die Aktivität der α-Sekretase behindert, also jener Sekretase, die die βA4-Entstehung verhindert (Abb. 11-4). Die Krankheit zeichnet sich ausschließlich durch βA4-Ablagerungen in den Bluthirngefäßen aus, die auch als kongophile Angiopathie der Alzheimer-Krankheit bezeichnet wird. Hier haben wir es mit einer speziellen Form zu tun, da ansonsten die kongophile Angiopathie meistens begleitend zu den βA4-Ablagerungen der Großhirnrinde auftritt.

Bei weiteren vererbbaren Alzheimer-Formen sind verschiedene Aminosäuren im APP ausgetauscht, denen die Nähe zur Schnittstelle der γ-Sekretase-Schnittstelle gemein ist (Abb. 11-3). Diese sogenannten „London"-Mutationen führen zu einem sehr hohen Anteil an der langen βA4-Variante.[47] Wahrscheinlich verschiebt die Mutation die Aktivität der γ-Sekretase von der Stelle der Aminosäure 39 oder 40 nach Aminosäure 42 oder sogar nach 43. Eine weitere Mutation (die sogenannte „schwedische" Mutation) wurde in zwei schwedischen Familien am Anfang der βA4-Domäne gefunden (Abb. 11-3).

Säugetierzellen, in denen man diese Mutation erzeugte, zeigten eine fünf- bis achtfach höhere Sekretion von βA4 als vergleichbare Zellen.[11] Vermutet wird, daß die β-Sekretase bei der schwedischen Mutation eine höhere Affinität gegenüber der mutierten Aminosäuresequenz hat als gegenüber der vergleichbaren Ursprungssequenz, wodurch es zu einer verstärkten Freisetzung von βA4 kommt.

Allen Mutationen gemein ist der sehr frühe Beginn der Krankheit (41–55 Jahre), wobei der Verlauf dabei relativ kurz ist. Die Betroffenen versterben oft zu Beginn des 60. Lebensjahres – bisher wurde kein Patient mit einer APP-Mutation älter als 67 Jahre. Klinisch und neuropathologisch gesehen gibt es keinen Unterschied zur sogenannten „sporadischen" Alzheimer-Krankheit. Die Mutationen in APP sind ein wichtiger Beweis für die wesentliche Beteiligung des βA4-Proteins an der Entstehung der Alzheimer-

Krankheit. Die präzisen Mechanismen der meisten Mutationen sind allerdings noch unbekannt. Sicher ist, daß sie die Prozessierung von APP oder das biochemische Verhalten der $\beta$A4-Moleküle beeinflussen.

## Besteht ein Zusammenhang zwischen dem der Trisomie 21 und der Alzheimer-Krankheit?

Tatsächlich verursacht die Trisomie 21, auch bekannt als Down-Syndrom oder umgangssprachlich manchmal noch als Mongolismus, ähnliche neuropathologische Erscheinungen wie die Alzheimer-Krankheit. Das zusätzliche Chromosom 21 mit dem APP-Gen und dadurch mit einer vermehrten $\beta$A4-Enstehungsmöglichkeit, scheint einen Dosiseffekt zur Folge zu haben, der tatsächlich zu einem dramatisch vorgezogenen Beginn der Plaquebildung des Patienten führt.[27] Das zusätzliche APP-Gen führt früh zu großen, nicht filamentösen, sogenannten diffusen Plaques im Zellzwischenraum, die die Entwicklung klassischer neuropathologischer Grundzüge der Alzheimer-Krankheit vorhersagen lassen. Durch das zusätzliche APP-Gen entsteht mehr $\beta$A4 als bei nichtmongoloiden Personen. Somit ist die Trisomie 21 ein weiterer wichtiger Beweis für die Entstehung und Beteiligung des $\beta$A4-Proteins an der Alzheimer-Krankheit.

## Gibt es noch weitere Faktoren, die mit der Alzheimer-Krankheit in Verbindung gebracht werden können?

Genetisch betrachtet ist die Alzheimer-Krankheit multifaktoriell. Neben den im vorigen Abschnitt beschriebenen Punktmutationen, also der Austausch eines Basenpaares auf DNA-Ebene, im APP-Gen auf dem Chromosom 21 wurden noch weitere Mutationen in zwei anderen Gen-Orten identifiziert, die mit der familiären Alzheimer-Erkrankung in Zusammenhang stehen. 1995 wurden diese Mutationen auf den Chromosomen 14 und 1 erstmalig identifiziert, die mit aggressiven familiären Alzheimer-Frühformen (Beginn um das 40. Lebensjahr) gekoppelt sind (PS-I und -II).[26, 44]

Bis heute sind über 30 Mutationen in PS-I bekannt geworden. Man schätzt, daß diese Mutationen für 5–10% der Alzheimer-Fälle verantwortlich sind, also für weitaus mehr als die bisher gefundenen Mutationen in APP selbst. Die Gene auf den Chromosomen 1 und 14 kodieren für zwei homologe Proteine. In der Zelle konnten die PS-I- und PS-II-Proteine als Membranproteine des endoplasmatischen-Retikulums und des Golgi-Apparates nachgewiesen werden.[38] Hierbei handelt es sich um Zellorganellen, die unter anderem bei der Bildung von Proteinen eine wichtige Rolle spielen.

Inwieweit ein mechanischer Zusammenhang zwischen den PS-Proteinen und der Alzheimer-Krankheit besteht, ist noch nicht geklärt. Mutationen in PS-I und -II führen aber zu einer verstärkten Sekretion der längeren $\beta$A4-Variante, was im Blutplasma und im Zellmedium von kultivierten Bindegewebszellen, die den Patienten entnommen wurden, nachgewiesen werden konnte.[14] Damit könnte ein Zusammenhang mit der Entstehung des $\beta$A4 aus seinem Vorläufer APP durch die $\gamma$-Sekretase bestehen.

Auf der VI. Internationalen Alzheimer-Konferenz, die 1998 in Amsterdam stattfand, berichtete der Neurogenetiker R. Tanzi vom Harvard-Massachusetts-Krankenhaus in Boston über eine weitere Mutation in einem Protein, welches als $a_2$-Makroglobulin bezeichnet wird, und deren Zusammenhang mit dem Auftreten der Alzheimer-Krankheit.[6] Beim sogenannten $a_2$-Makroglobulin handelt es sich um ein Protein, das hauptsächlich einige spezifische Enzyme inhibiert, welche wiederum andere Proteine, sogenannte Proteasen, zerschneiden. Es wird angenommen, daß über 30% der Bevölkerung diese Mutation aufweisen. Der Wissenschaftler Tanzi vermutet, daß diese Mutation ein noch höheres Risiko als jene des ApoE-$\varepsilon$4-Typs bedeute, welche bislang als größter Risikofaktor für die Entstehung der Alzheimer-Krankheit angesehen wurde. Der Zusammenhang mit der Entstehung der Alzheimer-Krankheit ist aber noch unbekannt.

1993 konnte die Alzheimer-Forschung einen weiteren Erfolg verbuchen. So fanden amerikanische Forscher einen Zusammenhang zwischen den Allelformen* des Apolipoprotein E-Gens auf Chromosom 19 und dem Risiko, eine Alzheimer-Demenz zu entwickeln.[45] Dieses ApoE-$\varepsilon$4-Allel kommt bei den familiären und sporadischen Spätformen der Alzheimer-Krankheit im Vergleich zur gesunden Bevölkerung gehäuft vor.[3] Das individuelle Risiko nimmt mit der Anzahl des ε4-Typs des ApoE zu.

Das Apolipoprotein E gehört zu den Lipoproteinen, die dem Transport von wasserunlöslichen Lipiden im Blutplasma dienen. Es wird hauptsächlich in der Leber, jedoch auch von Schwann-Zellen* peripherer Nerven sowie von den Astrocyten* im Gehirn synthetisiert und ist in die Regulation der zellulären Aufnahme von Cholesterin involviert. Untersuchungen an Gehirnen von Apolipoprotein E-ε4 Trägern weisen größere und zahlreichere βA4-Plaques auf als die von Patienten, die kein ApoE-ε4-Allel tragen.[3] Laboruntersuchungen ergaben, daß Apolipoprotein E-ε4 an βA4 binden kann,[45] wodurch ein Wechsel der Sekundärstruktur des Proteins zur β-Faltblattstruktur induziert wird,[42] was wiederum die Aggregation des βA4-Proteins fördert.

Trotz intensiver weltweiter Forschung ist die Entstehung der Alzheimer-Krankheit noch weitestgehend unbekannt. Einigkeit besteht darin, daß es sich um eine multifaktorielle Ursache handeln muß. Da das zentrale Thema dieses Kapitels die Molekularbiologie der Alzheimer-Krankheit ist, soll hier nur recht kurz auf einige hypothetische Umwelteinflüsse eingegangen werden.

In unserer industriellen Welt stehen Umweltgifte immer wieder auf der Liste möglicher Aggressoren für die Entstehung verschiedener Krankheiten. Lange Zeit wurde Aluminium als möglicher Auslöser für die Entstehung der Alzheimer-Krankheit angesehen. Untersuchungen an Gehirnen von verstorbenen Alzheimer-Patienten zeigten erhöhte Aluminumwerte.[13] Darüber hinaus fand man einen Zusammenhang zwischen der geographischen Konzentration von Aluminium im Trinkwasser und der Häufigkeit von Alzheimer-Fällen.

Andere epidemiologische Studien konnten die Aluminiumhypothese jedoch weder bestätigen noch widerlegen. Auch molekularbiologische Untersuchungen, zum Beispiel über die Wirkung des Aluminiums in der Zellkultur auf die Aktivität der oben erwähnten Sekretasen, ergaben keine direkten Hinweise. Umweltgifte wie Aluminium gelten deswegen zunächst als Anknüpfungspunkte, jedoch nicht als ursächliche Auslöser der Krankheit. Weitere mögliche Faktoren, die im Zusammenhang mit der Entstehung der Alzheimer-Krankheit diskutiert werden, sind in Abb. 11-5 dargestellt.

| | |
|---|---|
| **Risikogen:**<br>Apolipoprotein E-ε4,<br>AD7C-NTP und<br>α-2-Makroglobulin | **Genetische Faktoren:**<br>APP Mutationen,<br>Präsenilin-I und -II-Mutationen<br>und Trisomie 21 |
| Alter | Infektionen durch<br>Viren oder Bakterien<br>(zum Beispiel<br>durch Chlamydien) |
| Umweltgifte<br>(zum Beispiel<br>Aluminium) | |
| Schädelverletzungen<br>zum Beispiel durch<br>einen Unfall oder aber auch<br>durch Boxsport | Östrogenmangel<br>besonders bei Frauen |

**Abb. 11-5.** Die bislang wichtigsten hypothetischen Faktoren der Alzheimer-Krankheit. Das Hauptrisiko an Alzheimer zu erkranken, ist das Alter, gefolgt von den vererbbaren Formen durch Mutationen in dem APP, den PS-I- und -II-Proteinen und der Trisomie 21 (Down-Syndrom). Gefolgt von dem Risikogen Apolipoprotein E mit der Allelform ε4, das zur Entwicklung der Krankheit wesentlich beiträgt. Weiterhin werden Faktoren diskutiert wie Umweltgifte (zum Beispiel Aluminium), Unfälle bei denen es zu schweren Hirnverletzungen kommt, Infektionen durch Bakterien (z. B. Chlamydien, vgl. Text) sowie ein Östrogenmangel bei der Frau nach dem Ausbleiben der Monatsblutung, der zur Entwicklung der Krankheit mit beitragen kann, wenn er nicht durch zusätzliche Einnahme von Östrogenen ausgeglichen wird

## Wie wird Alzheimer diagnostiziert und was kann man zur Behandlung tun?

Die Diagnose Alzheimer wird heutzutage aufgrund bestimmter Symptome, wie etwa der zunehmenden Verschlechterung der geistigen Leistungsfähigkeit, und unter Ausschluß anderer symptomatisch ähnlicher Erkrankungen mit Hilfe neuropsychologischer Tests erstellt. Die Diagnose ist immer noch mit einer, heutzutage jedoch sehr geringen, Irrtumswahrscheinlichkeit behaftet, da bis heute noch kein eindeutiges Diagnoseverfahren existiert. Die endgültige sichere Diagnose der Krankheit ist bislang erst nach dem Tode zu stellen. Eine Diagnose ohne die Möglichkeit einer anschließenden Therapie ist aus psychologischen und ethischen Gründen fraglich und deshalb auch umstritten.

Neben der klinischen, der psychischen und der neuroradiologischen Diagnostik bekommt die Liquordiagnostik einen immer höheren Stellenwert. Der direkte, anatomisch bedingte Systemzusammenhang zwischen der Hirn-Rückenmarks-Flüssigkeit und dem Gehirn legt eine direkte oder indirekte Reflexion des Krankheitsgeschehens im Liquor nahe. Die Aufgabe dieser Flüssigkeit besteht einerseits in der Pufferung und Druckverteilung der von innen und außen auf das Gehirn wirkenden Kräfte, vergleichbar mit der Funktion eines Stoßdämpfers. Zudem dient sie dem Stoffaustausch zwischen Blut und Gehirngewebe, welcher durch ein spezielles Schrankensystem kontrolliert und gesteuert wird, die Blut-Hirn-Schranke.

Das Ziel der Erforschung der Hirn-Rückenmark-Flüssigkeit im Zusammenhang mit Alzheimer ist die Entdeckung eines meßbaren biologischen Markers, der die zuverlässige Diagnose in einem möglichst frühen Stadium zuließe.

Eine zentrale Rolle bei der Alzheimer-Krankheit scheint ein weiteres Gen zu spielen,[30] welches unlängst von einer Gruppe US-Wissenschaftler um J. Wands von der Havard Medical School in Boston entdeckt wurde. Das Produkt dieses Gens, AD7c-NTP, wurde ausschließlich im Hirngewebe und im Liquor von Alzheimer-Kranken gefunden.

Die Anhäufung des Proteins in den Nervenzellen bewirkt die für die Alzheimer-Krankheit typischen morphologischen Veränderungen. Inzwischen gibt es dazu einen von dem US-Unternehmen Nymox entwickelten Test, der die Konzentration des krankmachenden Proteins in der Hirn- und Rückenmarksflüssigkeit mißt. Das Verfahren scheint eine relativ verläßliche Diagnosehilfe zu sein, da AD7c-NTP bei immerhin 84% der Alzheimer-Kranken gefunden wird. Offen ist noch, ob das Gen mutiert oder schlicht überaktiviert ist.

Zudem konnte erst jüngstens ein interdisziplinäres Forscherteam der Universität Düsseldorf ein neues Diagnoseverfahren entwickeln, welches sich die Aggregation des $\beta$A4 zunutze macht.[35] Für die Untersuchung wird etwas Hirn-Rückenmarks-Flüssigkeit des Patienten benötigt, der im Labor ein fluoreszenzmarkiertes $\beta$A4 zugesetzt wird, das sich an die vorhandenen $\beta$A4-Aggregate anlagert. Durch ein spezielles Meßverfahren läßt sich dann feststellen, ob im Liquor bereits Aggregate vorhanden sind, indem die gebundenen, fluoreszierenden $\beta$A4-Moleküle Lichtblitze abgeben. Je mehr Lichtblitze zu verzeichnen sind, desto mehr Aggregate sind in der Flüssigkeit vorhanden und je weiter fortgeschritten ist die Alzheimer-Krankheit, so die Forscher. Bislang haben die Düsseldorfer Wissenschaftler 15 Alzheimer-Patienten und eine Kontrollgruppe auf diese Weise getestet. In Kürze soll eine groß angelegte Studie zeigen, ob sich dieses Verfahren im klinischen Alltag bewährt.

Bei der Behandlung der Alzheimer-Krankheit gibt es bislang nur Ansätze zur Linderung der Symptome. Eine erfolgreiche Therapie oder Heilung ist bisher noch nicht möglich. So werden die kognitiven Leistungen durch spezifische Acetylcholinesterasehemmer (die beispielsweise unter dem Handelsnamen Tacrin oder Donepezil erhältlich sind) verbessert, die den Botenstoff Acetylcholin länger im synaptischen Spalt belassen.

Östrogene gewähren einen starken Schutz vor der Alzheimer-Krankheit. Frauen, die eine sogenannte postmenopausale, also nach dem altersbedingten Ausbleiben der Monatsregel verabreichte, Östrogenmedikation erhielten, zeigten ein um etwa 35% vermindertes Risiko, an Alzheimer zu erkranken.[33] Der Wirkungsmechanismus der Östrogene ist jedoch noch ungeklärt. Experimente mit Zellkulturen ergaben, daß Östrogene die Aktivität der $\alpha$-Sekretase, die das $\beta$A4 zerstört, stimulieren.[24] Weiterhin wird mit der medikamentösen Behandlung an allgemeinen altersbedingten Schwachpunkten des Gehirns angegriffen. Auftretende Mängel wie verminderte Hirndurchblutungen oder Sauerstoff- und Glukosemangel werden mit entsprechenden Medikamenten weitgehend behoben. Dadurch wird aber nur das Fortschreiten der Krankheit verzögert, diese jedoch nicht beseitigt bzw. kausal behandelt.

### Wie stellt man sich eine erfolgreiche Therapie vor?

Die Forschung ist heute an einem Punkt angelangt, an dem die Entwicklung gezielter Therapiestrategien ansetzen kann. Wenn weitere Erkenntnisse die Hypothesen zur Entstehung der Krankheit bestätigen, wäre eine effektive Behandlung dieser komplexen Krankheit bald denkbar. Unter diesen Gesichtspunkten und mit dem detaillierten Wissen über die molekularen Mechanismen der Krankheitsentstehung wird wahrscheinlich in absehbarer Zeit eine Möglichkeit bestehen, Menschen ein Altern in Würde zu ermöglichen. Nervenzellen teilen sich nicht und sind deswegen sozusagen unersetzlich. Daher ist es aus biologischer und medizinischer Sicht schwierig, die Erscheinungen dieser neurodegenerativen Erkrankung wieder rückgängig zu machen, und es kommt langfristig darauf an, präventiv gegen die Alzheimer-Krankheit vorzugehen.

Ein möglicher Ansatz wäre, die Entstehung der langen βA4-Formen zu reduzieren, einerseits durch die Reduktion der Syntheserate des Vorläuferproteins APP und andererseits durch die Reduktion der Umwandlungsrate des APP in das βA4-Protein. Letzteres kann über die Inhibition der β- und γ-Sekretase geschehen. Weiterhin wird versucht, die Selbstaggregation von βA4 mit Substanzen, die an βA4 binden, zu verhindern. Eine weitere Strategie zur Behandlung konzentriert sich auf die Reduzierung der toxischen Wirkung des βA4-Proteins auf die Nervenzellen.

Von großer Bedeutung für die medizinische Forschung sind die sogenannten „Knockout"-Mäuse geworden. Bei diesen Tieren wird ein natürlich vorhandenes Gen ausgeschaltet und man kann die beobachteten Folgen in direkten Zusammenhang mit der Genfunktion stellen. Neueste Untersuchungen einer Gruppe von Wissenschaftlern um F. v. Leeuwen vom belgischen Humangenetik-Institut ergaben eine interessante Beobachtung.[46]

Um die physiologische Rolle des PS-I-Proteins herauszufinden, wurden im Labor „Knockout"-Mäuse mit dem PSI-Gen gezüchtet, die sich als nicht lebensfähig herausstellten. Es gelang den Wissenschaftlern aber, aus den Embryonen Nervenzellen zu isolieren und in vitro, also im Reagenzglas, zu kultivieren. Die biochemische Analyse ergab, daß diese Zellen kein βA4-Protein mehr hervorbrachten, da die γ-Sekretase nicht mehr aktiv war. Dieses Ergebnis zeigt, daß wahrscheinlich ein enger Zusammenhang zwischen dem PS-I-Protein und der βA4-Entstehung besteht. Das PS-I-Protein könnte somit einen Ansatzpunkt bieten, um die Entstehung von βA4 zu verhindern und damit die Alzheimer-Krankheit zu bekämpfen.

Nahezu jeden Monat sind rund um Alzheimer neue wissenschaftliche Entdeckungen zu verzeichnen. Im folgenden werden einige besonders interessante Ergebnisse, die für die internationale Alzheimer-Forschung besonderen Stellenwert besitzen, vorgestellt.

Die Entdeckungen von F. v. Leeuwen und seinen Kollegen vom Institut für Gehirnforschung in Amsterdam Anfang 1998 zeigten, daß sich in den senilen Plaques von Alzheimer- und Down-Patienten sogenannte abnorme APP-Proteine befanden.[51] Diese waren im weiteren Syntheseweg für das APP entstanden, nämlich in der Boten-RNA (mRNA*), einer weiteren, hier aktiven Erbsubstanz. Unter der Annahme, daß fehlerhafte Proteine im Alter zunehmen, weisen die abnormalen Proteine auf den größten Risikofaktor der Alzheimer-Krankheit hin, nämlich das Alter. Allerdings ist man sich nicht sicher, ob die fehlerhaften Proteine die Ursache für die Alzheimer-Krankheit oder eher ein damit einhergehender Effekt der Krankheit sind.

Jüngstens berichteten Wissenschaftler vom Institut für Alterung an der Universität in Pittsburgh über eine neue genetische Assoziation eines bestimmten Enzyms mit der Alzheimer-Krankheit.[29] Die Wissenschaftler konnten wie beim Apolipoprotein mehrere Typen dieses Enzyms entdecken, von denen ein bestimmter Typ vermehrt bei Alzheimer-Patienten auftritt. Weitere Untersuchungen zeigten einen Zusammenhang der unterschiedlichen Allelformen des Enzyms mit dem des bereits erwähnten Apolipoprotein E-ε4. Dabei kam es nur bei den Menschen zu einem erhöhten Risiko für die Alzheimer-Krankheit, die kein ApoE-ε4-Allel aufwiesen. Damit ist ein weiteres Risikogen für die Alzheimer-Krankheit entdeckt worden.

Ein anderes Wissenschaftlerteam, bestehend aus mehreren Wissenschaftlern dreier amerikanischer Universitäten, konnte kürzlich in 17 von 19 Alzheimer-Gehirnen Bakterien der Gattung *Chlamydia pneumoniae* erstmalig nachweisen.[4] Die Forscher fanden die Mikroorganismen genau in den bei der Alzheimer-Krankheit betroffenen Hirnregionen. Genauere Untersuchungen ergaben, daß die Bakterien in den Gliazellen vorzufinden waren. Die Wissenschaftler vermuten, daß die Bakterien eine Infektion auslösen, die dann zum verstärkten Auftreten der Gliazellen und schließlich zu einer Entzündung im Gehirn führten.

Die Forscher spekulieren, daß dies die Vorgänge, die sich weiterhin bei der Krankheit abspielen, verschlimmern, unterstützen oder sogar erst zum Ausbruch bringen könnten. Den amerikanischen Forschern zufolge könnte eine *Chlamydia-pneumoniae*-Infektion für ältere geschwächte Menschen ein zusätzlicher Risikofaktor für die Entwicklung der Krankheit sein. Wäre dies der Fall, so könnte das für die Behandlung der Alzheimer-Krankheit eine neue Therapiemöglichkeit mit Antibiotika eröffnen. Dazu muß der Zusammenhang zwischen der Alzheimer-Krankheit und einer Chlamydieninfektion aber erst durch weitere Untersuchungen bestätigt werden müssen.

Wie die bereits beschriebenen Experimente mit den PS-I-knockout-Mäusen[46] andeuteten, hat das PS-I-Protein sehr viel mit der Entstehung des βA4 zu tun. Bei den Zellen, die aus den letalen Embryonen gewonnen werden konnten, wurde keine γ-Sekretaseaktivität mehr gefunden, welches letztlich die βA4-Entstehung verhinderte. In der jüngsten Veröffentlichung des renommierten Fachblattes Nature konnten Wissenschaftler um Dennis Selkoe von der Harvard Medical School in Boston weitere aufschlußreiche Ergebnisse vorstellen.[56]

Anhand von Experimenten mit genmanipulierten Zellen, zeigten die Wissenschaftler, daß das PS-I-Protein sehr wahrscheinlich entweder die γ-Sekretase selbst ist oder aber der entscheidendste Kofaktor für die Proteinschere, die letztlich für die Entstehung des krankmachenden βA4 aus seinem Vorläufer APP verantwortlich ist. Die Forscher fanden heraus, daß nur zwei Aminosäuren in dem PS-I-Protein über die Fähigkeit des Proteins ausschlaggebend sind, das APP zu zerschneiden. Für die Alzheimer-Forschung ist das ein weiterer wichtiger Meilenstein auf der Suche nach der Ursache der Entstehung und nach einer gezielten Therapie gegen die Alzheimer-Krankheit.

Ich hoffe, der Leser hat einen Eindruck von den komplexen molekularen Zusammenhängen bekommen, die bei der Alzheimer-Krankheit zu berücksichtigen sind. In der Komödie „Wie es euch gefällt" von William Shakespeare beschreibt der Edelmann Jacques die letzte der sieben Altersstufen mit den Worten: „Der letzte Akt, mit dem die seltsam wechselnde Geschichte schließt, ist die zweite Kindheit, gänzliches Vergessen ..." Dieses zu verhindern ist das wesentliche Ziel der Alzheimer-Forschung; nicht die Verlängerung des Lebens, sondern eher die Schaffung von Grundlagen für ein Altern in Würde.

Mit der Zunahme der Lebenserwartung unserer Bevölkerung wird die sozialmedizinische und sozioökonomische Dimension altersbezogener Erkrankungen immer deutlicher. Es ist kaum einzusehen, daß wir die großen und kleinen Hürden des Lebens gemeistert haben, nur um dann am Ende einem unaufhaltsamen verheerenden Verfall unserer geistigen Fähigkeiten ausgeliefert zu sein und ein von der Hilfeleistung anderer abhängiger, hoffnungsloser Pflegefall zu werden.

Zu der Zeit, als Buddha noch als Prinz Siddharta von seinem Vater in einem herrlichen Palast festgehalten wurde, entwischte er manchmal und fuhr im Wagen in der Umgebung spazieren. Bei seinem ersten Ausflug begegnete ihm ein gebrechlicher Mann, zahnlos, voller Falten, weißhaarig, gebeugt, auf einen Stock gestützt, zittrig und brabbelnd. Er staunte, und der Kutscher erklärte ihm, was ein Greis ist. „Was für ein Unglück" rief der Prinz aus, „daß die schwachen und unwissenden Menschen berauscht vom Stolz der Jugend, das Alter nicht sehen. Laßt uns schnell wieder nach Hause fahren. Wozu all die Spiele und Freuden, da ich doch die Wohnstatt des künftigen Alters bin."

## Literatur

1. Alafuzoff I, Iqbal K, Friden H, Adolfsson R, Winblad B (1987) Histophatological criteria for progressive dementia disorders: clinical-pathological correlation and classification by multivariate data analysis. Acta Neuropathologica 74:209-225
2. Alzheimer A (1906) Über eine eigenartige Erkrankung der Hirnrinde. Zentralblatt für Nervenheilkunde und Psychiatrie 30:177-179
3. Anwar N, Lovestone S, Cheetham ME, Levy R, Powell JF (1993) Apolipoprotein E-4 allele and Alzheimer's disease. Lancet 342:1308-1310
4. Balin BJ, Gérard HC, Arking EJ, Appelt DM, Branigan PJ, Abrams JT, Whittum-Hudson JA, Hudson AP (1998) Indentification and localization of Chlamydia pneumoniae in the Alzheimer's brain. Medical Microbiology and Immunology 187:23-42
5. Binder LI, Frankfurter A, Rebhun LI (1985) The distribution of tau in the mammillian central nervous system. Journal of Cellular Biology 101:1371-1378
6. Blacker D, Wilcox MA, Laird NM, Rodes L, Horvath SM, Go RC, Perry R, Watson B, Bassett SS, McInnis MG, Albert MS, Hyman BT, Tanzi RE (1998) Alpha-2 macroglobulin is genetically associated with Alzheimer disease. Nature Genetics 19:357-360
7. Bramblett GT, Goedert M, Jakes R, Merrick SE, Trojanowski JQ, Lee VMY (1993) Abnormal tau phosphorylation at Ser 396 in Alzheimer's disease recapitulates development and contributes to reduced microtubuli binding. Neuron 10:1089-1099
8. Brion JP, van den Bosch de Aguilar P, Flament-Durand J (1985) Senile dementia of the Alzheimer type: morphological and immuncytochemical studies. In: Traber J, Gispen WH (eds) Advances in applied neurological science: senile dementia of the Alzheimer type. Springer, Berlin Heidelberg New York Tokio, pp 164-174

9. Burdick D, Soregan B, Kwon M, Kosmoski J, Knauer M, Henschen A, Yates J, Cotman C, Glabe C (1992) Assembly and aggregation properties of synthetic Alzheimer's A4/β amyloid peptide analogs. Journal of Biological Chemistry 267:546–554
10. Butler M, Shelanskim ML (1986) Microheterogenetecity of microtubule-associated tau protein is due to differences in phosphorylation. Journal of Neurochemistry 47:1517–1522
11. Citron M, Oltersdorf T, Haass C, McConlogue L, Hung AY, Seubert P, Vigo-Pelfrey C, Lieberburg I, Selkoe DJ (1992) Mutation of the β-amyloid precursor protein in familial Alzheimer's disease increases β-protein production. Nature 360:672–674
12. Cole GJ (1986) Neuronal cell-cell adhesion depends on interactions of N-CAM with heparin-like molecules. Nature 320:445–447
13. Crapper DR, Krishan SS, Dalto AJ (1973) Brain aluminium distribution in Alzheimer's disease and experiemtal neurofibrillary degeneration. Science 10:925–933
14. Culvenor JG, Maher F, Evin G, Malchiodi-Albedi F, Cappai R, Underwood JR, Davis JB, Karran EH, Roberts GW, Beyreuther K, Masters CL (1997) Alzheimer's disease-associated presenilin 1 in neuronal cells: evidence for localization to the endoplasmatic reticulum-Golgi intermediate compartment. Journal of Neuroscience Research 49:719–731
15. Divry P, Florkin M (1927) Sur les propriétés optiques de l'amyloide. Comptes rendus des séances de la Société de Biologie et de ses filiales, Paris 97:1808–1810
16. Drubin DG, Kirschner MW (1986) Tau protein function in living cells. Journal of Cellular Biology 103:2739–2746
17. Esch FS, Keim PS, Beattie EC, Blacher RW, Culwell AR, Oltersdorf T, McClure D, Ward J (1990) Cleavage of amyloid beta peptide during constitutive processing of its precursor. Science 248:1122–1124
18. Glenner GG, Wong CW (1984) Alzheimer's disease: Initial report of the purification and charcterisation of a novel cerebrovascular amyloid protein. Biochemistry Biophysics Research Communication 120:885–890
19. Goedert M, Spillantini MG, Jakes R, Rutherford D, Crowther RA (1989) Multiple isoforms of human microtubule-associated protein tau: sequenzes and localization in neurofibrillary tangles of Alzheimer's disease. Neuron 3:519–526
20. Haass C, Hung AY, Schlossmacher MG, Teplow DB, Selkoe DJ (1993) β-amyloid peptide and 3-kDa fragment are derived by distinct cellular mechanisms. Journal of Biology and Chemistry 268:321–324
21. Hendriks L, van Duijn CM, Cras P, Cruts M, Van Hul Q, van Harskamp F, Warren A, McInnis MG, Antonarakis SE, Martin J, Hofman A, Broeckhoven, C (1992) Presenile dementia and cerebral haemorrhage caused by a mutation at codon 692 of the beta-amyloid precursor protein gene. Nature Genetics 1:218–221
22. Hilbich C, Kisters-Woike B, Reed J, Masters CL, Beyreuther K (1991) Aggregation and secondary structure of synthetic amyloid βA4 peptides of Alzheimer's disease. Journal of Molecular Biology 218:49–163
23. Iqbal-Grundke I, Iqbal K, Tung YC, Quilan M, Wisniewski HM, Binder L (1986) Abnormal phosphorylation of the microtubule-associtated protein tau (Tau) in Alzheimer cytoskeletal pathology. Proceedings of the National Academy of Science USA 83:4913–4917

24. Jaffe AB, Toran-Allerand CD, Greengard P, Gandy SE (1994) Estrogen regulates metabolism of Alzheimer amyloid $\beta$ precursor protein. Journal of Biology and Chemistry 269:13065–13068
25. Kang J, Lemaire HG, Unterbeck A, Salbaum J, Masters CL, Grzeschik KH, Multhaupt G, Beyreuther K, Müller-Hill B (1987) The precursor of Alzheimer's disease amyloid A4 protein resembles a cell-surface receptor. Nature 325:733–736
26. Levy-Lahad E, Wasco W, Poorhaj P (1995) A familial Alzheimer's disease locus on chromosome 1. Science 269:970–973
27. Mann DM (1988) The pathological association between Down syndrome and Alzheimer disease. Mechanism of Aging Development 43:99–136
28. Masters CL, Simms G, Weinman NA, Multhaupt G, McDonald BL, Beyreuther K (1985) Amyloid plaque core protein in Alzheimer disease and Down syndrom. Proceedings of the National Academy of Science USA 82:4245–4249
29. Montaya SE, Aston CE, Dekosky ST, Kamboh MI, Lazo JS, Ferrell RE (1998) Bleomycin hydrolase is associated with risk of sporadic Alzheimer's disease. Nature Genetics 18:211–212
30. Monte SM, Ghanbari K, Frey WH, Bheshti I, Averbeck P, Hauser SL, Ghanbari H, Wands JR (1997) Characterization of the AD7C-NTP cDNA expression in Alzheimer's disease and measurement of a 41-kD protein in cerebrospinal fluid. Journal of Clinical Investigation 100:3093–3104
31. Multhaupt G (1994) Identification and regulation of the high affinity binding site of the Alzheimer's disease amyloid protein precursor (APP) to glycosaminoglycans. Biochemie 76:304–311
32. Oltersdorf T, Fritz LC, Schenk DB, Lieberburg I, Johnson-Wood KL, Beattle EC, Ward PJ, Blacher RW, Dovey HF, Sinha S (1989) The secreted form of the Alzheimer's amyloid precursor protein with the Kunitz domain is protease nexin-II. Nature 341:144–147
33. Paganini-Hill A, Henderson W (1993) Estrogen deficiency and risk of Alzheimer's disease in women. American Journal of Epidemiology 94: 256–261
34. Pietrzik CU, Hoffmann J, Stober K, Chen CY, Bauer C, Otero DA, Roch JM, Herzog V (1998) From differentiation to proliferation: the secretory amyloid precursor protein as a local mediator of growth in thyroid epithelial cells. Proceedings of the National Academy of Science USA 94:1770–1775
35. Pitschke M, Prior R, Haupt M, Riesner D (1998) Detection of single amyloid beta-protein aggregates in the cerebrospinal fluid of Alzheimer's patients by fluorescence correlation spectroscopy. Nature Medicine 4: 832–834
36. Rosen DR, Martin-Morris L, Luo L, White KA (1989) A Drosophila gene encoding a protein resembling the human $\beta$-amyloid protein precursor. Proceedings of the National Academy of Science USA 86:2478–2482
37. Rosoff I, Li C (1992) Isolation and charcterization of FMR Famide-like peptides from C. elegans and mapping of promotor elements for the corresponding gene. Social Neuroscience Abstracts 18:1090–1093
38. Scheuner D, Bird T, Citron M, Lannfeldt L, Schellenberg G, Selkoe DJ, Viitanen M, Younkin SG (1995) Fibroblasts from carriers of familial AD linked to chromosome 14 show increased A$\beta$ production. Social Neuroscience Abstracts 21:1500–1504

39. Seubert P, Vigo-Pelfrey C, Esch F, Lee M, Dovey H, Davis D, Sinha S, Schlossmacher M, Whaley J, Swindlehurst C, McCormack R, Wolfert R, Selkoe DJ, Lieberburg I, Schenk D (1992) Isolation and quantitation of soluble Alzheimer's $\beta$-peptide from biological fluids. Nature 359:325–327
40. Seubert P, Oltersdorf T, Lee MG, Barbour R, Blomquist C, Davis DL, Bryant K, Fritz LC, Galasko D, Thal LJ, Lieberburg I, Schenk D (1993) Secretion of $\beta$-amyloid precursor protein cleaved at the amino terminus of the $\beta$-amyloid peptide. Nature 361:260–263
41. Smith MA, Siedak SL, Richey PL, Mulvihill P, Ghiso J, Frangione B, Tagliavini F, Giaccone B, Bugiani O, Praprotnik D, Kalaria RN, Perry P (1995) Tau protein directly interacts with the amyloid $\beta$-protein precursor: Implications for Alzheimer's disease. Nature Medicine 1:365–369
42. Soto C, Castano EM, Prelli F, Kumar RA, Baumann M (1995) Apolipoprotein E increases the fibrillogenic potential of synthetic peptides derived from Alzheimer's, Gelsolin and AA amyloids. FEBS Letters 371:110–114
43. St. George-Hyslop PH (1989) Familial Alzheimer's disease: progress and problems. Neurobiology of Aging 10:417–425
44. St. George-Hyslop PH, Rogaev EJ, Liang Y, Rogaera EA, Levesque G, Ikeda M, Sherrington R (1995) Cloning of a gene bearing missense mutations in early-onset familial Alzheimer's disease. Nature 375:754–760
45. Strittmatter WJ, Saanders AM, Schemechel D, Pericak-Vance M, Enghild J, Salvesen GS, Roses AD (1993) Apolipoprotein E: High-avidity binding to $\beta$-amyloid and increased frequency of type 4 allele in late-onset familial Alzheimer disease. Proceedings of the National Academy of Science USA 90:1977–1981
46. Stropper BD, Saftig P, Craessaerts K, Vanderstichele H, Guhde G, Annaert W, von Figura K, van Leeuwen FW (1998) Deficiency of presenilin-1 inhibits the normal cleavage of amyloid precursor protein. Nature 391:387–390
47. Suzuki N, Cheung TT, Cai XD, Odaka A, Otvos L Jr, Eckman C, Golde TE, Younkin SG (1994) An increased percentage of long amyloid $\beta$ protein secreted by familial amyloid $\beta$ protein precursor ($\beta$APP 717) mutants. Science 264:1336–1340
48. Tabaton M, Nunzi MB, Xue R, Usiak M, Autilio-Gambetti L, Gambetti P (1994) Soluble amyloid $\beta$-protein is a marker of Alzheimer amyloid in brain but not in cerebrospinal fluid. Biochemistry and Biophysics Research Communications 200:1598–1603
49. Tanzi RE, Gusella JF, Watkins PC, Bruns GA, St. George-Hyslop P, Keuren ML van, Patterson D, Pagan S, Kurnit DM, Neve RL (1987) Amyloid beta protein gene: cDNA, mRNA distribution, and genetic linkage near the Alzheimer locus. Science 235:880–884
50. Tomlinson BE, Blessed G, Roth M (1968) Observations on the brains of non-demented old people. Journal of Neurology 7:331–356
51. van Leeuwen FW, de Kleijn DPV, van den Hurk HH, Neubauer A, Sonnemans MAF, Sluijs JA, Köycü S, Ramdjilelal RDJ, Salehi A, Martens GJM, Grosveld FG, Burbach JPH, Hol EM (1998) Frameshift mutants of $\beta$ amyloid precursor protein and ubiquitin-B in Alzheimer's and Down syndrom patients. Science 279:242–247
52. Virchow R (1854) Über eine im Gehirn und Rückenmark des Menschen aufgefundene Substanz mit der chemischen Reaktion der Cellulose. Ar-

chiv für pathologische Anatomie und Physiologie und für klinische Medizin 6:135–138
53. Wasco W, Bupp K, Magendantz M, Gusella JF, Tanzi RE, Solomon F (1992) Identification of a mouse brain cDNA that encodes a protein to the Alzheimer disease-associated $\beta$ precursor protein. Proceedings of the National Academy of Science USA 89:10758–10762
54. Whitson JS, Glabe CG, Shintani E, Abcar A, Cotman CW (1990) $\beta$-amyloid protein promotes neuritic branching in hippocampal cultures. Neuroscience Letters 110:319–322
55. Wisniewski HM, Narang HK, Terry RD (1976) Neurofibrillary tangles of paired helical filaments. Journal of Neurology 27:173–181
56. Wolfe MS, Xia W, Ostazewski BL, Diehl TS, Kimberly WT, Selkoe, D (1999) Two transmembrane aspartates in presenilin-1 required for presenilin endoproteolysis and $\gamma$-secretase activity. Nature 398:513–517

## *Deutschsprachige Literatur*

Alzheimer-Krankheit (1997) Deutscher Studienverlag, ISBN 3-89271-750-8
Andres, G, Bille H, Straub F (1997) Alzheimer-Krankheit. G. Fischer, Stuttgart, ISBN 3-437-21250-8
Bauer J (1994) Die Alzheimer-Krankheit. Schattauer, München, ISBN 3-7945-1634-6
Blank L (1997) Alzheimer. Bettendorf, ISBN 3-88498-113-7
Buijssen H (1997) Senile Demenz. Beltz, Weinheim, ISBN 3-407-21020-5
Weis S, Weber G (1997) Handbuch Morbus Alzheimer. Psychologie Verlags Union, ISBN 3-621-27373-5
Beauvoir S de (1997) Das Alter. Rowohlt, Reinbek, ISBN 3-49917-095-7
Maurer KU (1998) Alzheimer. Das Leben eines Arztes und die Karriere einer Krankheit. Piper, München

## *Literatur für Betroffene*

Anifantakis H, Tyler JM (1933) Das Leben einer Familie mit der Alzheimer-Krankheit. Droemer Knaur, München, ISBN 3-426-75021-X
Fuhrmann I, Gutzmann H, Neumann EM, Niemann-Mirmehdi M (1996) Abschied vom Ich – Stationen der Alzheimer-Krankheit, 2. Aufl. Alzheimer Gesellschaft Berlin (Hrsg). Herder, Freiburg, ISBN 3-451-23144-1
Rose L (1997) Ich habe Alzheimer. Herder, Freiburg, ISBN 3-451-26286-X
Schulze G (1997) Tine: Mein Lebensende mit dir, 2. Aufl. Kurtzs, Leipzig, ISBN 3-9805062-2-3
Wojnar I, Bruder J (1997) Alzheimer eine andere Welt. Zechnersche Buchdruckerei, Speyer, ISBN 3-87928-974-3
Zsolnay-Wildgruber H (1997) Alzheimer-Kranke und ihr primäres Bezugssystem. Lambertus, Freiburg, ISBN 3-7841-0991-8
Stuhlmann W (1994) Möglichkeiten zur Aktivierung und zur Beschäftigung demenzkranker alter Menschen, überarb. Aufl. G. Mainz, Aachen, ISBN 3-930085-86-0
Demski R (1995) Die kleine Dame: wenn die Mutter wieder Kind wird. Butzon & Bercke, Kevelaer, ISBN 3-7666-9986-5

## Alzheimer-Gesellschaften

- Alzheimer-Gesellschaft Berlin e.V. Albrecht-Achilles-Str. 65, 10709 Berlin, Tel.: 030-8916096.
- Alzheimer-Angehörigen-Initiative e.V. Selbsthilfe Treffpunkt, Friedrichshain, Frau Derenhaus-Wagner, Boxhagener Str. 62a, 10245 Berlin, Tel.: 030-2918348

## Internet-Seiten

- http://www.alzforum.org/;
- http://www.pluto.neurologie.uni-duesseldorf.de/prior/;
- http://med-amsa.bu.edu/alzheimer/home.html;
- http://www.alzheimerforum.de/.

KAPITEL 12

# Strategische Überlegungen für eine kausale Therapie zur Behandlung der Alzheimer-Krankheit

THOMAS DYRKS

Wie aus dem vorangegangenen Kapitel hervorgeht, sind mittlerweile einige molekulare Mechanismen bekannt, die an der Pathologie der Alzheimer-Krankheit ursächlich beteiligt sind. Trotz umfangreicher Forschung basiert die Diagnose der Alzheimer-Krankheit jedoch immer noch wie vor zirka neunzig Jahren auf dem spezifischen Nachweis der sogenannten Amyloidplaques (vgl. Kap. 11), deren wesentlicher Bestandteil das A$\beta$-Peptid ist.[7] Daher und aufgrund der schon erwähnten genetischen Befunde, ist es berechtigt davon auszugehen, daß das A$\beta$-Peptid ursächlich an der Entstehung der Alzheimer-Krankheit beteiligt ist. An der A$\beta$-Entstehung sind im wesentlichen das Amyloidvorläuferprotein und drei proteolytische, also Proteine abbauende, Aktivitäten beteiligt, die als $\alpha$-, $\beta$- und $\gamma$-Sekretaseaktivitäten bezeichnet werden.[5]

Die für diese proteolytischen Aktivitäten verantwortlichen Enzyme sind nicht bekannt, weshalb bisher nur von Aktivitäten und nicht von definierten Enzymen gesprochen werden kann. $\beta$- und $\gamma$-Sekretaseaktivitäten schneiden, wie in Abb. 12-1 dargestellt, das A$\beta$-Peptid aus dem Amyloidvorläuferprotein heraus. Das A$\beta$-Peptid bildet anschließend durch einen Prozeß, der Aggregation genannt wird, die „Amyloidplaques". Mit den Amyloidplaques assoziert ist ein massives Sterben der Nervenzellen und ein chronischer Entzündungsprozeß im Gehirn, ausgelöst durch die Aktivierung sogenannter Mikrogliazellen.[4]

Da die $\beta$- und $\gamma$-Sekretaseaktivitäten direkt für die A$\beta$-Entstehung verantwortlich sind, sind sie für die pharmazeutische Industrie als therapeutischer Angriffspunkt von Interesse. Ziel einer Wirkstoffindung wäre zum Beispiel die Entwicklung von Substanzen, welche die $\beta$- oder $\gamma$-Sekretaseaktivität inhibieren, also hemmen.[3, 6] Weitere therapeutische Strategien sind die Hemmung der Aggregation des Aβ-Peptides, die Inhibition des Sterbens der Nervenzellen oder die Inhibition des Entzündungsprozesses.

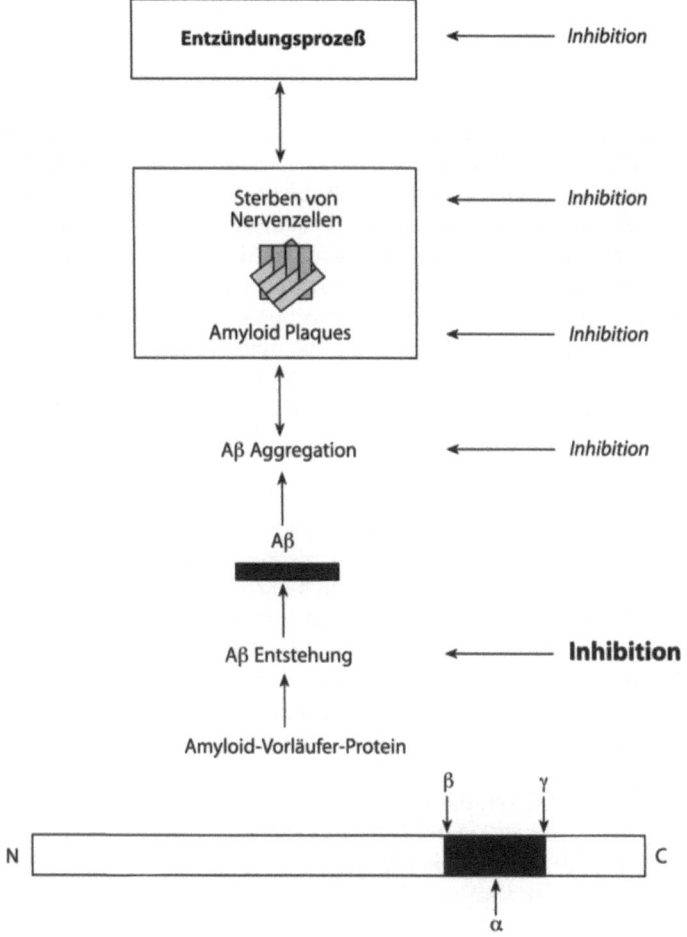

**Abb. 12-1.** Molekulare Mechanismen und therapeutische Strategien in der Alzheimer-Demenz. α, β, γ = α-, β-, γ-Sekretase; Aβ = Aβ-Peptid

Anhand der Entwicklung von Inhibitoren der β- und γ-Sekretaseaktivitäten werden nun strategische Überlegungen skizziert, die für eine Wirkstoffindung in der pharmazeutischen Forschung von wesentlicher Bedeutung sind.[1]

Grundvorausssetzungen für die im folgenden aufgeführte Wirkstoffindungsstrategie sind, daß fast alle Zellen auch unter normalen, physiologischen Umständen β- und γ-Sekretaseaktivitäten aufweisen und daß das Aβ-Peptid nach Sekretaseaktivität von den Zellen ausgeschieden, bzw. sezerniert wird. Da die beiden pharmakologischen Zielenzyme, β- und γ-Sekretase, nicht in gereinigter Form vorliegen, können die entsprechenden Aktivitäten momentan nur indirekt in zellulären Testsystemen dargestellt bzw. gemessen werden. Mit Hilfe molekularbiologischer Techniken ist es jedoch möglich, auch unbekannte enzymatische Aktivitäten quantitativ darzustellen. Dazu werden unter Anwendung der Gentechnologie künstliche Moleküle hergestellt und in die Zelle eingeführt, wodurch die entsprechenden enzymatische Aktivitäten indirekt in der Zelle verfolgt werden können.

So kann zur Darstellung der gewünschten Sekretaseaktivität zum Beispiel wie in Abb. 12-2 dargestellt, ein zusammengesetztes Molekül hergestellt werden, das aus folgenden Einzelbausteinen besteht:

- ein leicht zu quantifizierendes Enzym, zum Beispiel alkalische Phosphatase,[2] das nach erfolgter proteolytischer Aktivität der β- und γ-Sekretase ein leicht zu messendes Signal ergibt. Um dieses Enzym von den zu untersuchenden enzymatischen Aktivitäten der Sekretasen zu unterscheiden, wird es Reporterenzym genannt;
- die Schnittstelle der zu untersuchenden Sekretase, zum Beispiel der entsprechende Bereich aus dem Amyloidvorläuferprotein der durch β-Sekretase erkannt und proteolytisch gespalten wird;
- ein Membrananker, der das Molekül in der Zellmembran verankert, wo auch das Amyloidvorläuferprotein plaziert ist. Dadurch ist gewährleistet, daß das künstliche Molekül in der Zelle an den gleichen Ort gelangt wie das Amyloidvorläuferprotein.

Wird ein solches zusammengesetztes Molekül in eine menschliche Nervenzelle eingeführt, erkennen die zellulären Sekretasen

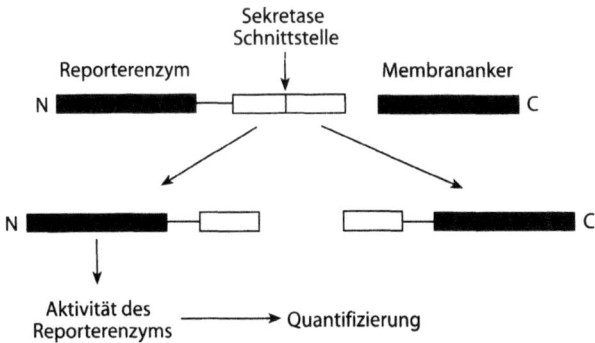

**Abb. 12-2.** Zusammengesetztes Molekül zur Darstellung der gewünschten Sekretaseaktivität

die ensprechende Schnittstelle in dem Molekül und setzen durch Spaltung das Reporterenzym frei, welches dann von den Zellen genauso wie das Aβ-Peptid sezerniert wird. Die Freisetzung des Reporterenzyms aufgrund der β-Sekretaseaktivität kann leicht biochemisch quantifiziert werden. Substanzen, welche die β-Sekretase inhibieren, verhindern die Freisetzung des Reporterenzyms und können so quantitativ erfaßt werden.

Mittels solcher oder ähnlicher Verfahren können mehr als 100 000 Substanzen in wenigen Monaten analysiert werden. Dazu werden die gentechnisch veränderten Zellen in sehr kleine Gefäße, sogenannte 96-Loch-Platten ausgesät, mit Substanzen behandelt, und anschließend wird das sezernierte Reporterenzym mittels robotergesteuerter Meßsysteme quantitativ bestimmt. Es handelt sich hierbei um sogenannte „Hochdurchsatztestverfahren", die immer häufiger zur Identifizierung von neuen, therapeutisch aktiven Verbindungen eingesetzt werden.

Substanzen, die mittels eines solchen „Hochdurchsatztestverfahrens" als aktiv identifiziert wurden, müssen, bevor sie weiterentwickelt werden, erst einmal im Hinblick auf Spezifität und Wirkmechanismus weiter charakterisiert werden. Spezifität bedeutet in diesem Fall selektive Inhibition der Sekretasen und nicht anderer zellulärer Prozesse. So muß ein unspezifischer Einfluß auf die Zellaktivität oder auf die generelle zelluläre Sekretion ausgeschlossen werden.

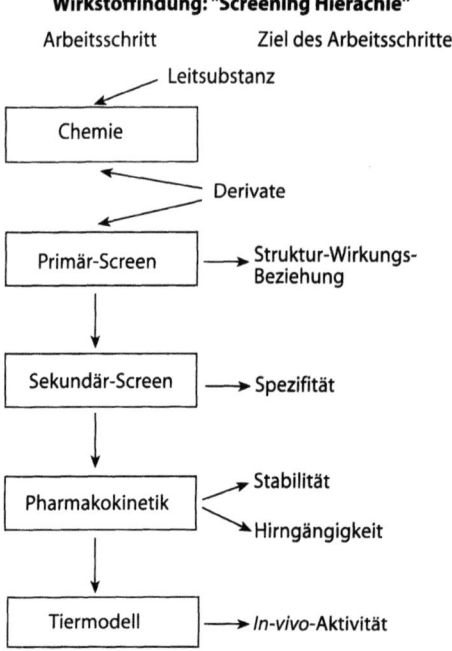

**Abb. 12-3.** Stufen eines Wirkstoffindungsprojekts, die von Leitsubstanzen durchlaufen werden müssen, bevor die Aktivität am Tier analysiert werden kann. Die gesamte Analysestrategie wird auch als „Screeninghierachie" bezeichnet

Erst wenn die Spezifität verifiziert, also gesichert ist und außerdem der molekulare Wirkmechanismus zumindest ansatzweise aufgeklärt wurde, bekommt die Substanz die Bezeichnung „Leitsubstanz" und kann somit die Basis eines Projektes zur Wirkstoffindung sein. In einem Wirkstoffindungsprojekt durchlaufen die Leitsubstanzen dann weitere Stufen der im Jargon sogenannten „Screeninghierachie" (Hierarchie des Rastersuchverfahrens), die in Abb. 12-3 am Beispiel eines Sekretaseinhibitors skizziert werden.

Von der Leitsubstanz ausgehend werden durch gezielte chemische Veränderungen sogenannte Derivate hergestellt und auf ihre Potenz und Spezifität hin getestet, um Hinweise auf biologisch aktive Strukturelemente zu erhalten. Dabei erfolgt die Analyse der biologischen Aktivität oft mit den gleichen beziehungsweise einem ähnlichen Meßverfahren wie beim „Hochdurchsatztestverfahren", in Abb. 12-3 als „Primärscreen" bezeichnet.

Das Ergebnis des „Primärscreen" ist eine Struktur-Wirkungs-Beziehung für die einzelnen Strukturelemente der Leitsubstanz. Durch gezielte Modifikation sollen letztlich hochwirksame und spezifische Substanzen generiert werden. Die Spezifität der Wirkung wird meistens nochmals in einem zweiten unabhängigen Testverfahren, dem sogenannten „Sekundärscreen" verifiziert.

Bevor hochpotente Substanzen auf ihre In-vivo-Aktivität, also Aktivität im lebenden Tier hin getestet werden können, müssen pharmakokinetische Analysen mit der entsprechenden Substanz durchgeführt werden. Dazu wird die Stabilität und Gewebeverteilung in Tieren, meistens Nagetiere (Mäuse, Ratten) untersucht. Soll die Substanz wie im Falle eines Sekretaseinhibitors im zentralen Nervensystem aktiv sein, muß gewährleistet werden, daß die Substanz dort auch in ausreichenden Konzentrationen und für eine ausreichende Zeit anwesend ist, was in Abb. 12-3 mit „Stabilität" und „Hirngängigkeit" umschrieben ist. Erst dann kann die Wirkung der optimierten Leitsubstanz in vivo, also im Tier, analysiert werden.

Die hier zusammengefaßten Aktivitäten werden alle im Rahmen der präklinischen Forschung durchgeführt. Ist eine Leitsubstanz mittels der dargestellten „Screeninghierachie" optimiert worden, erfolgen aufwendigere pharmakokinetische Analysen sowie erste toxikologische Studien an Tieren, welche die Ungefährlichkeit der Substanz prüfen. Dies ist Grundvoraussetzung für eine sich anschließende klinische Untersuchung am Menschen, welche sehr zeit- und kostenintensiv ist.

## Literatur

1. Dyrks T, Turner J, Härtel, M (1997) Process for the determination of APP secretase modulators and the use thereof as agents in the treatment of Alzheimer's disease. Internationale Patentanmeldung 51440AWOM1XX00-P
2. Felsenstein, KM, Hunihan, LW, Roberts, SB (1994) Altered cleavage and secretion of a recombinant beta-APP bearing the Swedish familial Alzheimers Disease mutation. Nature Genetics 6:251–256
3. Larner, AJ, Rossor, MN (1997) Alzheimer's disease: towards therapeutic manipulation of the amyloid precursor protein and amyloid $\beta$-peptides. Experiments and Opinions on Therapeutic Patents 7:1115–1127

4. Marx F, Blasko I, Pavelka M, Grubeck-Loebenstein B (1998) The possible role of the immune system in Alzheimer's disease. Experimental Gerontology 33:871–881
5. Mills J, Reiner PB (1999) Regulation of amyloid precursor protein cleavage. Journal of Neurochemistry 72: 443–460
6. Moore CL, Wolfe MS (1999) Inhibition of $\beta$-amyloid formation as a therapeutic strategy. Experiments and Opinions on Therapeutic Patents 9:135–146
7. Selkoe DJ (1998) The cell biology of $\beta$-amyloid precursor protein and presenilin in Alzheimer's disease. Trends in Cell Biology 8:447–453

KAPITEL 13

# Ethische Aspekte randomisierter klinischer Therapiestudien

MATTHIAS VOLKENANDT

Im klinisch-wissenschaftlichen Bereich entscheidet sich die Akzeptanz einer neuen Therapiemodalität an der Durchführung und an den Ergebnissen randomisierter klinischer Therapiestudien (engl. „random" = zufällig). Dies wird auch für gentherapeutische Ansätze gelten. Bei diesen randomisierten Therapiestudien werden Patienten durch ein Zufallsprinzip einer bestimmten Therapieform zugewiesen, beispielsweise entweder der Gentherapie oder einer klassischen Therapie, und im folgenden wird mit statistischen Mitteln erfaßt, bei welcher Patientengruppe ein besseres Behandlungsergebnis eintritt.

Dieses Instrument randomisierter klinischer Therapiestudien hat sich als eines der effizientesten Verfahren zur Erzielung eines sicheren Erkenntnisgewinnes im therapeutischen Bereich erwiesen. Warum kommt ihm diese Rolle zu? Könnte die Wirksamkeit einer neuen Therapie nicht auch anders ähnlich sicher erkannt werden? Dies sei an einem Beispiel aus dem onkologischen Bereich erläutert.

Bei einer bestimmten Tumorerkrankung ist eine Chemotherapie gegeben, die bei etwa 30% der Patienten zu einer Heilung führt. Es ergeben sich nun Hinweise, daß ein neues Medikament oder eine höhere Dosierung des bekannten Medikamentes möglicherweise noch besser wirken und bei vielleicht 40 bis 50% der Patienten zu einer Heilung führen könnte. Andererseits könnte dies auch mit mehr Nebenwirkungen und Risiken verbunden sein. Auf den ersten Blick erscheint es einfach, dies nun wissenschaftlich exakt zu erfassen. Eine Gruppe neuerkrankter Patienten wird nach entsprechender Aufklärung mit dem neuen Medikament oder der erhöhten Dosis behandelt, und der Therapieerfolg wird gemessen. Diese Ergebnisse werden dann mit den bekannten Erfolgsdaten der bisher verwendeten Therapie verglichen. Das klingt zwar einleuchtend, aber dieses Vorgehen ist als wirkliches Instrument des Erkenntnisgewinnes weitgehend untauglich, denn es ist wahrscheinlich, daß systematische Fehler die Ergebnisse in erheblichem Maße beeinflussen.

So ist es z. B. möglich und sogar wahrscheinlich, daß der Behandler bewußt oder unbewußt das neue Medikament oder die höhere Dosis überzufällig häufig gerade jenen Patienten anbietet, die aufgrund von prognostisch günstigen Begleitfaktoren dieses neue Medikament oder die höhere Dosis auch bezüglich möglicher Nebenwirkungen am ehesten vertragen, so z. b. jüngere Patienten oder Patienten mit weniger Begleiterkrankungen. Diese Patienten haben dann eine insgesamt günstigere Prognose, wahrscheinlich auch einen besseren Therapieerfolg, aber nicht wegen der neuen Therapie, sondern wegen anderer Begleitfaktoren. Kurz gesagt ergeben sich hier bessere Ergebnisse nicht wegen besserer Therapie, sondern wegen besserer Patienten im Sinne prognostisch relevanter Begleitfaktoren.

Es gibt viele weitere Möglichkeiten eines solchen systematischen Fehlers. So werden z. B. neue Therapieverfahren oft am ehesten in Universitätskliniken großer Städte entwickelt und erprobt. Könnte nicht allein dies einen Selektionsfaktor bei den Patienten mit sich bringen? Patienten, die im Umfeld der Klinik wohnen oder auch gezielt eine Universitätsklinik aufsuchen, sind vielleicht besonders aktive, motivierte, ja vielleicht auch anderweitig irgendwie bevorteilte Patienten.

Und könnte nicht andererseits auch die bessere Ausstattung einer großen Klinik Vorteile bewirken? Auch hier könnten sich dann bessere Ergebnisse ergeben, aber wiederum nicht wegen einer besseren Therapie, sondern wegen besserer Möglichkeiten der Behandlung vieler Begleitfaktoren der Erkrankung und der durchgeführten Therapieprotokolle. Und könnte es nicht sein, daß eine neue Therapie auch deshalb zu besseren Ergebnissen führt, weil im Vergleich zu früheren Jahren die medizinische Diagnostik und auch die allgemeine Versorgung der Patienten längst besser geworden ist?

Die genannten Beispiele zeigen, wie problematisch es ist, die Wirksamkeit eines neuen Verfahrens oder eines neuen Medikamentes mit den Behandlungsergebnissen des früheren Vorgehens bei früheren Patienten zu vergleichen und sogenannte „historische Daten" als Vergleich heranzuziehen. All dies gilt nicht nur für medikamentöse Verfahren, sondern auch für chirurgische. Falls individuell durch den Arzt oder den Patienten entschieden würde, ob beispielsweise eine kleine Exzision des Tumors oder ein großräumiges Ausschneiden erfolgt, ist auch langfristig kein wirklicher Erkenntnisgewinn bezüglich der Überlegenheit eines bestimmten operativen Vorgehens zu erwarten, weil auch hier individuelle Faktoren, wie Alter und Gesamtzustand des Patienten, die Therapieentscheidung und zugleich auch selbst schon die Prognose beeinflussen.

Ein Erkenntnisgewinn von hoher Relevanz ist jedoch zu erwarten, falls gleichzeitig zwei oder drei Therapien verglichen werden und nun eine randomisierte Zuweisung neuer Patienten zu einer dieser Therapieformen erfolgt, eine sogenannte *kontrollierte, prospektive, randomisierte Therapiestudie*. Der Arzt erklärt dem Patienten, daß für seine Erkrankung zwei unterschiedliche Therapiemöglichkeiten bestehen, wobei es derzeit unbekannt sei, welche der beiden Behandlungen die wirksamere ist. Da dies unbekannt sei, soll nun durch ein Zufallsprinzip entschieden werden, welche Therapie der Patient erhält. Der Patient stimmt diesem Vorgehen zu.

Durch diese zufällige Zuweisung zu einer bestimmten Therapieform gehen individuelle Faktoren, die die Prognose des Patienten unabhängig von der gewählten Therapie beeinflussen, nicht mehr in die Therapieentscheidung ein und werden statistisch in gleicher Weise auf die Therapiearme verteilt. Es geht hier also um die Elimination sogenannter systematischer Fehler soweit wie möglich. Hierdurch wird schließlich nach Behandlung einer ausreichend hohen Anzahl von Patienten in den verschiedenen Therapiearmen der eigene Wert der untersuchten neuen Therapieform in statistisch signifikanter Weise offensichtlich.

Trotz dieser Vorzüge ist es jedoch so, daß gerade dieses weltweit so erfolgreiche Konzept randomisierter Therapiestudien nicht selten auf ganz erhebliche Kritik stößt und mit Mißtrauen in der Öffentlichkeit bedacht wird. Am vehementesten wird hier die Sorge vorgetragen, daß bei der Durchführung von klinischen Studien nun in den Bereich des Vertrauens zwischen Arzt und Patient, in den Bereich der einzigartigen Verantwortung des Arztes für *seinen* Patienten, nun die Interessen und Belange einer sachlich und allein am Fortschritt der Wissenschaft orientierten Medizin hineinbrechen und dieses Verhältnis in all seiner Intimität stören oder sogar zerstören.[4]

Hier wird also zum einen der emphatisch-einfühlsame Arzt gesehen, der allein *seinem* Patienten dienen will und ihm die beste Therapie gibt – und andererseits eine wissenschaftlich orientierte Medizin, die eben nicht so sehr den einzelnen Patienten behandeln, sondern Fragen beantworten will, in der zumindest die Gefahr besteht, daß die Interessen des Patienten hinter den Anliegen einer solchen „Studienmedizin" doch zurückstehen.[5] Überspitzt gibt es hier gelegentlich die Äußerung von Patienten, daß sie angesichts solcher Entwicklungen grundsätzlich ihrem Anwalt mehr vertrauen als ihrem Arzt: „I trust my lawyer more than I trust my doctor!".

In publizierten Befragungen von Ärzten,[8] warum sie keine Patienten in Studien einbringen möchten, wird folgendes am häufigsten genannt: Sie befürchten, daß eine Studie und eine anonyme Randomisationszentrale das persönliche Verhältnis zwischen Arzt und Patient störe; sie möchten nicht zulassen, daß Studieninteressen vor jene der Patienten geraten, sie möchten vielmehr allein *ihrem* Patienten mit der ihrer Meinung nach besten Therapie dienen. Auch mindere die Erklärung des Arztes, daß er letztlich nicht wisse, welche Therapie die bessere sei, die Zuversicht des Patienten in die Fähigkeit seines Arztes und der Medizin, und allein dies sei schon dem Heilerfolg abträglich.

Patienten, die eine Teilnahme ablehnen, sagen etwa, sie wollten nicht der Wissenschaft dienen, sondern gesund werden, und hierin allein dem Arzt ihres Vertrauens vertrauen. Auch könne es doch nicht sein, daß über eine lebenswichtige Therapie durch Zufall, durch einen Würfel oder durch einen Anruf bei einer Randomisationszentrale entschieden werde. All dies entspricht übrigens sehr einem in Westeuropa und viel weniger etwa in den USA vorhandenen Wissenschaftsskeptizismus.

Es ist ein Verdienst solcher Kritik, daß sie wichtige Aspekte unseres Menschenbildes, wie sie auch in unserer Verfassung verankert sind, vor Augen führt.[1, 3, 6] Hierbei geht es insbesondere um die unverletzliche Würde und das Selbstbestimmungsrecht des Einzelnen, wozu auch gehört, daß er nie allein als Mittel zum Zweck gebraucht werden darf, daß also zumindest in unseren westlichen Kulturen eine Ethik, die auf größten Nutzen für die größte Zahl hin ausgelegt ist, eine utilitaristisch-konsequenzialistische Ethik, nicht akzeptabel ist, und daß die Würde und das Selbstbestimmungsrecht des Einzelnen *immer* ein höheres Gut sind, als etwa der wissenschaftliche Fortschritt im allgemeinen.

Andererseits darf diese Kritik nicht dazu führen, daß die Legitimation der Durchführung klinischer Therapiestudien grundsätzlich in Frage gestellt wird. Es würden dann nämlich sehr wichtige Sachverhalte übersehen werden: Ist nicht gerade *der* Arzt, der sich allein auf seine anekdotischen und persönlichen Therapieerfahrungen verläßt, und ist nicht gerade *der* Patient, der sich auf diesen Arzt verläßt, sind nicht gerade diese beiden viel größeren Zufälligkeiten ausgesetzt als sie eine Randomisationszentrale je mit sich bringen könnte?

Eine kasuistische, also einzelfallbezogene, anekdotische Therapieerfahrung des einzelnen Arztes hat kaum Relevanz für die Gesamtbeurteilung eines Therapieverfahrens, insbesondere dann, wenn sie nicht spektakuläre, sondern nur statistisch-prozentual erfaßbare Verbesserungen mit sich bringt. Außerdem erinnert sich jeder, auch der Arzt, am ehesten an kürzer Zurückliegendes.

Die Beobachtung, daß eine neue Therapie bei zwei kürzlich behandelten Patienten viel besser gewirkt habe als eine ältere, etablierte Therapie, diese Beobachtung sagt nur sehr wenig über die Gesamtbedeutung einer neuen Therapie. Etwas überspitzt könnte man sagen, daß ältere Ärzte vielleicht auch deshalb bessere Ärzte sein können, weil bei ihnen das Kurzzeitgedächtnis schlechter funktioniert, und sie sich somit weniger auf unmittelbar gemachte kürzer zurückliegende Therapieerfahrungen verlassen.

Wenn es wirklich so wäre, daß der Patient immer am ehesten von der Therapie der persönlichen Präferenz *seines* Arztes profitieren würde, dann sollte er diese Therapie in der Tat immer bekommen. Aber wirklich zu meinen, daß die Medizin oder gar der einzelne Arzt immer schon und in jeder Situation wirklich wüßten, was denn die beste Therapie sei, ja, zu meinen, daß die beste Therapie sozusagen in der Extrapolation anekdotischer persönlicher Therapieerfahrungen des einzelnen Arztes wirklich gefunden werden könne, das ist doch eher eine naive Überschätzung der Medizin, deren Geschichte voll ist von Beispielen von Therapien, auch gefährlichen Therapien, die die unkritische Akzeptanz nahezu der gesamten ärztlichen Kommunität fanden und die doch gänzlich wirkungslos und nur gefährlich waren.

Zu nennen ist etwa der exzessive Aderlaß, der im vorigen Jahrhundert bei einer Fülle von Erkrankungen, auch Infektionserkrankungen, durch die besten Ärzte der Zeit im besten Wissen und Gewissen, ja bis hin zum Kollaps der Patienten durchgeführt wurde und es dennoch so war, daß die Kranken, wenn sie denn überlebten, dies nicht taten *wegen* der Therapie, sondern *trotz* der Therapie.

Zu denken ist auch an radikale Verfahren der Brustchirurgie bei Brustkarzinomen. Erst sorgfältige randomisierte Studien in den siebziger Jahren, gegen die zunächst heftiger Widerstand entwickelt wurde, konnten zeigen, daß ein radikales Vorgehen in bestimmten Situationen nicht richtig ist und zu keinem Vorteil für die Patientinnen führt, sondern nur zu unnötigen, zusätzlichen Belastungen.

Zunächst ist also zu sehen, daß das ethische Problem kontrollierter klinischer Studien nicht nur in ihrer Durchführung, sondern vielmehr auch im Verzicht auf ihre Durchführung liegen kann, nämlich in der unkritischen Tradierung unangemessener Therapiemodalitäten hinein in weitere Generationen. Eine weitere Gefahr liegt in der unkritischen Akzeptanz neuer Therapiemodalitäten im Enthusiasmus erster anekdotischer Therapieerfahrungen. Sehr große und unmittelbar offensichtliche Fortschritte in der Therapie ohne die Mühen kontrollierter, randomisierter Studien sind sehr selten. Dies war beispielsweise gegeben bei der Einführung von Antibiotika oder von Analgetika. Bei der Gentherapie könnte dies vielleicht einmal bei einzelnen angeborenen Erkrankungen so sein, bei denen bisher keinerlei wirksame Therapie zur Verfügung steht.

Sehr viel häufiger ist jedoch die Konkurrenz einer neuen Therapieform mit bereits bestehenden, aber noch nicht befriedigenden Therapiemöglichkeiten. Im Bereich der Onkologie ist dies die Regel. Hier sind oft nur Verbesserungen der Prognosen um einzelne Prozentpunkte zu erreichen, diese können jedoch erhebliche Auswirkungen für viele einzelne Patienten haben. Solche

Prognoseverbesserungen können jedoch nicht durch die unkontrollierte Therapie einzelner Patienten erfaßt werden, sondern nur im Rahmen prospektiver, randomisierter Studien erkannt werden.

Die oben dargelegten Überlegungen zur Berechtigung und Notwendigkeit randomisierter Therapiestudien sollen jedoch auch nicht einen generellen und unkritischen Studienoptimismus zum Ausdruck bringen. Randomisierte klinische Therapiestudien sind nämlich bei weitem nicht immer und schon aus sich selbst heraus ethisch gerechtfertigt, sondern eine Fülle von ethischen Desideraten sind immer streng zu beachten. Aus der geschichtlichen Erfahrung, welche ungeheuren Verfehlungen und Verbrechen geschehen können, sind grundlegende ethische Forderungen bezüglich einer Forschung am Menschen bereits 1947 nach dem 2. Weltkrieg im Nürnberger Kodex, 1964 in Helsinki und 1975 in Tokio deklariert worden. Es sind dies die zentralen Gedanken von der Würde und dem Selbstbestimmungsrecht des Menschen, der niemals als Mittel zum Zweck mißbraucht werden darf.

Was diese grundsätzlich formulierten Gedanken im Konkreten bei einer bestimmten randomisierten Therapiestudie bedeuten, muß jeweils in mühsamer Detailarbeit durch die forschende Gruppe erarbeitet und durch die Ethikkommissionen kontrolliert werden. Jedes Forschungsvorhaben wird in einem sogenannten Therapieprotokoll ausführlich und detailliert beschrieben. Ausführliche und auch für den Laien verständliche Aufklärungsschreiben werden verfaßt und den Patienten vorgelegt. Unabhängige örtliche und überregionale Ethikkommissionen entscheiden über die Zulässigkeit des in Aussicht genommenen Forschungsvorhabens.

Ohne die Zustimmung solcher Ethikkommissionen wird ein klinisches Forschungsvorhaben kaum durchführbar sein. Wichtig ist, daß die Frage der ethischen Rechtfertigung einer Studie sich immer am Beginn und nie am Ende einer Studie entscheidet. Kein noch so wichtiges Ergebnis kann eine unethische Studie sozusagen vom Ende her ethisch rechtfertigen, eben weil gewisse Attribute des Menschen, wie Würde und Selbstbestimmungsrecht, immer gelten und nie utilitaristisch im Blick auf ein noch so nützliches Ziel hin eingeschränkt werden dürfen.

## Ethische Forderungen an klinische Therapiestudien

1. Grundvoraussetzung ist die wissenschaftliche Richtigkeit und Wichtigkeit, die Vernünftigkeit der Studie. Eine wissenschaftlich unrichtige oder unwichtige Studie, eine unvernünftige Studie ist unethisch, weil sie ungerechtfertigterweise Risiken und Kosten mit sich bringt. Die Möglichkeit der Wirksamkeit der zu untersuchenden Therapie muß durch vernünftige theoretische Überlegungen und experimentelle Daten begründet sein. Anders als in Bereichen der Grundlagenwissenschaften oder der Kunst muß ein unmittelbares, konkretes und ausreichend wichtiges Ziel Gegenstand der Untersuchungen sein, z. B. eine Prognoseverbesserung bei Tumorerkrankungen. Therapiestudien ohne zu erwartenden Erkenntnisgewinn in einem wichtigen Bereich (*L'art pour l'art*) sind nicht gerechtfertigt.
2. Erforderlich sind die freie Zustimmung des Patienten sowie die Möglichkeit zum jederzeitigen Widerruf. Hierzu gehört ganz wesentlich der ernsthafte Versuch einer wirklichen Aufklärung des Patienten. Hier müssen die therapeutischen Möglichkeiten, die bekannten Risiken und Nebenwirkungen der etablierten, wie auch der zu prüfenden neuen Therapieform so verständlich wie möglich erklärt werden. Den meisten Patienten wird man in verständlichen Worten eine gewisse Vorstellung auch von molekularen Gegebenheiten, von Viren und Vektoren und vom Konzept einer Gentherapie sowie ihren denkbaren Gefahren vermitteln können, ganz genauso, wie das auch bei Chemotherapien möglich ist.
3. In randomisierten Therapiestudien darf für keinen Arm, also für keine der Alternativen, a priori ein voraussehbarer Vorteil oder Nachteil gegeben sein. Diese sogenannte Nullhypothese ist wichtige Voraussetzung für jede Rechtfertigung einer Randomisierung. Das bedeutet auch, daß keinem Arm eine schon verfügbare wirkungsvolle Therapie vorenthalten werden darf, wie dies etwa in einem besonders krassen Fall in einer Syphilisstudie in Tuskegee in Alabama in den USA geschah. Dort wurde bis 1972 (!) einer Gruppe von an Syphilis Erkrankten jede antibiotische Therapie vorenthalten, um den natürlichen Verlauf der Syphilis zu studieren.[2]

Wo etwa in der Onkologie bei bestimmten Tumoren eine zwar verbesserungswürdige, aber doch teilweise wirkungsvolle Therapie zur Verfügung steht, muß diese oder eine vergleichbare Therapie gegeben werden, und die neue zu untersuchende Therapie muß nach bestem Wissen einen zumindest vergleichbaren Nutzen erbringen. Wenn ein Arzt in einer heutigen Studie von der Richtigkeit der Nullhypothese einer Studie nicht überzeugt ist, dann sollte er in der Tat keine Patienten in diese Studie einbringen; er muß dann ethisch so handeln.

Dies heißt aber natürlich nicht, daß er damit auch fachlich und medizinisch recht hat. Aufgrund der festen Überzeugung, daß die chirurgische Entfernung der gesamten Brust (die radikale Mastektomie) bei Patientinnen mit Brustkarzinomen einer konservativen Chirurgie überlegen sei, haben viele Ärzte ihre Patientinnen den damals durchgeführten vergleichenden Studien nicht zugeführt. Dennoch zeigte sich, daß die radikale Mastektomie als generelle Therapieempfehlung medizinisch falsch ist und in bestimmten Situationen zu keiner Prognoseverbesserung beiträgt, sondern nur zusätzliche Morbidität für die Betroffenen mit sich bringt.

Sobald im Verlauf einer Studie die Nullhypothese nicht mehr gegeben ist, sich also ein Arm als vorteilhaft erweist, ist die Studie zu beenden. Entscheidend zu werten sind hierbei Ergebnisse mit statistischer Signifikanz. Ein zu früher Abbruch einer Studie ist problematisch. Geschieht der Abbruch bereits zu einem Zeitpunkt, an dem lediglich Tendenzen erkennbar sind, die sich dann aber bei vorzeitigem Abbruch doch als nicht signifikant erweisen, kann dies die gesamte Studie invalidieren, wodurch dann keinerlei Erkenntnisgewinn erreicht wurde. Diese Notwendigkeit der Fortsetzung einer randomisierten Therapiestudie bei präliminären, also vorläufigen und statistisch nicht signifikanten Ergebnissen stellt ein grundsätzliches Problem von ethischer Relevanz dar, für das keine einfachen Lösungen bestehen.

Für den einzelnen Patienten besteht zweifelsohne eine Präferenz für eine Therapieform, die möglicherweise von Vorteil ist, auch wenn dies noch nicht statistisch signifikant gezeigt wurde. Auch Alltagsentscheidungen werden nicht immer aufgrund signifikanter Daten oder gar Sicherheiten getroffen, sondern

vielfach aufgrund von vagen Wahrscheinlichkeiten. Ein Lösungsansatz dieses Problems besteht darin, im Aufklärungsgespräch die geplante Fortsetzung der Studie bis zum Erreichen statistisch signifikanter Ergebnisse und den Verzicht auf Mitteilung erster Tendenzen zu besprechen und dies in die Zustimmung des Patienten miteinzubeziehen.
Treten unerwartete Nebenwirkungen der untersuchten Therapie auf, muß selbstverständlich eine sofortige Neuevaluation der Nullhypothese und gegebenenfalls der Abbruch der Studie erfolgen.

4. In der Anlage der Studie müssen alle wichtigen Therapieinteressen des Patienten umfassend Berücksichtigung finden. Eine erfolgreiche Therapie ist ja nicht nur jene, die Lebensquantität vermehrt, sondern ebenso auch jene, die zugleich auch Lebensqualität verbessert. Das gilt insbesondere bei schwerster und fortschreitender Krankheit, etwa einer fortgeschrittenen Tumorerkrankung. Dies findet zunehmend Beachtung und auch Eingang in die Evaluationskriterien einer Studie. Im gentherapeutischen Bereich wird dies aufgrund der bisher absehbaren Nebenwirkungsarmut eher ein positives Argument und Kriterium sein.

5. Im Gespräch mit einem Patienten über eine mögliche Teilnahme an einer Therapiestudie muß sorgfältig und einfühlsam gesprochen und formuliert werden. Von der Aufklärung von Patienten mit malignen Tumoren ist die Wichtigkeit des Gespräches bekannt, die fast performative, wirklichkeitsgestaltende Kraft der Sprache. Es ist bekannt, daß die Art und Weise der Vermittlung der Diagnose ganz wesentlich dazu beiträgt, ob und wie diese Diagnose ertragen werden kann.[9] Auch bei klinischen Studien wird die Art und Weise, wie mit dem Patienten im Aufklärungsgespräch gesprochen wird, sehr dazu beitragen, ob der Patient spürt, daß hier genauso wie an der Wissenschaft auch ein Interesse an ihm und seiner Therapie gegeben ist.

Es ist also ein Unterschied, etwa bei einem Patienten nach chirurgischer Entfernung eines primären Melanoms bezüglich einer Therapiestudie zu einer adjuvanten, also vorbeugenden Behandlung nur zu sagen, vielleicht etwas überzogen ausgedrückt: „Es können bei Ihnen später noch Metastasen auftreten, und wir wollen an Ihnen ausprobieren, ob da irgend etwas vorbeugend hilft", oder zu sagen: „Die weltweit bestmögliche Therapie, die chirurgische Exzision, haben Sie erhalten nach allen Regeln der Kunst. Wir bemühen uns nun, hier an der Universität weitere Therapien zu finden, die vielleicht darüber hinaus hilfreich sind, und obwohl wir noch nicht wissen können, ob sie wirklich helfen, würden wir sie Ihnen gerne geben. Dies könnte Ihnen und auch späteren Patienten helfen."

Ich denke, daß in solchen und ähnlichen Versuchen das Wort „Studie" auch seine negativen Konnotationen und Implikationen vom „Ausprobieren" verlieren kann und in seiner eigentlichen und auch sprachgeschichtlich richtigen Bedeutung wieder erscheinen kann, nämlich jene vom „Bemühen" (von lat. „studere" = sich ernsthaft um etwas und um jemanden bemühen). In einem ernsthaften Gespräch kann vermittelt werden, daß ein gutes Studienprotokoll einen hohen Standard an medizinischer Versorgung für den einzelnen Patienten darstellt, nicht selten einen höheren Standard als jener in einer völlig individualisierten Therapiesituation.[7] Darüber hinaus kommt möglicherweise sogar eine verbesserte Therapie für den Patienten zur Anwendung. Neben seinem Beitrag zum Erkenntnisgewinn im allgemeinen ist dies für den Patienten ein konkreter, wichtiger und nachvollziehbarer Vorteil.

Die immer gegebene zweifache Aufgabe des Arztes, nämlich dem einzelnen Kranken und auch dem Fortschritt der Medizin insgesamt zu dienen,[1] diese zweifache Aufgabe weist zwar Gefährdungen auf, sie muß aber sicher nicht notwendigerweise in ein Dilemma und in unlösbare Widersprüche geraten lassen.[5] Die oft medizinkritisch gezeichnete Dichotomie, die scharfe Trennung zwischen dem fürsorgenden Arzt und dem wissenschaftlich orientierten Mediziner, diese Trennung trifft so gar nicht zu. Übrigens entspräche eine solche Trennung auch in keiner Weise der sprachgeschichtlichen Bedeutung des Wortes Medizin, welches der Wurzel „med" entstammt. Diese stammt aus dem Indogermanischen und bedeutet: gehen, wandern, abschreiten, abmessen. Aus dem griechisch-lateinischen Sprachbereich ist „meter; meditari" (meditieren) bekannt; es bedeutet geistiges Abmessen oder Abschreiten. Gerade der „Medicus" erscheint also nicht als technischer „Macher", sondern als klug abmessender Ratgeber. Auch von hierher kann also die *eine* Medizin in ihren *beiden* Anliegen verstanden werden, nämlich sowohl im Bemühen um den einzelnen Patienten, wie auch im Versuch, durch Messen und Abmessen dem Fortschritt der Heilkunde insgesamt zu dienen. Zu beiden wird, wie sehr zu hoffen ist, auch die Gentherapie Wesentliches beitragen.

## Literatur

1. Atzpodien J (1995) Ethische Aspekte der Studienmedizin. Zeitschrift für medizinische Ethik 41:185–189
2. Caplan AL (1992) Twenty years after – the legacy of the Tuskegee syphilis study. Hastings Center Report 22:29–32
3. Giertz G (1980) Ethics of randomised clinical trials. Journal of Medical Ethics 6:55–57
4. Gifford F (1986) The conflict between randomized clinical trials and the therapeutic obligation. Journal of Medicine and Philosophy 11:347–366
5. Hellman S, Hellman DS (1991) Of mice but not men – problems of the randomized clinical trial. New England Journal of Medicine 324:1585–1589
6. Levine RJ (1993) Ethics of clinical trials. Cancer 72:2805–2810
7. Stiller CA (1989) Survival of patients with cancer – those included in clinical trials do better. British Medical Journal 299:1058–1059
8. Taylor KM, Margolese RG, Soskolne CL (1984) Physicians' reasons for not entering eligible patients in a randomized clinical trial of surgery for breast cancer. New England Journal of Medicine 310:1363–1367
9. Volkenandt M (1995) Zur ärztlichen Aufklärung von Patienten mit malignen Melanomen. Aktuelle Dermatologie 21:182–187

KAPITEL 14

# Genforschung und Gentechnik: Hexenwerk oder Schöpfungsauftrag? – Ein Zwischenruf von Ethik und Theologie

KARL LEHMANN

Die literarische Behandlung der Probleme von Genforschung und Gentechnik ist unübersehbar geworden. Das Risiko ist also nicht unerheblich, als ein Laie in Sachen Genforschung nicht genügend informiert zu sein. Ich will es dennoch wagen. Vielleicht wird dadurch auch deutlich, warum es nur ein „Zwischenruf" sein kann.

## Spannungsreiche Ausgangslage

Innerhalb der Genforschung im weitesten Sinne arbeitet die Gentechnik seit einigen Jahrzehnten mit bestimmten Verfahren. Darunter kann man alle Verfahren verstehen, die helfen können, DNA-Moleküle aus lebenden Zellen zu isolieren und im Reagenzglas in einzelne Fragmente zu zerlegen, um sie anschließend neu zusammenzusetzen und als sogenannte rekombinierte DNA in neue Zusammenhänge, das heißt Empfängerzellen, zu überführen, in denen sie auf neue Weise biologisch aktiv werden.[1]

Das neu kombinierte Erbmaterial kann in anderer biologischer Umgebung vermehrt werden. Da im Prinzip mit jeder teilungsfähigen Zelle gearbeitet werden kann, ist von der Gentechnik alles, was lebt, betroffen, von den Bakterien bis hin zu den menschlichen Zellen.[2]

Gegenüber dieser mehr neutraleren Bezeichnung Gentechnik wird nicht selten auch das freilich negativ eingefärbte Wort „Genmanipulation" verwendet, das eine undurchsichtige Machenschaft insinuiert oder eine Beeinflussung von Menschen ohne deren Wissen oder auch gegen deren Wollen unterstellt. Die gewollte Veränderung der gesamten Erbanlagen, also des Genoms eines Lebewesens, die Übertragung von Genen in fremde Organismen sowie die gezielte Veränderung von Strukturgenen mit den Steuerelementen wird grundlegend abgelehnt, ganz besonders hinsichtlich der Veränderung von Pflanzen und Säugetieren, speziell auch in der Gendiagnostik und Gentherapie des Menschen.

Der Begriff Genmanipulation bringt auch die Sorge um die ökologischen Folgen der Freisetzung gentechnisch veränderter Organismen, vor allem von transgenen Bakterien und Pflanzen, zum Ausdruck. Diese Besorgnis wird übersteigert durch den Begriff „GenGAU", mit dem vor allem die Angst vor einer Nichtrückholbarkeit transgener Organismen bezeichnet wird, besonders wenn ihre Freisetzung sich schädlich oder gar unwiderruflich negativ auf den Naturhaushalt auswirken würde.[3]

Die Diskussion um Nutzen und Risiken der Gentechnik hat bis heute zu einer erheblichen Emotionalisierung beigetragen, selbstverständlich auch bis in die Sachbegriffe hinein. Hier gibt es enthusiastische Erwartungen, als ob der achte Tag der Schöpfung angebrochen sei, als habe der Schöpfer nach der wohlverdienten Ruhepause die Phase der notwendigen Wartungs- und Reparaturarbeiten dem Menschen übertragen. Der Mensch verwaltet nicht nur kompetent Gottes Schöpfung, sondern er entwickelt sie auch weiter, indem er ihre Fehler ausmerzt.

Im Anschluß an diese Überzeichnung ist die Gentechnik auch oft als das Rezept im Kampf gegen Welthunger und Krankheiten angepriesen worden. Industrieunternehmen flechten solche Globalziele in ihr Marketing und in ihre Werbebroschüren ein. Andere sehen in der Gentechnik den Zauberlehrling am Werk, der am Ende seine eigenen Werke nicht mehr beherrscht. Man fordert deshalb Forschungsverbote. Die Gentechnik erscheint als typisches Teufelswerk. Man plädiert dafür, jede Anwendung der Gentechnik zu stoppen. Gentechnikgegner scheuen gelegentlich auch vor zerstörerischer Gewalt nicht zurück.

So sehr auf der einen Seite wenig Gespür erkennbar ist für die verschiedenen Problem- und Gefahrenkomplexe und ein unbeirrbarer Glaube an den erwarteten Fortschritt dafür auch eher die Wahrnehmung trügt, so sehr verteufelt auf der anderen Seite eine radikal negative Kritik die neuen Verfahren, mit denen die Technik der angeschlagenen Natur den Todesstoß versetze.

Wer sich mit der Sache befaßt, muß sich dieser spannungsreichen Ausgangslage stellen. So ist ein methodisch geschärftes Bewußtsein gefordert, das sich immer wieder des eigenen denkerischen Instrumentariums gründlich vergewissert und sich auch über die Grenzen der eigenen Kompetenz im klaren ist.

Das Gentechnikgesetz der Bundesrepublik Deutschland in der Fassung vom 16.12.1993 formuliert im ersten Teil den Spielraum, den es auszuloten gilt. Der Zweck des Gesetzes ist:

„1. Leben und Gesundheit von Menschen, Tieren, Pflanzen sowie die sonstige Umwelt in ihrem Wirkungsgefüge und Sachgüter vor möglichen Gefahren gentechnischer Verfahren und Produkte zu schützen und dem Entstehen solcher Gefahren vorzubeugen und

2. den rechtlichen Rahmen für die Erforschung, Entwicklung, Nutzung und Förderung der wissenschaftlichen, technischen und wirtschaftlichen Möglichkeiten der Gentechnik zu schaffen".[4]

## Die doppelpolige Anlage des Menschen

Ethiker können in philosophischer und theologischer Hinsicht zunächst nur dann eine sachgemäße Antwort vorbereiten, wenn sie den Ort des handelnden Menschen im Kosmos vermessen. Ich darf dies hier in einer zwar etwas vereinfachten, aber dennoch verläßlichen Weise versuchen. In den beiden Schöpfungserzählungen am Anfang der Bibel geht es vor allem um zwei Aussagen. Mit Recht finden wir heute die Formulierungen über den Herrschaftsauftrag des Menschen (vgl. Gen 1, 26, 28), nämlich zu unterwerfen und zu herrschen, als massive Ausdrücke. Sie sind es auch. Aber diese Begriffe kommen aus einer Welt, in der es dem Menschen im Gegenüber zum Beispiel zum Tier und zu den Naturgewalten um das nackte Überleben ging und eine Verfügungsmacht des Menschen über die Natur, wie wir dies heute erfahren, schlechterdings nicht vorstellbar war.

Man darf in Begriffen wie „unterwerfen" und „herrschen" nicht von vornherein ausbeuterische Elemente hineinlesen und die Bibel für den Raubbau an der Schöpfung verantwortlich machen, wie es immer wieder geschieht. Die Schrift muß gewiß in ihrem eigenen Sinn, aber auch aus dem Kulturverständnis ihrer Zeit und im Horizont unseres Weltverhältnisses verstanden werden. Zum damaligen Begriff von „herrschen" gehört zum Beispiel ebenso die Verantwortung für die dem Herrscher übereigneten Geschöpfe. So wird auch zum Beispiel das Zähmen der Tiere für den Umgang mit ihnen im eigenen Haus verstanden.

Von da aus ist es kein großer Schritt zum Züchten, mit dem man eine Verbesserung gewisser Eigenschaften zu erreichen versucht. Der Mensch nützt bei aller Steigerung seiner Möglichkeiten in der Gentechnik ja auch Mittel und Wege, die die Natur selbst zu erkennen gibt.

Noch deutlicher wird dieser Hintergrund in der Bestimmung des Menschen in der zweiten Schöpfungserzählung (vgl. Gen 2,4b-25), daß Gott den Menschen in den Garten von Eden, das heißt das Paradies, gesetzt habe, „damit er ihn bebaue und hüte" (2, 15). Beides gehört offenbar unscheidbar zusammen: Das Bebauen im Sinne des Pflügens und Umgestaltens, des Konstruierens und des Erzeugens, der Nutzung aller schöpferischen Möglichkeiten des Entwerfens. Hier ist auch der Gebrauch technischer Hilfen nicht ausgeschlossen. Zugleich ist der Mensch jedoch das Wesen des Hütens, das heißt des Bewahrens und des Schonens, des Pflegens und des Hegens der natürlichen Lebensbedingungen.

Dies steht gegen einen verzehrenden und zerstörerischen Umgang des Menschen mit der Natur. Das Verhältnis zwischen beiden Dimensionen ist nicht festgelegt. Aber es gibt keine menschliche Tätigkeit, die nicht durch beides bestimmt wäre. Der Mensch ist nie nur „Natur", die ihn umhüllt und birgt, verwöhnt und in einer naiven Symbiose mit allem, was lebt, hält. Er ist bei aller tiefen Angewiesenheit auf das, was ihm – auch in der Gentechnik – von Natur aus vorgegeben ist, immer auch ein Wesen der Kultur, wozu in diesem Sinne auch die Technik gehört. Es wäre romantisch und am Ende nur schädlich, wenn man den Menschen nicht in diesem Zusammenhang in seiner doppelpoligen Anlage sehen würde.[5] Weil es sich also um eine grundlegende anthropologische und fundamentale Kategorie handelt,[6] sind auch und gerade die Genforschung und die damit einhergehende Gentechnik davon normiert.

## Die Frage nach der ethischen Ermächtigung

Die Frage, die den Ethikern in diesem Zusammenhang immer wieder gestellt wird, heißt: Darf der Mensch überhaupt so weitgehend in die Natur eingreifen, wie ihm dies durch die Gentechnologie ermöglicht wird? Maßt der Mensch sich hier eine Kompetenz an, die ihm nicht zukommt? Diese Frage ist auch deshalb unverzichtbar, weil in diesem Bereich Forschung und Anwendung zwar durchaus zu unterscheiden, aber kaum voneinander zu trennen sind. In diesem Sinne ist auch eine ständige Kontrolle dieses Zusammenhangs, der auch noch wirtschaftliche Perspektiven einschließt, notwendig.

Die Frage läßt sich nicht nur dadurch beantworten, daß man darauf hinweist, die Gentechnik sei eigentlich nur der durch menschlich-technische Eingriffe erfolgende Nachvollzug der sich selbst verändernden Natur. Man weist auf die Züchtung von Hefen, Pilzen und Bakterien hin. Gewiß ist eine solche Verfahrensweise nicht schon deshalb ethisch unzulässig, weil hier vom Menschen bewußt die Mittel und Wege aufgenommen werden, die die Natur selbst preisgibt. Zweifellos finden alle jene Versuche hier eine Grenze, die die grundlegende Identität des Menschen anstreben oder zur Folge haben.

Diese Grenze ist im Begriff der Menschenwürde ethisch und rechtlich angezeigt. Jeder Mensch ist ein menschliches Wesen kraft seines Geistes, der ihn von der umgebenden Natur abhebt und ihn aus eigener Freiheit dazu befähigt, sich seiner selbst bewußt zu werden, sich selbst zu bestimmen und sich sowie seine Umwelt zu gestalten. Dies hat auch Auswirkung auf die Leiblichkeit als symbolischer Ausdruck dieser Menschenwürde. Dabei kann diese Würde nicht einfach von der Leistung des Menschen her abhängig gemacht werden, übrigens auch nicht von seinem aktuellen (Selbst)bewußtsein. Die Menschenwürde beruht auch nicht einfach auf einem „Werterlebnis", sie ist unauflöslich mit dem menschlichen Subjekt verknüpft und in diesem Sinne unabhängig von einzelnen Akten vorgegeben.[7]

Hier ist zweifellos eine der Natur selbst innewohnende und auch ethische Zäsur zwischen den nichtmenschlichen Lebenssubstanzen und den Menschen gegeben. Aus diesem Grund darf eine Person mit Vernunftnatur nie zum Mittel eines Zwecks erniedrigt werden. Eine solche Verletzung der Wesensidentität würde durch jene gentechnischen Verfahren erfolgen, die eine gezielte Veränderung an der Erbsubstanz des Menschen zur Voraussetzung oder zur Folge haben. Speziell ist diese Grenze auf jeden Fall bei der Veränderung der Erbinformation von Keimbahnzellen einschließlich der Keimbahntherapie gegeben. Hier besteht eine hohe Übereinkunft, die auch gesetzlich verbindlich ist.[8]

Wenn man diese grundsätzliche Grenzlinie respektiert, kann man mit J. Reiter die These vertreten: „Das christliche Menschenbild wie auch das für das Grundgesetz maßgebliche (Menschenbild) verbieten nicht jeglichen Eingriff in die Evolution. Als geistbegabtes Wesen darf und soll der Mensch seine Umwelt im Rahmen des Steuer- und Kontrollierbaren gestaltend verändern. Er soll schöpferisch sein, aber nie vergessen: Der Schöpfer ist er nicht."[9]

In der Tat zeigt sich, daß die Gentechnik – wie schon angedeutet – in vielen Bereichen Wege der Natur nachvollzieht, indem sie diese freilich verkürzt und rationalisiert. Nicht selten hat man auch den Eindruck, daß dieses Argument des bloßen Nachvollzugs natürlicher Bedingungen etwas beschönigend wirken soll. Es klingt nicht selten zu apologetisch. Denn auch wenn manches tatsächlich eine Form der Imitation der Natur sein mag, so entsteht einerseits der Eindruck, nun etwas Sinnvolleres und möglichst Fehlerfreies planen zu können; und anderseits wird man zweifellos sagen, daß Organismen erzeugt werden, deren genetisches Material in einer Weise verändert worden ist, wie sie unter natürlichen Bedingungen durch Kreuzen oder natürliche Rekombination kaum vorkommt.

Gerade in diesem Zusammenhang entsteht das Problem der Risikoabwägung. Die Einstufung eventueller Gefahren erfolgt vielfältig und ist auch umstritten. Die Diskussion zwischen einem additiven und einem synergistischen Modell zeigt dies. Die einen setzen auf das pathologische Risiko der Einzelelemente, die anderen sehen das Risiko eher in den komplexen Interaktionen zwischen den bearbeiteten genetischen Elementen und dem verwendeten Wirtsorganismus.

Eine immer wiederholte Schwierigkeit ist der Einsatz gentechnologisch manipulierter Organismen in der freien Natur im Rahmen sogenannter Freisetzungsexperimente. Es geht hier um Organismen, die Vorteile haben gegenüber den Organismen, die klassischer Züchtung entsprechen. Manchmal sind diese Neuzüchtungen auch durch gänzlich neue Eigenschaften bestimmt. Gewiß spielen hier viele Elemente eine Rolle: Überlebensfähigkeit des Organismus, die genetische Stabilität, das Vermehrungspotential; das Maß der Rückholbarkeit; die Chancen der Übertragung des Organismus an einen anderen Ort; der Einfluß auf das Ökosystem. Nicht wenige Wissenschaftler räumen ein, daß zur Zeit nicht alle Aspekte wissenschaftlich ausreichend aufgehellt werden können.

„Trotz aller Möglichkeiten, die die verschiedenen Verfahren des biologischen Containments bieten, muß beachtet werden, daß noch viel zu wenig über die ökologischen Konsequenzen bekannt ist, die in Einzelfällen mit einer Freisetzung von Organismen im Großmaßstab verbunden sein könnten. Wegen der großen biologischen Unterschiede zwischen Mikroorganismen, Pflanzen und Tieren, liegt es auf der Hand, daß mögliche Risiken völlig unterschiedlich und in jedem Einzelfall für sich bewertet werden müssen. Selbst wenn es jedoch eine Wissenschaft einer allgemeinen, vorausschauenden Ökologie gebe, könnte angesichts der Komplexität ökologischer Systeme die Frage, ob eine einzelne, nach dem jeweiligen Kenntnisstand im Detail untersuchte Anwendung nicht möglicherweise doch mit unvorhersehbaren und nachteiligen Folgen für die Umwelt behaftet ist, nicht beantwortet werden. Dies ist jedoch keine neuartige Problematik, die erst als Folge der Anwendung gentechnologischer Verfahren auftritt, und sicher auch keine Problematik, die grundsätzlich neuartige ethisch-moralische Probleme aufwirft; eine ähnliche Unsicherheit gilt für alle Arten von Eingriffen, bei denen Organismen in einen für sie fremden Biotop eingeführt werden."[10]

Offensichtlich handelt es sich bei der Frage der Abwägung zwischen Chancen und Risiken der Gentechnologie um noch ganz andere Fragen.

„Die aus wissenschaftlicher Sicht mit Abstand bedeutsamste Problematik der Gentechnologie ist weder ökonomischer noch ökologischer Natur, sondern die Frage nach der Handhabung von erbgutbezogenen Daten. Genetisch diskriminiert wurde und wird zwar auch heute schon ohne Rücksicht auf die Erkenntnisse der Genomforschung, aber die Anwendung gentechnologischer Verfahren verschärft die Problematik durch die Masse dessen, was diagnostizierbar geworden ist und noch sein wird, ohne daß Behandlungsmethoden in Sicht sind. Die Kluft zwischen Diagnostizierbarem und Therapierbarem wird sich noch in diesem Jahrzehnt in einem erschreckenden Ausmaß vergrößern. Unser rapide anwachsendes Wissen über die genetische Ausstattung des Menschen macht in schmerzhafter Weise deutlich, daß nicht alle Menschen gleich sind und daß sie es trotz aller sozialpolitischer Anstrengungen um Chancengleichheit nie waren und sein werden. Wenn es also eine besonders schwerwiegende ethische Problematik im Zusammenhang mit der Gentechnik gibt, dann liegt sie hier."[11]

Hier sind viele Anschlußprobleme gegeben, die hier nicht behandelt, aber wenigstens gestellt werden sollen, und zwar für den einzelnen und die Gesellschaft:
- Wieviel Vorauswissen tut dem Menschen gut?
- Wieviel Vorauswissen bei schwer hinzunehmenden Grenzen, bei lebenslangen Belastungen, bei erst später ausbrechenden Krankheiten und bei unheilbaren und unheilvollen Verläufen soll und kann man dem Menschen zumuten? Man müßte dies im Zusammenhang der pränatalen Diagnostik, aber auch der Genomanalyse erläutern.[12]
- Übernimmt der Mensch sich nicht, wenn das biologische Schicksal frühzeitig und oft für ein ganzes Leben lang aufgedeckt werden kann?
- Wird der Mensch die Verantwortung tragen, die ihm hier aufgeladen wird? Man muß Hans Jonas nicht in allem zustimmen, aber seine Frage, ob es nicht auch gut ist, für das Nichtwissen zu optieren, muß uns mehr beschäftigen.

Die Frage nach den Risikoabsicherungen ist schwerwiegend. Ich habe das Empfinden, daß es heute etwas leichter geworden ist, darüber auch öffentlich zu sprechen. Von wissenschaftlicher Seite her wird offener über ungelöste Fragen gesprochen. Auf der anderen Seite erkennt man mehr, daß es sich zunächst um abstrakte Gefahren im Sinne reiner Möglichkeiten dreht. Es gibt eine hohe Möglichkeit diese Gefahren durch Technikfolgenabschätzung, Risikoabsicherung und durch technische Auflagen in den Griff zu bekommen.

„Möglichen Mißbräuchen kann begegnet werden durch intensive öffentliche Diskussion über Mittel und Möglichkeiten der

Gentechnologie sowie über die kulturellen und sittlichen Normen, gemäß denen wir den Technikgebrauch steuern und beherrschen. Abstrakte Gefahren rechtfertigen kein absolut präventives Verbot. Freiheit und Fortschritt beinhalten immer auch das Risiko."[13] Gewiß gibt es in unserer Gesellschaft einen manchmal fast krankmachenden Hang zu absoluter Sicherheit und Perfektion. Angesichts der Tatsache, daß es aber auch um die Gefahr einer Nichtrückholbarkeit von schädlichen Vorgängen geht, darf man diese Sorge um die Sicherheit nicht einfach einem unbedachten Perfektionismus gleichsetzen.

## Resultat: Bedingte Zustimmung

Unter diesen Voraussetzungen scheint es mir kein hinreichendes Argument für ein Verbot der Gentechnologie zu geben. Dieses Ja sehe ich jedoch als eine *bedingte Zustimmung*, die sehr sorgfältig zu realisieren ist. Legitimität dieser Forschung bedeutet nicht ihre Schrankenlosigkeit. Die Forschungsfreiheit findet überall dort ihre Grenze, wo ein höheres Gut tangiert wird. Dabei ist nicht nur mit Recht auf die auch im Grundgesetz verankerte Forschungsfreiheit zu achten (vgl. Art. 5 GG), sondern auch auf die Gefahr, daß gerade in diesem Gebiet gentechnologische Erkenntnis und praktische Anwendung, Forschung und wirtschaftliche Interessen nicht immer leicht zu unterscheiden sind. Gerade weil die Neuschöpfung der Natur durch die Gentechnologie ermöglicht wird, ist hier eine besondere ethische Sensibilität auszubilden, um die Schranken nicht zu übersehen.

Das prinzipielle, aber bedingte Ja ist in diesem Bereich nicht mit einer apriorischen, im voraus geltenden, pauschalen Zustimmung zu verwechseln, die eine abstrakte Gesamterlaubnis für den ganzen Bereich erteilt. Vielmehr ist es notwendig, besonders wenn die Gentechnik Neuland betritt, Schritt für Schritt sich zu fragen, ob ein Weitergehen erlaubt ist. Die Ethik muß sich sozusagen immer auch in den Verfahrensgang hineinbegeben und gleichsam empirisch die Resultate in Augenschein nehmen. Insofern läßt sich das bedingte Ja immer erst im Fortgang der Untersuchungen konkret realisieren und verifizieren. Dies geht gut einher mit dem, was über die möglichen negativen Folgen gentechnologischen Handelns gesagt worden ist, besonders wenn diese nur schwer oder gar nicht aufzuhalten oder zu korrigieren sind.

Es scheint mir, daß hier eine viel engere ständige Zusammenarbeit zwischen den Gentechnologen und den Ethikern notwendig ist. Ohne empirische Informationsbasis hängt vieles ethisch in der Luft. Die hoch spezialisierte Forschung kann sich jedoch nicht einfach selbst legitimieren.

Auf diese grundsätzliche Beurteilung und die Notwendigkeit eines Mitgehens kommt es an.

„Der Mensch darf also gentechnologische Forschung betreiben und gentechnologisch Neues schaffen. Allerdings würde es dem christlichen Menschenbild widersprechen und die Menschenwürde treffen, wenn es durch die Gentechnologie aufgrund konkreter Gefahren einerseits zu nicht mehr steuer- und kontrollierbaren Folgen und andererseits zu einer vollendeten Wirklichkeit kommen würde. Gentechnologische Eingriffe sollten darum auch Wege der Korrektur und Umkehr offenlassen."[14]

Vor diesem Hintergrund müßte nun ein Durchgang durch die wichtigsten Anwendungsbereiche erfolgen. Ich halte diese Unterscheidung zwischen einer grundsätzlichen Beurteilung und der Betrachtung der einzelnen Anwendungsbereiche für unbedingt notwendig, um auch Kriterien und Unterscheidungsmerkmale formulieren zu können. Da auch die Auswirkungen und Risiken in den einzelnen Bereichen, ja sogar in den einzelnen Situationen sehr verschieden sind, ist eine solche doppelte Betrachtung unerläßlich.

Nun ist es im Rahmen dieses Kapitels nicht möglich, alle Anwendungsbereiche anzugehen. In dieser Ringvorlesung wurden bereits viele Themen behandelt.

Die einfachsten Exempel sind die Probleme der Pflanzenzüchtung, der Verteilung der genetischen Vielfalt und der Gentechnologie in der Tierzüchtung. Die Chancen und Risiken verteilen sich in einem sehr engen Raum, wie man etwa bei den Viren, aber auch in vielen Formen der Gentherapie erkennen kann. Viele neue Fragen stehen an, wie die Patentierung von Lebewesen beziehungsweise Genen. Das Gelingen einiger Forschungsvorhaben, wie zum Beispiel im Blick auf die Alzheimer-Krankheit, wäre ein unvorstellbarer Gewinn.

Eigens erwähnt werden soll vor allem das „Humangenomprojekt".[15] Es beschäftigt sich nicht nur mit den „Erbkrankheiten" im engeren Sinne, sondern auch mit allen Störungen, die genetisch bedingt sind. Deshalb gehören hier auch Volkskrankheiten, Krebskrankheiten und auch Viruserkrankungen dazu. Auch hier sollte man weder nach der einen noch der anderen Seite übertreiben.

„Die Geschwindigkeit, mit der die Anatomie des menschlichen Genoms durchschaubar wird, darf nicht darüber hinwegtäuschen, daß noch nicht viel über die Funktion, Interaktion und Regulation der Gene bekannt ist. Die Etablierung einer vollständigen Karte und DNA-Sequenz des menschlichen Genoms könnte im Gegenteil die Kluft zwischen dem, was die Wissenschaft zu wissen glaubt, und dem, was sie wirklich weiß, vertiefen. Ernüchterung hat bereits die Erkenntnis erbracht, daß die direkte Umsetzung genomanalytischer Erkenntnisse in der Gentherapie schwieriger ist, als ursprünglich angenommen wurde."[16]

Man wird also bei allen auftauchenden Gefahren nicht so schnell wohlfeilen Mythen aufsitzen dürfen, als ob es in wenigen Jahren den allseits „gläsernen Menschen" gibt. Ich will jedoch nicht verschweigen, daß die Fragen des genetischen Screening, des genetischen Fingerabdrucks, der Genomanalyse im Strafprozeß, im Arbeitsrecht und im Privatversicherungsrecht immer noch recht schwierige Probleme darstellen.

## Medienecho und Rezeptionsfaktoren der öffentlichen Meinung

Am Ende möchte ich noch ein Thema kurz ansprechen, das gewiß in den Umkreis gehört. Untersuchungen über die Gentechnik in der öffentlichen Meinung stoßen auf die große Verantwortung des Journalismus. Viele Meinungsbeiträge schaffen ein widersprüchliches Gesamtbild. Nachrichten- und Meinungsbeiträge gehen ineinander über. Es gibt auch viele Äußerungen, die keinen erkennbaren Urheber haben und ausgesprochen negative Tendenzen verbreiten.

„Die publizistischen Gegner der Gentechnik exponierten sich ... mehr als ihre publizistischen Befürworter. Die größere Exponierbereitschaft der Gegner der Gentechnik zeigte sich auch in der Tendenz der Leserbriefe, die alles in allem extrem negativ war."[17]

Man kann außerdem das Urteil sehr variieren, wenn man auf verschiedene Anwendungsgebiete schaut oder sich nur auf die kontroversen Felder konzentriert. Dabei werden Einzelprobleme leicht generalisiert. Hier sind auch Politisierungen rasch wirksam.

Zugleich wird deutlich, daß es hier doch auch Trendwenden gibt. So war die Vorlage des Abschlußberichtes der Enquetekommission „Chancen und Risiken der Gentechnologie" eine wichtige Drehscheibe in der Beurteilung der Gentechnik durch die öffentliche Meinung. Aufschlußreich sind die drei Faktoren, die dabei eine Rolle spielten: „die zunehmende Aktivität und Exponierbereitschaft von Vertretern der akademischen Wissenschaft und der Bundesregierung, den Wandel der Einstellungen von Journalisten zur Gentechnik und die allgemeinen politischen Veränderungen in Deutschland, wobei die beiden zuletzt genannten Faktoren die Wirksamkeit der zuerstgenannten Initiativen begünstigten."[18]

Ein Buch wie dieses ist in diesem Ringen um die Gewichte in der öffentlichen Meinung ein großer Gewinn. Was wir genauer kennen, fürchten wir weniger. So erhöht sich nicht nur die grundsätzliche Akzeptanz, sondern auch die wirkliche Wachsamkeit hinsichtlich der zentralen Probleme der Gentechnik in Gegenwart und Zukunft.

## Literatur und Anmerkungen

1. Winnacker EL (1993) Am Faden des Lebens. Warum wir die Gentechnik brauchen. Piper, München Zürich
2. Enquête-Kommission des Deutschen Bundestages (1987) Chancen und Risiken der Gentechnologie. Dokumentation des Berichts an den Deutschen Bundestag. In: Catenhusen WM, Neumeister H (Hrsg) Schweitzer, München, S 314–357
3. Gassen HG (1995) Genmanipulation. In: Lexikon für Theologie und Kirche IV, 3. Aufl. Herder, Freiburg, S 461–462
4. Stein G (Hrsg) (1995) Gentechnologie. Der Sprung in eine neue Dimension (=Geschichte und Staat 301). Olzog, München [Gentechnikgesetz: 219–244] S 220
5. Lehmann K (1993) Glauben bezeugen, Gesellschaft gestalten. Herder, Freiburg, S 137–186
6. Heidegger M (1954) Bauen, Wohnen, Denken. In: Vorträge und Aufsätze. Neske, Pfullingen, S 145–162
7. Maunz T, Dürig G, Herzog R, Scholz R (1978 ff.) Kommentar zum Grundgesetz. Beck, München [Art. II, RZ 17 f., dabei besonders die Aus-

führungen von Dürig G, Schwartländer J (Hrsg) (1981) Modernes Freiheitsethos und christlicher Glaube. Kaiser, München]
8. Vgl. zur Begründung im einzelnen: Münk H (1991) Die christliche Ethik vor der Herausforderung durch die Gentechnik. In: Pfammatter J, Christen E (Hrsg) Leben in der Hand des Menschen (= Theologische Berichte XX). Benziger, Zürich, S 75-178; sowie: Reiter J (1989) Menschliche Würde und christliche Verantwortung. Butzon & Bercker, Kevelaer, S 45-72
9. Reiter J (1989) Menschliche Würde und christliche Verantwortung. Butzon & Bercker, Kevelaer, S 60
10. Ibelgaufts H, Winnacker EL et al (1998) Artikel: Gentechnik. In: Korff W, Beck L, Mikat P (Hrsg) Lexikon der Bioethik, Bd 2. Gütersloher Verlagshaus, Gütersloh, S 48-61, hier: S 53
11. Ibelgaufts H, Winnacker EL et al (1998), Artikel: Gentechnik. In:, Korff W, Beck L, Mikat P (Hrsg) Lexikon der Bioethik, Bd 2. Gütersloher Verlagshaus, Gütersloh, S 48-61, hier: S 54
12. Schmidtke J, Deutsch E, Fuchs M (1998) Genomanalyse. In: Korff W, Beck L, Mikat P (Hrsg) Lexikon der Bioethik, Bd 2. Gütersloher Verlagshaus, Gütersloh, S 37-45
13. Reiter J (1989) Menschliche Würde und christliche Verantwortung. Butzon & Bercker, Kevelaer, S 61
14. Reiter J (1989) Menschliche Würde und christliche Verantwortung. Butzon & Bercker, Kevelaer, S 61-62
15. Schmidtke J, Deutsch E, Fuchs M (1998) Genomanalyse. In: Korff W, Beck L, Mikat P (Hrsg) Lexikon der Bioethik, Bd 2. Gütersloher Verlagshaus, Gütersloh, S 37 ff.
16. Schmidtke J, Deutsch E, Fuchs M (1998) Genomanalyse. In: Korff W, Beck L, Mikat P (Hrsg) Lexikon der Bioethik, Bd 2. Gütersloher Verlagshaus, Gütersloh, S 38
17. Kepplinger HM, Ehmig S, Ahlheim C (1991) Gentechnik im Widerstreit. Zum Verhältnis von Wissenschaft und Journalismus. Campus, Frankfurt, S 202
18. a. a. O. (s. 17.) S 206

# Glossar

### Allel
Eine von zwei oder mehr Ausprägungen eines Gens*. Bei den Blutgruppen z.B. gibt es die Allele A, B und 0. Von Vater und Mutter erhält man je ein Allel des betreffenden Gens; jeder Mensch besitzt daher AA, BB oder 00 (*homozygot* = reinerbig) oder beispielsweise A0, AB oder B0 (*heterozygot* = mischerbig). Hierbei können Allele gegenüber dem anderen *dominant* sein; dann wird nur dieses Allel ausgeprägt. Das andere nennt man in diesem Falle *rezessiv*. Sind beide Allele nicht über das andere dominant, kann es bei diesem *intermediären* Erbgang zu einer mittleren Ausprägung des Gens kommen (z.B. mittlere Haarlänge bei den Allelen für kurzes und für langes Fell).

### Aminosäure
Bausteine von Proteinen*. Ihr Name leitet sich vom Besitz von mindestens je einer Aminogruppe und einer Carboxylgruppe in bestimmter Anordnung im Molekül her. Die A.n sind im Protein kettenartig aneinander gefügt. Daher kann man durch Bestimmung ihrer Abfolge (Sequenzierung) das Protein identifizieren.

### Amplifikation
Siehe Klon*.

### Antigen
Eine bestimmte Struktur, die von Antikörpern* erkannt wird. Hierbei kann es sich um Krankheitserreger handeln oder sonstwie um, normalerweise körperfremde, Zellen oder Partikel (z.B. Bakterien, Viren, Zellen aus einem Organtransplantat usw).

### Antikörper
Ein von B-Lymphozyten produziertes Protein*, das ein ganz bestimmtes fremdes Antigen erkennt.

### Ätiologie
Lehre von der Ursache der Krankheiten.

### Autosom
Siehe Chromosom*.

### Basenpaar
Ein zueinander passendes Paar von Nukleotiden* in den Erbsubstanzen DNA* und RNA*; hier stehen sich, durch Wasserstoffbrücken miteinander verbunden, in der Regel die Nukleinsäuren Adenin und Thyrosin bzw. Guanin und Cytosin als Paar in der doppelsträngigen Erbsubstanz gegenüber. Daher ist jeder der beiden DNA-Doppelstränge informationsidentisch (*komplementär*) zu dem andern. Drei aufeinander folgende Nukleotide, z.B. GGT, liefern jeweils die Information für eine bestimmte Aminosäure, die Baustein eines Proteins* werden soll. Durch die Bestimmung der Abfolge, der Sequenzierung von Nukleotiden (*Basen*) kann man also den Code für die Biosynthese der Proteine lesen. Die Länge von DNA-Abschnitten wird in *Kilobasen* (kb) angegeben.

### Chromosom
Abgegrenzter Teil des Genoms mit vielen Genen*. Der Mensch besitzt 23 Chromosomenpaare (2mal 22 *Autosomen* und 2 Geschlechtschromosomen, *Gonosomen*) in den Zellkernen der Körperzellen, wobei ein Satz vom Vater, der andere von der Mutter stammt. In Spermien und Eizellen ist nur ein einfacher Chromosomensatz vorhanden. Die auf einem Chromosom lokalisierten Gene werden gemeinsam vererbt (Genkopplung). Mit bestimmten Färbetechniken kann man die Chromosomen anfärben (grch. chromos = Farbe; soma = Körper); es erscheinen auf jedem Chromosom chakteristische Streifen, sog. Banden, die eine Numerierung der Chromosomen (1–22, X und Y) erlauben.

## Dalton
Einheit für die Molekülmasse, die annähernd der Masse eines Wasserstoffatoms entspricht. Sie ist nach dem im 19. Jahrhundert lebenden Chemiker John Dalton benannt.

## diploid
Siehe Zygote*.

## DNA (oder auch DNS)
Abkürzung von Desoxiribonukleinsäure, repräsentiert die Erbinformation (oft wird das englische DNA benutzt; A von engl. „acid" = Säure). Besteht aus zwei Strängen kettenartig aufgereihter Nukleotide*; diese sind wendelartig umeinander gewunden. Weiteres s. auch: Basenpaar*.

## Drosophila (griech. „die Tauliebende")
Obst- oder Essigfliege. *Das* Paradetier der Genetiker. Gattung kleiner Fliegen, die man besonders an reifem Obst, häufig an Weintrauben oder Pflaumen, antrifft, aber auch an Vergorenem, wie in ausgetrunkenen Weingläsern oder Essig. Die experimentell am häufigsten verwendete Art ist *Drosophila melanogaster* („die Schwarzbäuchige"). Häufig wird heute auch die falsche Bezeichnung „Fruchtfliege" angewandt. Dieser Name rührt von der gedankenlosen Übersetzung vom angloamerikanischen „fruitfly" her, was korrekt ebenfalls mit Obstfliege übersetzt werden müßte. Auch das Wort „Taufliege", das gelegentlich benutzt wird, ist möglicherweise eine Eindeutschung des wissenschaftlichen Gattungsnamens.

## Gen
„Vererbungseinheit". In den Zellkernen sind die Gene nacheinander im DNA*-Molekülstrang der Chromosomen* aufgereiht. Das Gen bewirkt eine Genexpression: es bestimmt ein Merkmal der Gestalt oder Funktion des Individuums mittels der Synthese eines Proteins*.

## Genfähre
Siehe Plasmid*.

**Genom**
Wird in zwei Definitionen gebraucht: 1. Gesamtheit der genetischen Information eines Individuums. Das Genom eines Menschen hat etwa 3 Mrd. Basenpaare*. 2. Gesamtheit der genetischen Information einer Art (z.B. Humangenomprojekt, siehe Kap. 6).

**Golgi-Apparat**
Nach dem italienischen Pathologen Camillo Golgi benanntes Zellorganell, in dem sekretorische Proteine* biochemisch modifiziert werden.

**haploid**
Siehe Zygote*.

**heterozygot**
Mischerbig (siehe Allel*).

**homozygot**
Reinerbig (siehe Allel*).

**inert** (griech. „träge")
Als Fachbegriff der Immunologie bedeutet es, daß die Substanz oder Struktur nicht antigen* wirkt, also von Immunzellen nicht als fremd erkannt wird. So eignet sich beispielsweise Teflon für orthopädische Prothesen, weil es immunologisch inert ist und damit keine Abstoßungsreaktionen hervorruft.

**intrazellulär**
Innerhalb der Zelle.

**Klon**
Ursprünglich: Organismen oder Zellen, die von nur einem Elternindividuum abstammen und deshalb alle im Prinzip erbidentisch sind, z.B. die Nachkommen eines einzelligen Lebewesens, die durch Teilungsgenerationen aus diesem einen Individuum hervorgegangen sind. Eineiige (monozygote) Zwillinge sind ein Klon, denn ihr Elternindividuum ist die befruchtete Eizelle oder Zygote*, von dem sie ungeschlechtlich durch Teilung abstammen.

Das geklonte Schaf „Dolly" ist erbidentisch mit jenem Schaf, aus dem ein Zellkern aus einer Körperzelle entnommen wurde, um mit ihm in einer zuvor kernlos gemachten Eizelle ein neues Schaf in einer Leihmutter heranzuzüchten. – Heute auch: die Gesamtheit von erbidentischen DNA- (gelegentlich auch RNA-)Fragmenten, die durch molekularbiologische Techniken (PCR, siehe Kap. 8) aus einem Ausgangsfragment, der sogenannten Matrix, vervielfältigt (amplifiziert; Substantiv *Amplifikation*) wurden.

**Locus** (Mehrzahl: Loci; lat. Ort)
Bezeichnung für die Position eines Gens* auf dem DNA*-Doppelstrang eines Chromosoms*.

**Mitochondrium**
Zellorganellen, oft als „Kraftwerke der Zelle" bezeichnet, da sie den Energiehaushalt der Zellen maßgeblich betreiben. Sie enthalten eigene Erbsubstanz, mitochondriale DNA (mtDNA). Da diese über die weiblichen Eizellen, nicht aber von den Spermazellen auf die nächste Generation übertragen werden, wird mitochondriale DNA praktisch nur über die Mutterlinie (matrilinear) vererbt.

**Monozyten**
Zu den Leukozyten gehörende große Freßzellen des Blutes.

**mRNA** oder **mRNS**
Siehe RNA*.

**mtDNA**
Siehe Mitochondrium*.

**Mutation** (von lat. „mutare" = verändern)
Jegliche Veränderung des genetischen Materials, die sich auf die Erbinformation auswirkt. Hierzu gehören neben vielen anderen die Punktmutationen – z.B. der Austausch einer einzigen Nukleinsäure bzw. eines einzigen Nukleotids* – oder auch Veränderungen unterschiedlich großer Abschnitte auf einem Chromosom* [Beispiel: Verdopplung (Duplikation) eines Abschnittes] oder auch die Veränderungen der Chromosomenzahl.

### Nukleotid
Bestandteil von DNA* und RNA*; setzt sich zusammen aus einem Nukleinsäureanteil (siehe: Basenpaar*), einem Zuckeranteil (Desoxiribose bzw. Ribose) sowie einer Phosphatgruppe, welche die Verbindung zwischen den Nukleotiden im selben Strang herstellt.

### Organell
Membranumhüllte, funktionelle Baueinheiten innerhalb von Tier- und Pflanzenzellen.

### Plasmid
Ringförmiger Strang von DNA*; kommt in dieser Anordnung in Mitochondrien* und in Bakterien vor. Plasmiden werden in der Gentechnik mit den erwünschten Genen sowie mit viralen und anderen Genabschnitten kombiniert und dienen dann als Genfähren* (*Vektoren*) für Übertragung (Transfektion*) der erwünschten Gene.

### Polymorphismus (genetischer)
Mehrere Bestimmungsformen (Allele*) eines Genes* in der selben Population.

### Protein
Eiweiß; seine Bausteine sind die Aminosäuren.

### RNA (oder auch RNS)
Abkürzung für engl. „ribonucleic acid" bzw. Ribonukleinsäure. Sie unterscheidet sich von der DNA* dadurch, daß der Zuckeranteil, die Ribose, nicht desoxigeniert ist. Sie kommt beim Menschen in zwei Formen vor: 1. als mRNA (von engl. „messenger RNA" = Boten-RNS), welche die Information der Kern-DNA „abschreibt" und durch Kernporen ins Zellplasma trägt, um an den sogenannten Ribosomen die Synthese des entsprechenden Proteins* zu ermöglichen, sowie 2. als tRNA („transfer RNA" = Transfer-RNS). Diese bindet an eine bestimmte Aminosäure* und besitzt an einer bestimmten Stelle des Moleküls eine für die Aminosäure charakteristische Abfolge dreier Nukleinsäuren*. Passen die drei Nukleinsäuren komplementär (siehe Basenpaar*)

zum entsprechenden sogenannten Triplet der mRNA, so „liefern" sie gewissermaßen die gewünschte Aminosäure.

**Sekundärstruktur**
Spezifische Strukturform (Zweitform), die viele komplexe Moleküle einnehmen können.

**Sequenzierung**
(Von Aminosäuren bzw. Proteinen siehe Aminosäure*; von DNA siehe Basenpaar*).

**Transfektion** (Verb: transfizieren)
Mechanismen der Genübertragung, bei denen DNS in Säugetierzellen eingeschleust wird, damit sie das entsprechende Protein exprimieren (produzieren) kann.

**transgene Organismen**
Tiere oder Pflanzen, denen ein fremdes Gen in die Keimbahn eingeschleust wurde. Dieses Gen wird auf die Nachkommen weitervererbt. Hierzu gehören die „Knock-out-Mäuse", bei denen ein köpereigenes Gen ausgeschaltet wurde. Diese Defekttiere dienen hauptsächlich dazu, die Funktion desjenigen Gens herauszufinden, das untersucht werden soll.

**Vektor**
Siehe Genfähre*.

**Wildtyp**
Die normale oder nichtmutierte Form eines Gens oder eines Organismus.

**Zygote**
Befruchtete Eizelle; sie hat den doppelten Satz der Erbinformation, d. h. sie ist *diploid*. Die unbefruchtete Oozyte (Eizelle) und das Spermium besitzen den einfachen Chromosomensatz, sie sind *haploid*. Die Befruchtung führt also wieder zum diploiden Satz, den anschließend jede Körperzelle beibehält, bis zur Bildung der Keimzellen der haploide Zustand wieder hergestellt wird.

# Angaben zu den Autoren

**Wilhelm Barthlott**, Prof. Dr. rer. nat., geb. 1946
Studium der Biologie, Chemie und Physik in Heidelberg, 1973 Promotion. 1973–1981 Wissenschaftlicher Assistent in Heidelberg. 1982–1985 Professor für Botanik an der Freien Universität Berlin. Seit 1985 Professor und Direktor am Botanischen Institut und des Botanischen Gartens der Universität Bonn; u. a. Ordentliches Mitglied der Akademie der Wissenschaften und der Literatur zu Mainz, Mitglied des regierungsberatenden Nationalkomitees „Mensch und Biosphäre", deutscher Sekretär des UNESCO-Programmes DIVERSITAS. 1997 Karl-Heinz-Beckhurts-Preis, 1999 Philip-Morris-Forschungspreis – Verschiedene Forschungsprojekte zur Systematik und Biodiversität der Gefäßpflanzen.

**Thomas Dyrks**, Dr. rer. nat., geb. 1962
Studium der Biologie an den Universitäten Münster, Köln und Heidelberg. 1991 Promotion am Zentrum für Molekulare Biologie in Heidelberg unter Leitung von Prof. Dr. Konrad Beyreuther; thematischer Schwerpunkt: Die molekulare Analyse der Alzheimer-Demenz. 1991–1993 Wissenschaftlicher Mitarbeiter am Zentrum für Molekulare Biologie in Heidelberg. Seit 1993 wissenschaftlicher Angestellter bei der Schering AG in Berlin. Projektleiter in der Abteilung ZNS-Forschung. Forschungsschwerpunkt: chronische und akute ZNS-Erkrankungen.

**Gerold Kier**, Dipl.-Biol., geb. 1971
Studium der Biologie und Politologie. Seit 1998 Wissenschaftlicher Mitarbeiter am Botanischen Institut der Universität Bonn. Forschungsarbeiten v. a. über die Kartierung von Artenvielfalt und Endemismus sowie über Arten-Fläche-Beziehungen.

**Horst Kreß**, Prof. Dr. rer. nat.
Studium der Biologie und Chemie an der Ludwig-Maximilians-Universität München, 1971 Promotion. 1972–79 Assistent am Zoologischen Institut der Universität München. 1979 Habilitation in den Fächern Genetik und Zoologie, anschließend Privatdozent. 1982–1986 Heisenberg-Stipendiat der Deutschen Forschungsgemeinschaft. 1982–1984 Forschungsaufenthalt am California Institute of Technology, Division of Chemistry, in der Arbeitsgruppe von Prof. Dr. Norman Davidson. 1986 Ruf an die Freie Universität Berlin, Fachbereich Biologie, Institut für Genetik. Forschungsthematik: Molekularbiologische und cytologische Analyse hormongesteuerter Gene bei *Drosophila*.

**Karl Lehmann**, Prof. Dr. phil, Dr. theol., Dr. h.c. mult.,
geb. 1936 in Sigmaringen (Hohenzollern)
Studium der Philosophie und Theologie in Freiburg, Rom, München und Münster. 1962 Dr. phil., 1967 Dr. theol. 1963 Priesterweihe in Rom durch Kardinal Döpfner. 1964–1967 Wiss. Assistent bei Karl Rahner in München und Münster. 1968–1971 Professor für Dogmatik und Theologische Propädeutik an der Universität Mainz. 1971–1983 Professor für Dogmatik und Ökumenische Theologie an der Universität Freiburg (Breisgau). 1983 Bischof von Mainz. Seit 1987 Vorsitzender der Deutschen Bischofskonferenz. 1986–1998 Mitglied der Glaubenskongregation in Rom. Mehrere Ehrendoktorwürden und einige andere herausragende Auszeichnungen. Zahlreiche Buchveröffentlichungen und Beiträge sowie Herausgeberschaften. Kurzbiographie und Bibliographie über Internet abrufbar: www.uni-freiburg.de/theologie/forsch/lehmann/lehmann0.htm

**Jens Mutke**, Dipl.-Biol., geb. 1971
Studium der Biologie. Seit 1998 Wissenschaftlicher Mitarbeiter am Botanischen Institut der Universität Bonn. Verschiedene floristische und biogeographische Forschungsarbeiten in Südamerika.

**Carsten Niemitz**, Prof. Dr. rer. nat., geb. 1945 in Dessau/Anhalt
Studium der Biologie, Mathematik, Medizin und Kunstgeschichte an den Universitäten Gießen, Freiburg, Göttingen und der Freien Universität Berlin. 1968–1972 Max-Planck-Institut für Hirnfor-

schung, Frankfurt. 1971-1973 Erste Expedition nach Borneo. 1974 Promotion am Zentrum für Neurologie der Universität Gießen. 1975-1978 Wiss. Assistent am Anatomischen Institut der Universität Göttingen bei Prof. Hans-Jürg Kuhn. 1978 1. Med. Staatsexamen; anschließend 2. Klinischer Abschnitt. Seit 1978 Professor für Humanbiologie an der Freien Universität Berlin. Leiter eines Forschungsprojekt-Schwerpunktes der Freien Universität. Mehrere Ämter und Aufgaben, wie z.B. Präsident der Gesellschaft für Anthropologie, Leitendes Vorstandsmitglied der Humboldt-Gesellschaft, Mitherausgeber der Zeitschrift *Primatologie* (Marseille), Species Survival Commission der IUCN etc. Zahlreiche Publikationen, darunter über 35 Buchbeiträge und 7 Monographien oder Bücher; Filmautor.

**Sigrun Niemitz**, Dr. rer. nat., geb. 1962
1988-1993 Studium der Biologie in Berlin. Diplomarbeit über Expressionsanalysen des Interleukin-7-Gens in einer Kolonkarzinomzellinie. 1996 Promotion über die Immuntherapie von Karzinomen mittels IL-7-Gentransfers und transfizierten Zytokin-induzierten Killerzellen. 1992-1998 Wiss. Mitarbeiterin im Virchow-Klinikum der Humboldt-Universität, Abt. für Innere Medizin mit Schwerpunkt Hämatologie und Onkologie. Seit 1998 freie Mitarbeiterin des Blackwell-Wissenschaftsverlages.

**Hans Rommelspacher**, Prof. Dr. med., geb. 1942 in Stettin/Oder
1962-1968 Studium der Humanmedizin an den Universitäten Freiburg/Breisgau, Köln, Genf, Wien, Heidelberg und Tübingen. 1968 Staatsexamen und 1969 Promotion zum Dr. med. in Tübingen. 1970-1977 Wiss. Assistent am Institut für Neuropsychopharmakologie der Freien Universität Berlin (Prof. Coper). 1973-1974 Forschungsaufenthalt am Department of Pharmacology and Experimental Therapeutics, John Hopkins University, Baltimore, USA (Profs. Snyder und Kuhar). 1979 Habilitation für das Fach Pharmakologie an der FU Berlin (Prof. Helmchen). 1983-1984 Tätigkeit als Arzt an der Abteilung für Psychiatrie der FU Berlin. 1984 Ernennung zum Professor und zum Arzt für Pharmakologie. 1990 Ernennung zum Leiter der Klinischen Forschergruppe (DFG) „Gemeinsame neurobiologische Mechanismen der Abhängigkeit".

**Lutz G. Schmidt**, Prof. Dr. med., Dipl.-Psych., geb. 1951
1985–1987 Arzt für Nervenheilkunde, Zusatzbezeichnung „Psychotherapie", Hochschulassistent und Oberarzt an der Psychiatrischen Klinik und Poliklinik der Freien Universität Berlin (Prof. Helmchen). 1991 Leiter der Sonderforschungsambulanz für Abhängigkeitskranke im Universitätsklinikums Rudolf Virchow der Freien Universität Berlin und damit des klinischen Teils der DFG-geförderten Klinischen Forschergruppe zu „Gemeinsamen neurobiologischen Mechanismen der Abhängigkeit von Alkohol und Opiaten". 1992 Habilitation über das Thema: „Zur Epidemiologie unerwünschter Wirkungen von Antidepressiva". 1997 Vorsitzender der Berliner Gesellschaft für Psychiatrie und Neurologie. 1998 Vorstandsmitglied der Deutschen Gesellschaft für Suchtforschung und Suchttherapie (DG-Sucht), apl. Professor am Fachbereich Humanmedizin der Freien Universität Berlin, Leiter der Poliklinik der Psychiatrischen Klinik und Poliklinik der FU Berlin.

**Michael F.G. Schmidt**, Prof. Dr. rer. nat., geb. 1946
Studium der Biologie (und Chemie) in Gießen, 1973 Diplom in Biologie. 1975 Promotion bei Prof. Christoph Scholtissek am Institut für Virologie der Universität Gießen (Prof. Rott). 1987 Habilitation für die Fächer Biochemie und Virologie. 1980–1988 Teilprojektleiter am Sonderforschungsbereich 47. 1977–1979 DFG-Forschungsaufenthalt am Department of Microbiology and Immunology der Washington University in St. Louis, USA. 1986–1990 Associate Professorship an der Kuwait University School of Medicine. 1990 Ruf an die Freie Universität Berlin für eine Professur in Virologie am Fachbereich Veterinärmedizin. 1993 Bestellung zum Leiter des Instituts für Immunologie und Molekularbiologie mit Sitz am City Campus VetMed; Forschungsschwerpunkt Membranbiochemie und molekulare Veterinärmedizin. Gutachter auch für internationale Drittmittelgeber. Mitglied im Advisory Board des Biochemical Journal. Intensive Tätigkeiten in der akademischen Selbstverwaltung.

**Johannes Siemens**, Priv.-Doz., Dr. rer. nat., geb. 1960
Studium der Biologie in Berlin, 1994 Promotion über somatische Hybridisierung von *Arabidopsis thaliana*. 1989–1990 Wiss. Mitar-

beiter im Institut für Pflanzenphysiologie der Freien Universität Berlin mit dem Forschungsgebiet Kompartimentierung in Algen. Seit 1996 Wiss. Mitarbeiter im Institut für Genetik der FU Berlin mit dem Forschungsgebiet Resistenzgenetik.

**Karl Sperling**, Prof. Dr. rer. nat., geb. 1941 in Kamenz/Sachsen
Studium der Biologie und Chemie in Hamburg, Freiburg und Berlin. 1965 Staatsexamen, 1969 Promotion zum Dr. rer. nat. an der FU Berlin. 1971 Ernennung zum Professor am FB Biologie der Freien Universität Berlin und seit 1976 Leiter des Instituts für Humangenetik und der Genetischen Beratungsstelle Berlin, früher der Freien Universität, jetzt der Charité der Humboldt-Universität zu Berlin. Unter anderem Mitglied der Berlin-Brandenburgischen Akademie der Wissenschaften und der Deutschen Akademie der Naturforscher Leopoldina. Honorary Member der Czech Medical Society. Wissenschaftliche Arbeiten auf dem Gebiet der Zytogenetik unter klinisch-epidemiologischen und vergleichend-experimentellen Aspekten; Molekulargenetische Analyse genetisch bedingter Krankheiten mit Chromosomeninstabilität.

**Britta Urmoneit**, Dr. rer. nat.
1986–1993 Studium der Biologie an der Freien Universität Berlin und Diplomarbeit am Max-Planck-Institut für molekulare Genetik. 1996 Promotion zum Thema „Molekularbiologie der Alzheimer-Krankheit: Expression und Prozessierung verschiedener Amyloid-Vorläufer-Konstrukte in menschlichen Neuroblastoma-Zellen" bei der Schering AG. Seit 1996 wissenschaftliche Mitarbeiterin in einem DFG-Teilprojekt „Molekulare Entstehungsmechanismen neurodegenerativer Erkrankungen" mit dem Schwerpunkt „Kongophile Angiopathie der Alzheimer-Krankheit" an der Neurologischen Klinik der Heinrich-Heine-Universität Düsseldorf.

**Michael Volkenandt**, Priv.-Doz., Dr. med., Dipl.-Theol., geb. 1957
Studium der Medizin in Bonn und Glasgow sowie der katholischen Theologie in Bonn und Jerusalem. 1986–1988 Assistent an der Medizinischen Klinik der Universität Münster. 1988–1991 Forschungstätigkeit am Memorial Sloan-Kettering Cancer Center,

New York, durch ein Stipendium der Deutschen Forschungsgemeinschaft. Seit 1991 Tätigkeit an der Dermatologischen Klinik der Ludwig-Maximilias-Universität München. 1995 Anerkennung als Facharzt für Hautkrankheiten, 1996 Habilitation und Ernennung zum Oberarzt für den Bereich der Dermatoonkologie.

**Rolf-Dieter Wegner**, Prof. Dr. rer. nat., geb.1949
1969–1974 Studium der Biologie an der Freien Universität Berlin. 1974 Diplom im Fach Biologie am Institut für Genetik der FU Berlin. 1979 Promotion im Fach Biologie bei Prof. Sperling am Institut für Humangenetik der FU Berlin. 1989 Habilitation im Fach Genetik am Fachbereich Biologie der FU Berlin. 1989 Erwerb der Zusatzbezeichnung „Fachhumangenetiker" der Gesellschaft für Humangenetik. 1978–1995 Laborleiter an der Genetischen Beratungsstelle Berlin am Institut für Humangenetik (Leiter Prof. Sperling), zuständig für die zytogenetische Diagnostik. Seit 1995 Wiss. Mitarbeiter der Praxis Dr. I. Schulzke. 1997 Ernennung zum apl. Professor an der Medizinischen Fakultät der Charité der Humboldt-Universität zu Berlin.

# Sachverzeichnis

## A

Abdominal-A (Abd-A) 42, 43
Abdominal-B (Abd-B) 42, 43
Abhängigkeitssyndrom 209
Acetaldehyd 201
Acetylcholin 239
Acetylcholinesterasehemmer 239
Adenosin-Desaminase-Insuffizienz (ADA) 169, 170
Adenoviren 170, 178
Aderlaß 261
Adoptionsstudien 213
*Aegyptopithecus* 11
Afrika 65, 66
- Kapregion 66
Aggressivität des Menschen 26
Agrarchemikalienmarkt 82
Agrobakterium-vermittelter Gentransfer 74
AIDS 69, 104, 169, 172, 179
Albino 2
Algen 57
alkalische Phosphatase 251
Alkohol (Alkoholismus; Alkoholabhängigkeit) 182, 183, 213, 214
- Acetaldehyd 201
- Adoptionsstudien 194
- Alkoholmißbrauch, milieuabhängiger 195
- Assoziationsstudien 198, 199
- Branntweinkonsum 187, 189
- „Branntweinseuche" 188
- Drogenabhängigkeit 198
- Entzug 199
- Exzeß 187
- Familienuntersuchungen 192
- Geburtstrauma 193
- Gesamtalkoholverbrauch 191
- Gin 187
- Industralisierung 189
- Kartoffelschnapsepidemie 187
- Krankheit
- - alkoholische 190
- - des Willens 188
- Kult des Trinkens 183
- „Kurzschlafmäuse" 200
- „Mäßigkeitsbewegung 189, 190
- Morphium 191
- Persönlichkeitsmerkmale 198
- Phänotyp-Genotyp-Strategie 199
- protektive Gene 201
- Rausch 187
- Risiko zur Alkoholabhängigkeit 192, 195, 197, 200, 202
- Rituale 183
- Rückfallneigung 199
- Schwangerschaft 193
- „Stockholm Adoption Study" 195
- Substitutionstherapie 202
- Triebunterdrückung 190
- Trinker, asoziale 186
- Trinkfestigkeit 190
- Trinkmengen 184
- Verbrauchsberechnungen 185
- Vererbungsmechanismus 191
- Vererbungsmodus, polygener 193
- Willensschwäche 187
- Zwillingsstudien 197
Alkoholstoffwechsel 214
Altersvergeßlichkeit 222
Altsteinzeit 19
Aluminium 236, 237
*Alzheimer*-Krankheit 219-243, 249-254, 278
- Acetylcholin 239

## Sachverzeichnis

- Acetylcholinesterasehemmer 239
- Aggregate 227
- alkalische Phosphatase 251
- Altersvergeßlichkeit 222
- Aluminium 236, 237
- Amyloid (*siehe dort*)
- Apolipoprotein E-Gen 235
- Blut-Hirn-Schranke 238
- *Caenorhabditis elegans* 228
- *Chlamydia* 237, 241, 242
- Diagnose 237, 238
- *Drosophila melanogaster* 228
- β-Faltblattstruktur 227
- Fibrillen 225, 226
- Großhirnrinde 222–225, 227, 230
- Häufigkeit 221
- Hippocampus 222, 223
- Hochdurchsatztestverfahren 252
- „Knockout"-Mäuse 240
- kongophile Angiopathie 224, 233
- Leitsubstanz 253, 254
- Liquor 231, 238
- Mikrogliazellen 249
- Mikrotubuli 226
- neuopsychologische Tests 237
- Neurodegeneration 232
- neurofibrilläre Bündel 225
- nichtamyloidogener Weg 228, 230
- Östrogen 237, 239
- Aβ-Peptide 250
- Phosphoprotein 226
- Plaques, senile 222–224, 226, 227, 230, 232, 234, 241
- Primärscreen 254
- Reporterenzym 251, 252
- Schilddrüse 231
- Screeninghierachie 253
- Sekretase 228, 250–252
- Sekretaseaktivitäten 249
- Sekretaseinhibitor 253, 254
- Sekundärscreen 254
- Struktur-Wirkungs-Beziehung 254
- Symptome 219, 221
- Synapsen 222
- Tau 225, 226
- Therapiestrategien 239–243
- Trisomie 21 234
- Vererbung 232
- Verlauf 233
- Wirkstoffindung 249, 251, 253

Amniozentese 140, 144, 152, 153
Amyloid 223
β-Amyloid (βA4) 227
Amyloidhypothese 231
amyloidogener Weg 228, 230
Amyloidosen 223
Amyloidplaques 249, 250
Amyloidvorläuferprotein (APP) 227–229, 232, 241, 242, 249, 250
Angiopathie, kongophile 233
Anpassung 3, 6
*Antennapedia* (*Antp*) 39, 42, 43
Antibabypille 58
Antibiotika 56
Antibiotikaresistenzgene 80
Antigentherapie (Antisensetherapie) 163, 164, 171, 172
antivirale Chemotherapie 96
*Antp* (*Antennapedia*) 39, 42, 43
*ap* (*apterous*) 48, 49
Apolipoprotein E-Gen 235
APP (Amyloidvorläuferprotein) 227–229, 232, 241, 242
*apterous* (*ap*) 48, 49
Arbeitslosigkeit 212
Artenvielfalt 55, 65, 66
- Bundesrepublik 66
- Kartierung 65
Artenzahlen 56, 57, 62, 63
- Algen 57
- Bakterien 57
- Gliedertiere 57
- Kapverdische Inseln 63
- Karte 62
- Pflanzen 57
- Pilze 57
- Protozoen 57
- Saarland 63
- Viren 57
- Wirbeltiere 57
Ärzte, Vertrauen in 259
ärztliche Schweigepflicht 129
Asien 65
Aspirin 59
Assoziationsstudien 199
Aufklärung des Patienten 262, 263
Auskreuzung 81
Ausrottung von Arten 4
Aussterbeprozesse 67

*Australopithecus* 2
Autonomie des Sucht-
  kranken 208–211

## B

Bahnung 215
Bakterien 57
Bakteriophage 92, 95, 97, 98
– Lambda 33
ballistischer Transfer 165, 175
ballistomagnetischer Transfer 166
Baumkronen 56
*bcd* (*bicoid*) 36, 37
Belohnungssystem 214, 215
Beratung, genetische 126, 136, 137
Bewässerungstechnik 86
*bicoid* (*bcd*) 36, 37
biochemische Individualität 127, 130
Biodiversität 61–64, 67
– ästhetischer Wert 64
– Bewerten von 61
– Eigenwert 64
– „Hot Spot" 67
– Karte 62
– Massensterben 67
– nichtheimische Arten 63
– ökonomischer Wert 64
– Qualitätskritierien 64
– Seltenheit 63
– verwandtschaftliche Vielfalt 63
biologische Globalisierung 64
Bionik 61
Bioprospektion 60
Blastula 3
Blut-Hirn-Schranke 238
Bluterkrankheit 100
BMP-4-Protein 44–46
Bodenqualität 87
Bonobo 13, 17, 24, 26
botanische Gärten 69
Boten-RNA 98
Botenstoffe 101
*Branchiostoma* 41, 46
Branntweinkonsum 187, 189
„Branntweinseuche" 188
Brustkarzinom 261, 264

BSE (bovine spongiforme Enzepha-
  lopathie) 93, 94, 96

## C

*Caenorhabditis elegans* 41, 228
*caudal* (*cad*) 36, 37
CF (siehe zystische Fibrose)
Chancen (siehe auch Nutzen) 274, 278, 279
Chemotherapie, antivirale 96
*Chlamydia* 237, 241, 242
CHORDIN-Protein 44–46
Chorionzottenbiopsie 135, 140, 141, 144, 153
– Extremitätenfehlbildungen 140
– Kurzzeitkultur 140
– Langzeitkultur 140
Chromosomen von Schimpan-
  sen 13
Chromosomenanalyse 141–143, 153
– echtes Mosaik 143, 157
– Level-II-Mosaik 143
Chromosomenanomalie 139, 158
Chromosomensatz 13
Cladogramm 11, 18, 19
Contigs 113
„Convention on Biological Diversi-
  ty" 83
„craving" 210
*Creutzfeld-Jakob*-Erkrankung 93

## D

*Danio* 44
Darmkrebs 166, 174, 176, 177
Datenschutz 129
*decapentaplegic* (*dpp*) 39
*Deformed* (*Dfd*) 42, 43
Delta-F-508-Deletion 144, 147
Deuterostomier 40, 41, 43, 45–48
*Dfd* (*Deformed*) 42, 43
Diagnose 126
Diagnostik
– indirekte 119
– pränatale 119, 275
DNA
– mitochondriale 16

- Sequenzanalysen 14
- Übereinstimmung von Menschen und Menschenaffen 13

DNA-Chips 124, 153
DNA-Hybridisierung 13
DORSAL-Protein 35, 38
Down-Syndrom 138, 139, 141, 153
dpp (decapentaplegic) 39
DPP-Protein 39, 45, 46
Drogenabhängigkeit 198
Drogenkonsum 211, 212
*Drosophila melanogaster* 33–50, 228
Dünger 86

# E

Einwilligungsfähigkeit 210
Eiweiß 92
- selbstreplizierend 93

Ektoderm 34, 49
Elektronenmikroskop 95
Elektroporation 165, 166
Embryonen, fossile 11
Empathie 20–22
*en (engrailed)* 36–38, 46
endemisch 66
Endonukleasen 99
*engrailed (en)* 36–38, 46
Enquêtekommission 279
Entoderm 34
Enzyme 56
*Eosimias* 11
Epiphyten 58
epistatische Faktoren 126
Erbleiden, monogenes 142
Erbsubstanz, Stabilität 1
Erholungswert 61
Erkenntnisphilosophie 129
Ernährung 59
Ertragssicherheit 87
Ethik 260, 262–264, 270, 272, 274, 275, 277
Eugenik 154
*evenskipped (eve)* 36, 37
Evolution 68, 92, 106, 115
- progressive 7, 8
- regressive 7, 8
- zum toten Zustand 8

Evolutionsmechanismen 6, 7
Evolutionstheorie 2, 4
Expression, transiente 167
*eyeless (eye)* 50

# F

F-Protein 102
Faktor VIII 100
Farnesylierung 105
Farnesylketten 105
Farnesylprotein-Transferaseinhibitoren (FPTI) 105
Farnesylrest 105
FAO 83
Fehlbildungen 138
Fetalblutentnahme 140, 141
fetale Nackendicke 152
α-Fetoprotein 138
Fettsäuren 104
Florenreich 66
Forschungsfreiheit 276
Fortpflanzung, ungeschlechtliche 9
Fossil 9, 11, 17
FPTI (Farnesylprotein-Transferaseinhibitoren) 105
Freie Universität Berlin 109, 131, 135, 172, 173
Freisetzungsexperimente 273
Fruchtwasser 140
*fushi tarazu (ftz)* 36, 37
fusionieren 103

# G

G-Protein 104
Gang, aufrechter 17, 25
Gastrulation 34, 39, 44
Gefäßpflanzen 65
Gehirn (siehe auch *Alzheimer-Krankheit*) 24–27
Gen
- *Abdominal-A (Abd-A)* 42, 43
- *Abdominal-B (Abd-B)* 42, 43
- *Antennapedia (Antp)* 39, 42, 43
- *apterous (ap)* 48, 49
- *bicoid (bcd)* 36, 37

- *caudal* (*cad*) 36, 37
- *decapentaplegic* (*dpp*) 39
- *Deformed* (*Dfd*) 42, 43
- *engrailed* (*en*) 36–38, 46
- *evenskipped* (*eve*) 36, 37
- *eyeless* (*eye*) 50
- *fushi tarazu* (*ftz*) 36, 37
- *giant* (*gt*) 36, 37
- *hedgehog* (*hh*) 38, 47, 48
- homologes 33, 34
- homöotisches 43
- Hox 39–43, 46, 47
- *Hox-a7* 42, 43
- *Hox-B* 42, 43
- *huckebein* (*hkb*) 36, 37
- *hunchback* (*hb*) 36, 37
- *knirps* (*kn*) 36, 37
- *Krüppel* (*Kr*) 36, 37
- *Lmx-1* 48
- maternales 35–37
- *nanos* (*nos*) 36, 37
- *Notch* 48, 49
- *Pax-6* 50
- *Serrate* (*Ser*) 48, 49
- *Serrate-2* (*Ser-2*) 48
- *Sex comb reduced* (*Scr*) 39, 46
- *short gastrulation* (*sog*) 39, 46
- *Sonic hedgehog* 48, 49
- *tailless* (*tll*) 36, 37
- *Ultrabithorax* (*Ubx*) 39, 42, 43
- *wingless* (*wg*) 36–38, 49
- *Wnt-7a* 49
- zygotisches 36, 37
Genanalyse 144, 145
- direkte 144
- indirekte 144
Genbanken 84
Genbibliotheken 112, 120, 123
Gendiagnostik
- direkte 147
- indirekte 145
Generationen
- Anzahl der 3
- Kette der 1, 2
genetische
- Beratung 126, 136, 137
- Heterogenität 118
- Polymorphismen 127
- Ressourcen 87
Genkarten 115, 123
Genlocus (*siehe* Genort)

Genmanipulation 268, 269
Genmarkierungsstudien 162, 172, 173
Genom 1–27, 268, 278
Genomanalyse 275, 278
Genomforschung 275
Genort 135, 145, 150
Genphysiologie 15
Gentechnikgesetz 270
Gentherapie 161–180
- Adenosin-Desaminase-Insuffizienz (ADA) 169, 170
- Adenoviren 170, 178
- AIDS 169, 172, 179
- Antigentherapie (Antisensetherapie) 163, 164, 171, 172
- Elektroporation 165, 166
- Expression, transiente 167
- Freie Universität Berlin 172, 173
- Genmarkierungsstudien 162, 172, 173
- Genübertragung 164, 167
- Kalzium-Phosphat-Fällung 165
- Killerzellen, zytokininduzierte 174, 176, 177
- Krankheiten
- - Infektionskrankheiten 169
- - monogene 169
- - Krebs 171, 175, 179
- - Darmkrebs 166, 174, 176, 177
- - Hirntumor 175
- - Impfstoff gegen 179
- - Lymphom 174, 176, 177
- - Melanom, malignes 166, 174–177
- - Nierenkrebs 166, 174, 176, 177
- Lipofektion 166, 167
- Metastasen 175, 176
- Mikroinjektion 165
- Plasmid 165–167
- Polymerasekettenreaktion (PCR) 161, 162
- Protokoll, klinisches 162, 174
- Retroviren 167, 168, 170, 173, 178
- Ribozyme 163, 171
- Sequenzanalyse 161
- Sicherheit 178
- somatische 163, 166
- Southern Blot 161, 162, 173

- Suizidgen 163, 171, 175
- Transfer
  - - ballistischer 165, 175
  - - ballistomagnetischer 166
  - - ligandenvermittelter 166, 167
- Transfermethode
  - - physikalisch-chemische 164, 165, 167, 178
  - - virale 167, 168, 178
- Vektor 164, 165, 168, 170, 172, 175, 178
- Zellen
  - - allogene 164, 177
  - - autologe 164, 176, 177
  - - xenogene 164
- zystische Fibrose 163, 169, 170

Gentransfer
- Agrobakterium-vermittelter 74
- virus-vermittelter 74

Genübertragung 164, 167
Genwirkung, regulierende 16, 27
Geodiversität 66
Gesamtalkoholverbrauch 191
*giant* (*gt*) 36, 37
Gibbon 18
Gin 187
Gliedertiere 57
globaler Wandel 63, 66
Glykosylierung 104
Gorilla 14, 15, 18, 20–22, 26
- Hilfsbereitschaft 21
Grammatik, angeborene 24
Grippe 92, 100
Großhirnrinde 222–225, 227
Grundgesetz 276
Grundlagenforschung 97
Grüne Revolution 72
„grünes Gold" 58
*gt* (*giant*) 36, 37
Gyrus cinguli 24

# H

HA (Hämagglutinin) 101
HA-Gen 102
HA-Spike 102
*hb* (*hunchback*) 36, 37
*hedgehog* (*hh*) 38, 47, 48
Helixstruktur 98

Hepatitis B 100
Herbizidresistenz 79
Heroin 208, 216
Heterogenität 126
- genetische 118
*hh* (*hedgehog*) 38, 47, 48
Hippocampus 222, 223
Hirnrinde 25
Hirntumor 175
HIV (siehe auch AIDS) 104
*hkb* (*huckebein*) 36, 37
Hochdurchsatztestverfahren 252
Hochleistungssorte 73
HOMEOBOX-Protein 39
*Hominidae* 15
*Homo* 15
- *antecessor* 11
- *erectus* 11
- *ergaster* 11
- *habilis* 11, 19
- *neanderthalensis* 12
- *rudolphensis* 11
- *sapiens* 4, 11, 17, 18, 25
  - - *neandertalensis* 12
Homologie 50, 51
Homologiekonzept 10, 11
homöotisches 43
*Hoppegarten*-Pferdehusten 92
Hormon- und Lichtrezeptoren 104
*Hox* 12, 39–43, 46, 47
*Hox-a7* 42, 43
*Hox-B* 42, 43
*huckebein* (*hkb*) 36, 37
Human Genome Diversity Program 119
Human Genome Organisation (HUGO) 114
Humangenomprojekt (*siehe auch* Genom) 278
*hunchback* (*hb*) 36, 37
*Hydra* 41
Hyperspezies 8, 9

# I

Imaginalscheibe 47, 48, 50
Immunsystem 101
Impfstoffe 96
INBio 60

indirekte Diagnostik  119
Individualität  9
- biochemische  127, 130
Industralisierung  189
Infektion  100
Influenzavirus  100
Insekten  55
Insektenfraßschutz  79
Inspiration  61
Insulin  100
interdisziplinär  96
International Rice Research Institute (IRRI)  85
IUCN  68

# K

Kaffee  59
Kakao  58
Kalzium-Phosphat-Fällung  165
„Kampf ums Dasein"  5
Kapverdische Inseln  63
Karte  62
Kartoffelschnapsepidemie  187
Karyogramm  141
Katzenschrei-Syndrom  142
Keimbahntherapie  273
Killerzellen, zytokininduzierte  174, 176, 177
Klonierung  100
*knirps* (*kn*)  36, 37
„Knockout"-Mäuse  240
Kohlenhydrate  104
Kolonkarzinom  166, 174, 176, 177
Kompartiment  38, 39, 43, 47, 48
komplexe Krankheiten  127, 128
kongophile Angiopathie  224, 233
Konstanz der Arten  2
Kontrollverlust  210
Konzentrationsprozesse  82
Koordinatengene  35, 36
Kopplungsanalyse  113, 118, 120
- Krebsrisiko  121
- Kultur  129, 130
Körperachsen
- anterior/posterior  34, 35, 48, 49
- dorsal/ventral  34, 39, 44, 45, 48, 49
- proximal/distal  34, 48, 49

Körpersegment (*siehe* Segment)
*Kr* (*Krüppel*)  36, 37
Krankheit(en)
- alkoholische (siehe auch Alkohol)  190
- andere  169
- Infektionskrankheiten  169
- monogene  169
- des Willens  188
Krebs  171, 175, 179
- Darmkrebs  166, 174, 176, 177
- Hirntumor  175
- Impfstoff gegen  179
- Lymphom  174, 176, 177
- Melanom, malignes  166, 174-177
- Nierenkrebs  166, 174, 176, 177
Krebszellen  102
Kronendach  55
*Krüppel* (*Kr*)  36, 37
Kultur  270, 271
- Definition  20
Kunst  27
„Kurzschlafmäuse"  200

# L

Landsorten  82
Lanzettfischchen  12, 41, 46
Leben
- graduelles  8
- Kontinuität des  1
Lebertransplantation  206
Leiblichkeit  272
Ligand  32, 35
ligandenvermittelter Transfer  166, 167
Lipidmembran  101
Lipofektion  166, 167
Liposomen  102
Liquor  238
List, Evolution der  26
*Lmx-1*  48
Locus (*siehe* Genort)
low input-Sorte  83
Lückengene  36, 40, 46
Lymphom  174, 176, 177
Lyssenkoismus  109

# M

Mammakarzinom (siehe Brustkarzinom)
Mäßigkeitsbewegung 189, 190
maternales Gen 35-37
Medizin, Wortherkunft 266
Meistergene 50, 51
Melanom, malignes 166, 174-177, 265
Membranfusion 101
Membranglykoprotein 101
Membranverschmelzung 101
Menschenbild 273
Menschenwürde 272
Merck 60
Mesoderm 34, 44, 48, 49
Metastasen 175, 176
Methadonsubstitution 206, 208
Mikrogliazellen 249
Mikroinjektion 165
Mikrosatelliten 14, 115, 117, 118, 145, 150, 151, 153
Mikrosatellitenanalyse 151
Mikrotubuli 226
Molekulargenetik 16
molekulargenetische Diagnostik 144
Morphium 191
Mukoviszidose (siehe zystische Fibrose)
Mutabilität 2
Mutationen 114
Mutations-Selektions-Prinzip 4
Mutationsraten 121
Mutterschaftsrichtlinien 137
*Myriandina* 9
Myristinsäure 105

# N

Nackendicke, fetale 152
*nanos* (*nos*) 36, 37
Natur 270-272, 276
Naturstoffdatenbank 59
Neocortex 25
Nervenzellen 93
neuopsychologische Tests 237
Neurodegeneration 232
neurofibrilläre Bündel 225
Neuschöpfung (*siehe auch* Schöpfung) 276
Nierenkrebs 166, 174, 176, 177
*nos* (*nanos*) 36, 37
*Notch* 48, 49
Nutzen (*siehe auch* Chancen) 269
Nutzpflanzen 58
Nutztiere 58

# O

öffentliche Meinung 278, 279
Ökosystem 68, 274
Onkologie 261
Orang-Utan 14, 15, 18
Organogenese 34
Östrogen 237, 239
Ozeane 56

# P

Paarregelgene 36, 37, 40, 46
Paläolithikum 19
*Pan*
- *paniscus* (*siehe* Bonobo)
- *troglodytes* (*siehe auch* Schimpanse) 14, 20
Paragraph 218 BGB 155
Parasegmente 37-40, 46, 47
Parasit, Verhältnis zum Wirt 7, 8
Parasitismus, Evolution des 8
Partikel-Kanone 74
Patentrecht 82
*Pax-6* 50
PCR (*siehe* Polymerasekettenreaktion)
„peer group" 212
A$\beta$-Peptide 250
Pest 106
Pestizide 86
Pflanzen 57
Phagen-DNA 99
pharmazeutische Industrie 60
Phosphoprotein 226
Pilze 57

Plaques, senile 222–224, 226, 227, 230, 232, 234, 241
Plasmamembran 102
Plasmid 165–167
Pleiotropie 126
Pocken 96
Polymerasekettenreaktion (PCR) 144, 150, 161, 162
Polymorphismen, genetische 127
Positionsklonierung 115, 116
Präeklampsie, Chromosomenstörungen 154
Pränataldiagnostik 134–159, 275
– invasive 140, 150
– – Indikationen 137
– Methoden 140
– nichtinvasive 137
pränataler Schnelltest 152, 153
präventive Medizin 128
Primaten 11
Prognose 126
Promotor 73
Proteinsynthese 98
protektive Gene 201
Proteom 123, 124
Protokoll, klinisches 162, 174
Protostomier 40, 43, 45–48
Protozoen 57

# R

ras-Protein 105
Rausch 187
Realisatorgene 39
Reis 59, 85
Reizleitung 101
Rekombinase-Gen 75
Rekombination 1, 4
Religion 27
Reporterenzym 251, 252
Repressor-Gen 75
Resistenz 59
Restriktionsendonukleasen 99
Restriktionsenzym 145
Restriktionsfragmentlängen-Polymorphismen (RFLP) 145
Retrovirus 167, 168, 170, 173, 178
Rezeptoren 101
Ribosom-Inhibitor-Protein 77

Ribozym 171, 163
Rinderwahnsinn (siehe BSE)
Risiko 268, 269, 273, 276–279
– zur Alkoholabhängigkeit 192, 195, 197, 200, 202
Risikoabsicherung 275, 276
Risikoabwägung 273
Rückholbarkeit 79

# S

Saarland 63
Saatgut 78
*Saccharomyces* 115
Samenbank 69
Schädlingsbefall 59
Schilddrüse 231
Schimpanse 14, 15, 18–21, 24
– Erkennen von Verantwortung 21
Schimpansenchromosomen 13
Schöpfer 269, 273
Schöpfung 269, 270
Schöpfungserzählung 270, 271
Schrift, Stammesgeschichte der 23–25
Schrifttraining bei Menschenaffen 23–25
Schuldunfähigkeit 210
Schwangerschaftsabbruch 138, 152, 154–156
Schweigepflicht, ärztliche 129
Schweinepest 96
*Scr* (*Sex comb reduced*) 39, 46
Scrapie 94
Screening 60
Segemtierung 37, 38, 41, 46
Segment 38, 40
Segmentpolaritätsgene 36–38, 46, 47
Sekretase 250–252
Sekretaseaktivitäten 249
Sekretaseinhibitor 253, 254
Selektion 3
– dynamische 4
– stabilisierende 4
Selektionsdruck 23
Selektionsmechanismus 4–6
Selektionsvorteil 21
Selektorgene 40

Sendai-Virus 102
Sequenzanalyse 161
- von DNA 14, 112, 114, 115, 120
- von Protein 124
*Serrate (Ser)* 48, 49
*Serrate*-2 *(Ser-2)* 48
Serumdiagnostik 137
*Sex comb reduced (Scr)* 39, 46
Sexualität 26
*short gastrulation (sog)* 39, 46
Shot-gun-Sequenzierung 112, 114, 115, 120, 124
Sicherheit der Gentherapie 178
*sog (short gastrulation)* 39, 46
SOG-Protein 45, 46
songiform 94
*Sonic hedghog* 48, 49
Sorte 73
Southern Blot 161, 162, 173
Sozialdarwinismus 5
sozioökonomische Gefahren 82
*Speman*-Organisator 44
Spiel, Basis der Kultur 26
Spikes 94, 100
Sprache, Stammesgeschichte 23–25, 129
src-Protein 104
Stammbaum, Rekonstruktion 9, 10, 14, 16, 17, 19
stochastische Prozesse 126
„Stockholm Adoption Study" 195
Struktur-Wirkungs-Beziehung 254
Strukturen 73
Sucht *(siehe auch* Alkohol) 182–202, 204–217
- Abhängigkeitssyndrom 209
- Adoptionsstudien 213
- Arbeitslosigkeit 212
- Autonomie des Suchtkranken 208–211
- Bahnung 215
- Belohnungssystem 214, 215
- „craving" 210
- Drogenkonsum 211, 212
- Einwilligungsfähigkeit 210
- Ethik 204
- Heroin 208, 216
- Kontrollverlust 210
- Lebertransplantation 206
- Methadonsubstitution 206, 208
- Modell

- - biomedizinisches 208–211
- - normatives 204
- - soziologisches 207, 208
- „peer group" 212
- Schuldunfähigkeit 210
- Suchtgedächtnis 216
- Toxomanie 205
- Willensschwäche 205
Südamerika 65
Suizidgen 163, 171, 175
Symbiosen 68
Synapsen 222
Syntax (siehe auch Grammatik) 24, 129
Syphilisstudie, unethische 263

# T

Tabakmosaikvirus (TMV) 95
*tailless (tll)* 36, 37
Tau 225, 226
Technologietransfer 60, 97
Terminatortechnologie 75
Therapie, somatische 173
Therapieerfahrung, anekdotische 260, 261
Therapieprotokoll 262
Therapiestudien, randomisierte 256–266
- Aderlaß 261
- Ärzte, Vertrauen in 259
- Aufklärung des Patienten 262, 263
- Brustkarzinom 261, 264
- Ethik 260, 262–264
- Melanom 265
- Onkologie 261
- Selbstbestimmungsrecht 260, 262
- Syphilisstudie, unethische 263
- systematische Fehler 257, 258
- Vektoren 263
- Viren 263
- Wissenschaftsskeptizismus 259
Tiefsee 56
Tierstämme 56
*tll (tailless)* 36, 37
TMV (Tabakmosaikvirus) 95
Tollwut 92, 96
Toxomanie 205

Traberkrankheit des Schafes (siehe Scrapie)
Transfer
- ballistischer 165, 175
- ballistomagnetischer 166
- ligandenvermittelter 166, 167
Transfermethode
- physikalisch-chemische 164, 165, 167, 178
- virale 167, 168, 178
Trinker, asozialer 186
Trinkfestigkeit 190
Tripletest 138, 139
TRIPS 83
Trisomie 13 153, 154
Trisomie 18 153, 154
Trisomie 21 (siehe auch Down-Syndrom) 234
Tropen 65
tropische Regenwälder 55, 56, 67
- Zerstörung 67
Trunksucht (siehe auch Alkohol; Sucht) 188
Tumorviren 104
Tumorzelle 103

## U

Übereinkommen über die biologische Vielfalt 60
Ultrabithorax (Ubx) 39, 42, 43
Ultraschalluntersuchung (Diagnostik) 135–138, 152, 157
Umweltverschmutzung 68

## V

Variabilität 126
Varianten 127
Vektor 32, 33, 164, 165, 168, 170, 172, 175, 178, 263
Verlauf 233
vesikuläre Stomatitis-Viren (VSV) 104
Viren 57, 263
- Entstehung der 7, 8
Viroide 93
Virosome 102, 103

virus-vermittelter Gentransfer 74
Virusbefall 92
Viruserkrankung 96
Virusresistenz 79
Virusspikes 103
Vorauswissen 275
vorgeburtliche Diagnostik 119
VSV (vesikuläre Stomatitis-Viren) 104

## W

Wachstumsregulation 102
Wasserverfügbarkeit 87
Weltgesundheitsorganisation (WHO) 209
Werkzeugkulturen 19–23
wg (wingless) 36–38, 49
Wildsorten 60
Willensschwäche 187, 205
wingless (wg) 36–38, 49
Wirbeltiere 57
Wissenschaftsskeptizismus 259
Wnt-7a 49
WTO 83

## X

Xenopus 44–46

## Z

Zellen
- allogene 164, 177
- autologe 164, 176, 177
- xenogene 164
Zoologische Gärten 69
Züchtung 73
Zuchtverfahren, gentechnische 6
Zuchtwahl
- genetische Wirkung 5
- natürliche 5
Zuckerkette 104
Zwergschimpanse (siehe Bonobo)
zygotisches Gen 36, 37
zystische Fibrose 144, 145, 147, 148, 150, 151, 163, 169, 170

**MIX**
Papier aus verantwortungsvollen Quellen
Paper from responsible sources
**FSC® C105338**

If you have any concerns about our products,
you can contact us on
**ProductSafety@springernature.com**

In case Publisher is established outside the EU,
the EU authorized representative is:
**Springer Nature Customer Service Center GmbH
Europaplatz 3, 69115 Heidelberg, Germany**

Printed by Libri Plureos GmbH
in Hamburg, Germany